国家卫生健康委员会"十三五"规划教材

全国高等职业教育教材

供医学检验技术专业用

临床检验仪器

第 3 版

主　编　吴佳学　彭裕红

副主编　李平法　王传生　张会生　邹明静

编　者（以姓氏笔画为序）

王　婷（南阳医学高等专科学校）

王大山（山东医学高等专科学校）

王传生（承德护理职业学院）

王连明（哈尔滨医科大学附属第一医院）

华文浩（北京大学人民医院）

刘玉枝（沧州医学高等专科学校）

李平法（新乡医学院三全学院）

李亚辉（河南医学高等专科学校）

杨惠聪（福建医科大学附属漳州市医院）

吴佳学（山东医学高等专科学校）

邹明静（菏泽医学专科学校）

张　琳（黑龙江护理高等专科学校）

张会生（深圳大学医学部生物医学工程学院）

陈跃龙（楚雄医药高等专科学校）

柏　彬（永州职业技术学院）

徐喜林（苏州卫生职业技术学院）

彭裕红（雅安职业技术学院）

蔡群芳（海南医学院）

谭晓彬（赣南医学院第一附属医院）

人民卫生出版社

图书在版编目（CIP）数据

临床检验仪器/吴佳学，彭裕红主编. —3 版. —
北京：人民卫生出版社，2019
ISBN 978-7-117-28804-0

Ⅰ.①临…　Ⅱ.①吴…②彭…　Ⅲ.①医用分析仪器
-高等学校-教材　Ⅳ.①TH776

中国版本图书馆 CIP 数据核字（2019）第 171477 号

| 人卫智网 | www.ipmph.com | 医学教育、学术、考试、健康，
购书智慧智能综合服务平台 |
| 人卫官网 | www.pmph.com | 人卫官方资讯发布平台 |

临床检验仪器
第 3 版

主　　编：吴佳学　彭裕红
出版发行：人民卫生出版社（中继线 010-59780011）
地　　址：北京市朝阳区潘家园南里 19 号
邮　　编：100021
E - mail：pmph @ pmph. com
购书热线：010-59787592　010-59787584　010-65264830
印　　刷：天津市光明印务有限公司
经　　销：新华书店
开　　本：850×1168　1/16　印张：14
字　　数：443 千字
版　　次：2010 年 6 月第 1 版　　2019 年 10 月第 3 版
　　　　　2025 年 4 月第 3 版第 12 次印刷（总第 25 次印刷）
标准书号：ISBN 978-7-117-28804-0
定　　价：59.00 元

修订说明

为了深入贯彻落实党的二十大精神,落实全国教育大会和《国家职业教育改革实施方案》新要求,更好地服务医学检验人才培养,人民卫生出版社在教育部、国家卫生健康委员会的领导和全国卫生职业教育教学指导委员会的支持下,成立了第二届全国高等职业教育医学检验技术专业教育教材建设评审委员会,启动了第五轮全国高等职业教育医学检验技术专业规划教材的修订工作。

全国高等职业教育医学检验技术专业规划教材自1997年第一轮出版以来,已历经多次修订,在使用中不断提升和完善,已经发展成为职业教育医学检验技术专业影响最大、使用最广、广为认可的经典教材。本次修订是在2015年出版的第四轮25种教材(含配套教材6种)基础上,经过认真细致的调研与论证,坚持传承与创新,全面贯彻专业教学标准,加强立体化建设,以求突出职业教育教材实用性,体现医学检验专业特色:

1. **坚持编写精品教材** 本轮修订得到了全国上百所学校、医院的响应和支持,300多位教学和临床专家参与了编写工作,保证了教材编写的权威性和代表性,坚持"三基、五性、三特定"编写原则,内容紧贴临床检验岗位实际、精益求精,力争打造职业教育精品教材。

2. **紧密对接教学标准** 修订工作紧密对接高等职业教育医学检验技术专业教学标准,明确培养需求,以岗位为导向,以就业为目标,以技能为核心,以服务为宗旨,注重整体优化,增加了《医学检验技术导论》,着力打造完善的医学检验教材体系。

3. **全面反映知识更新** 新版教材增加了医学检验技术专业新知识、新技术,强化检验操作技能的培养,体现医学检验发展和临床检验工作岗位需求,适应职业教育需求,推进教材的升级和创新。

4. **积极推进融合创新** 版式设计体现教材内容与线上数字教学内容融合对接,为学习理解、巩固知识提供了全新的途径与独特的体验,让学习方式多样化、学习内容形象化、学习过程人性化、学习体验真实化。

本轮规划教材共25种(含配套教材5种),均为国家卫生健康委员会"十三五"规划教材。

教材目录

序号	教材名称	版次	主编		配套教材
1	临床检验基础	第 5 版	张纪云	龚道元	√
2	微生物学检验	第 5 版	李剑平	吴正吉	√
3	免疫学检验	第 5 版	林逢春	孙中文	√
4	寄生虫学检验	第 5 版	汪晓静		
5	生物化学检验	第 5 版	刘观昌	侯振江	√
6	血液学检验	第 5 版	黄斌伦	杨晓斌	√
7	输血检验技术	第 2 版	张家忠	陶 玲	
8	临床检验仪器	第 3 版	吴佳学	彭裕红	
9	临床实验室管理	第 2 版	李 艳	廖 璞	
10	医学检验技术导论	第 1 版	李敏霞	胡 野	
11	正常人体结构与机能	第 2 版	苏莉芬	刘伏祥	
12	临床医学概论	第 3 版	薛宏伟	高健群	
13	病理学与检验技术	第 2 版	徐云生	张 忠	
14	分子生物学检验技术	第 2 版	王志刚		
15	无机化学	第 2 版	王美玲	赵桂欣	
16	分析化学	第 2 版	闫冬良	周建庆	
17	有机化学	第 2 版	曹晓群	张 威	
18	生物化学	第 2 版	范 明	徐 敏	
19	医学统计学	第 2 版	李新林		
20	医学检验技术英语	第 2 版	张 刚		

第二届全国高等职业教育医学检验技术专业教育教材建设评审委员会名单

主任委员

胡 野 张纪云 杨 晋

秘 书 长

金月玲 黄斌伦 窦天舒

委 员（按姓氏笔画排序）

王海河 王翠玲 刘观昌 刘家秀 孙中文 李 晖

李妤蓉 李剑平 李敏霞 杨 拓 杨大干 吴 茅

张家忠 陈 菁 陈芳梅 林逢春 郑文芝 赵红霞

胡雪琴 侯振江 夏金华 高 义 曹德明 龚道元

秘 书

许贵强

数字内容编者名单

主　编　吴佳学　彭裕红　柏　彬

副主编　李平法　王传生　张会生　邹明静

编　者（以姓氏笔画为序）

王　婷（南阳医学高等专科学校）

王大山（山东医学高等专科学校）

王传生（承德护理职业学院）

王连明（哈尔滨医科大学附属第一医院）

华文浩（北京大学人民医院）

刘玉枝（沧州医学高等专科学校）

李平法（新乡医学院三全学院）

李亚辉（河南医学高等专科学校）

杨惠聪（福建医科大学附属漳州市医院）

吴佳学（山东医学高等专科学校）

邹明静（菏泽医学专科学校）

张　琳（黑龙江护理高等专科学校）

张会生（深圳大学医学部生物医学工程学院）

陈跃龙（楚雄医药高等专科学校）

柏　彬（永州职业技术学院）

徐喜林（苏州卫生职业技术学院）

彭裕红（雅安职业技术学院）

蔡群芳（海南医学院）

谭晓彬（赣南医学院第一附属医院）

吴佳学，教授，硕士研究生导师，山东医学高等专科学校医学检验系主任、附属临沂市人民医院检验科副主任，全国高等院校医学检验专业校际协作理事会第十九届常务理事，中国合格评定国家认可委员会（CNAS）评审员，全国职业院校医学检验技能大赛裁判，山东省省级精品课程生物化学检验技术负责人，主编（或副主编）多部国家规划教材，如《生物化学检验》《生物化学检验实验指导》《临床生物化学检验》《临床实验室管理》等，获国家专利两项，主持的教学及科研课题多次获省市级奖励。曾获山东省教学名师、教育系统先进党务工作者等荣誉称号。

寄语：

　　通晓检验技术、熟练操作检验仪器既是现代医学检验的需求，也是医学检验人员必备的基本技能。检以求真，验以正德，要养成科学、严谨的工作态度，求真、务实的工作作风，具备良好的医德，具有精湛的专业技能，以更好的为人民健康服务。

主编简介与寄语

彭裕红,副教授,雅安职业技术学院教务处处长、药学与检验学院院长。主编多部高职高专教材,担任多项省级高等职业教育建设项目负责人。2018年评为四川省优秀教师。

寄语:

在实践中锻炼自己的动手能力,养成科学严谨、一丝不苟的工作作风,努力成为一个合格的检验工作者。

前　言

随着高新技术的飞速发展,特别是随着计算机、互联网技术及人工智能技术的不断应用,医学检验已步入自动化、信息化、智能化的新阶段,成为临床医学疾病诊断、病情监测、预后判定以及健康评估的必要手段。现代化的医学检验离不开各种检验仪器。检验仪器的广泛使用,不仅提高了工作效率,提升了检验水平,保证了检验质量,也推动了医学检验的进步,促进了医学检验教育事业的发展。临床检验内容的不断拓宽以及分析技术的不断创新,使得临床检验仪器的更新换代也日新月异,因此,从事临床医学检验专业的人员,了解现代临床检验仪器的原理、使用和维护,显得非常重要。这就要求高等职业院校医学检验技术专业教育必须适应行业的发展,满足岗位需求。

为认真落实党的二十大精神,适应我国高等职业院校医学检验专业教育快速发展和培养高素质技术技能型人才的需求,全国高等职业教育医学检验技术专业教育教材建设评审委员会、人民卫生出版社决定启动第五轮全国高等职业教育医学检验技术专业规划教材的编写工作。上版教材自 2015 年 3 月出版并投入使用以来,为我国医学检验技术人才的培养做出了重要贡献。本版教材的修订,力求做好继承与创新,注重专业特色,适合高职教育特点,对接行业岗位,突出适用性和实用性,注重基本技能和专业素质的培养。根据临床实验室的实际应用对仪器进行分类编排,删除了一些临床实验室不常用的实验仪器;增加了近几年临床实验室使用的部分新设备,补充新知识、新进展。

本教材共九章,以近年来临床实验室常用的基础检验仪器和专业仪器为主线,重点介绍了临床常用检验仪器的分类、工作原理、基本结构、性能指标与评价、使用与维护及常见故障处理等。其主要内容包括:概论、医学检验基本设备、临床血液与体液检验常用仪器、临床化学检验仪器、临床免疫检验仪器、临床微生物检验仪器、临床细胞分子生物学检验仪器、临床即时检验仪器和临床实验室自动化系统等内容。

为充分应用现代化教学手段,调动学生学习的积极性和主动性,培育学生的创新思维和实践能力。本教材为纸质+数字内容的融合教材,除文字教材外,还增加了与之匹配的数字化内容,如拓展阅读、思维导图、多媒体课件、仪器图片、微课以及仪器结构、工作原理和使用方法的动画、视频,章末配有测试题思考题及答案等,形象直观,便于理解和学生自学。

本教材是在全国高等职业教育医学检验技术专业教育教材建设评审委员会的指导和18所参编院校的大力支持下,由 19 位编者辛勤编写而成,在编写过程中借鉴并参考了国内外有关教材和文献,同时得到了检验仪器生产企业的大力支持,在此表示衷心感谢!

由于编者的经验和水平有限,加之检验仪器日新月异,疏漏与不足之处在所难免,恳请广大读者批评指正,使该教材不断地改进和完善。

吴佳学　彭裕红

2023 年 10 月

目 录

第一章　概论

01章PPT

学习目标

1. 掌握:临床检验仪器的基本结构与常用性能指标。
2. 熟悉:临床检验仪器的分类、特点以及仪器管理的相关规定。
3. 了解:临床检验仪器的选购、维护保养;临床检验仪器的进展及发展趋势。
4. 能对常用临床检验仪器进行正确选择、评价。
5. 能正确的使用和保养常用临床检验仪器。

第一节　临床实验室与检验仪器

临床检验仪器是用于疾病预防、诊断和研究以及进行治疗监测、药物分析的精密设备。临床实验室是随着临床医学及其相关学科的发展建立起来的一类专业实验室,从它诞生的那一天起就与各类仪器密不可分,检验人员每天都要利用各种仪器设备对来自病人的样本进行检验,没有相关的检验分析仪器,临床实验室就无法开展工作。

一、临床检验仪器在检验医学发展中的作用

随着计算机技术、生物传感技术、信息技术等现代科学技术的不断发展,临床实验室设备和检测手段不断更新,推动了检验医学新技术及新项目的临床应用,进一步提高了检验效率、保证了检验质量,推动了检验医学的快速发展。这些进步已经改变或正在改变检验医学及临床实验室的原有面貌、工作模式、服务模式。

1. **提高了检验效率**　随着大量新型检验仪器进入临床实验室,逐步实现了检测分析的自动化、微量化、智能化,优化了工作流程,大大缩短了检验周期,降低了检验人员的劳动强度,提高了工作效率。同时样本和试剂实现微量化,如生化检验手工法,一般需 1~2ml 试剂,自动生化分析仪仅需用 0.1~0.2ml 即可完成,降低了检验成本。

2. **提升了检验水平**　各种大型自动化检验仪器的应用使检验项目大大增加,为临床诊治提供了丰富的、极有价值的实验诊断信息。特别是随着分子生物学技术的应用,不仅显著提高了检测的敏感度和特异性,而且将医学传统的表型诊断提高到了基因水平。同时自动化检验仪器配有计算机、网络接口以及条码识别功能,易与实验室信息系统和医院信息系统链接,有利于检验信息的处理与传送,为检验信息化、标准化、规范化提供必要条件。

3. **保证了检验质量**　自动化检验仪器在临床实验室的应用,使传统的手工检验方法成为了历史,

笔记

1

大大提高了质量。表现在：①自动化检验仪器有严格的质量控制程序，与手工法相比，更易使检验工作标准化、规范化、系统化、可显著减小随机误差，增加实验室间检验结果的可比性，明显提高检验质量。②现代化的全自动分析仪器可同时进行数十项甚至上百项的常规和特殊检验项目的检测，为患者的诊断、鉴别诊断、疗效和预后判定提供了全面的重要依据，是临床医疗质量的重要保证。③自动化检验仪器多使用规范的商品化试剂盒，更有利于保证检验质量。

当然，检验仪器从选购到临床使用的各个环节（如仪器的校准、比对及试剂的使用），影响因素较多，必须有高素质的检验人员操作，才能确保检验质量，若管理或操作不当，造成的误差是成批的，将直接影响医学实验室的检验质量。

4. 使用更安全 自动化仪器的检测通道是密封的，一些大型检验仪器流水线还具有样本自动分拣、自动离心、自动开盖和封膜等装置，避免了操作者与患者标本的直接接触，更加注重生物安全防护，使操作更加安全。

5. 推动了检验医学的发展 20 世纪 70 年代前，检验仪器以紫外可见光谱仪器为主，以后自动分析仪器种类大增，生化检验仪器基本实现了自动化，随后出现自动免疫分析仪。20 世纪 90 年代以后，更多种类的检验仪器，如全自动荧光定量 PCR 仪、蛋白质测序仪、检验仪器分析流水线等开始应用于临床。因此近二十年来，检验医学是现代医学中发展最快的学科之一。可以说，任何一项先进的实验技术都有可能促成一种先进的实验仪器进入到医学实验室，使检验项目不断拓展，检验效率与检验结果的准确性大大提高，成为临床医学诊断疾病、监测病情、判断预后不可或缺的重要手段。

二、临床检验仪器对检验人员的重要性

检验医学是一门涉及范围广泛的多专业交叉性学科。随着现代医学的不断发展，检验医学已经不再是单纯地辅助临床诊断。各种检验项目的检测结果为临床医生和患者提供了真实可靠的实验室数据，对疾病的诊断、治疗、病情监测、预后判断和健康评价起着指导性作用。

近年来，检验医学在实验室自动化、新技术及新项目的临床应用、循证检验医学的应用、即时检测的开展，以及分子诊断学等方面均取得了巨大的进展。随着临床实验室各种高灵敏度、多功能、智能化程度较高的检验仪器的不断涌现和广泛应用，临床医学的发展对实验室检验、结果判断的依托性不断增大，对检验工作者的专业知识和技术、检验技能和检验质量的要求越来越高。这就要求广大的检验工作者要不断更新知识，以跟上检验医学的发展步伐。

为患者提供准确、快捷的检验结果，是防病治病和提高人类健康水平的基本需要，也是检验医学工作者不断追求的工作目标。培养和提高医学院校医学检验技术专业的各层次学生，以及临床实验室工作人员的能力，了解和掌握名目繁多的检验仪器的性能质量，掌握各种常用临床检验仪器的工作原理、分类结构、技术指标、使用方法、常见故障排除等，关注其发展趋势及特点，以使有限的仪器得到综合应用，并在疾病的诊断和治疗中发挥最佳的效能，为更好地从事临床检验工作打下坚实的基础，已成为相当急迫且重要的任务。

学习本课程的基本要求是：掌握各种常用临床检验仪器的基本概念和工作原理、基本结构和功能；熟悉其性能、使用方法及保养；了解其常见的故障及排除方法。

第二节 临床检验仪器的特点与分类

一、临床检验仪器的特点

早期的临床检验仪器非常简单，如离心机、恒温箱、比色计、普通光学显微镜等。工作人员通过目测或简单的理化反应来收集临床疾病信息。随着现代科学技术的不断发展，临床实验室的检验仪器种类越来越多。其自动化、智能化程度越来越高。现代临床检验仪器通常具有以下特点：

1. 涉及的技术领域广 临床检验仪器不仅涉及机械、电子、光学、计算机、材料学等工学学科，还涉及生物传感、生物物理、生物化学、放射等多项生物技术领域，是多学科技术相互结合和渗透的产物。

2. 结构复杂　临床检验仪器种类繁多,结构复杂。电子技术、计算机技术和光电器件的不断发展和功能的完善,各种自动检测、自动控制功能的增加,使检验仪器更加紧凑、结构更加复杂。

3. 技术先进　临床检验仪器始终跟踪各相关学科的前沿。电子技术的发展和计算机的应用,新材料、新器件的使用,新的检验技术等都在医学检验仪器的研发中体现出来。

4. 精度高　临床检验仪器是用来测量某些组织、细胞、体液的存在与组成,结构及特性并给出定性或定量的分析结果,所以要求精度非常高,多属于较精密的仪器。

5. 对使用环境要求严格　临床检验仪器的自动化、智能化、高精度、高分辨率,以及其中某些关键器件的特殊性质,决定了检验仪器对使用环境条件要求非常严格。

6. 对使用人员的素质要求高　检验工作者要有良好的职业道德,除了掌握检验专业知识和技能外,还要掌握各种现代化检验仪器的基本原理、基本结构、性能用途、日常维护和常见的故障处理方法,具备一定的电子电工学基础和英语基础等。

二、临床检验仪器的分类

目前,检验仪器种类繁多,用途不一,分类也比较困难,各不同领域的人士争议也较大。如根据检验方法进行分类,可分为目视检查、理学检查、化学检查、显微镜检查、自动化技术检查仪器等;根据工作原理进行分类,可分为力学式检验、电化学式检验、光谱分析检验、波谱分析检验仪器等;根据仪器功能进行分类,可分为定性分析、定量分析、形态学检查、功能检查仪器等。无论何种分类方法,都有其优点和局限性。本教材根据临床实验室的应用范围和应用习惯,将临床检验仪器分为以下几类:

1. 医学检验基本设备　包括显微镜、移液器、离心机、生物安全柜等。

2. 临床血液与体液检验常用仪器　包括血细胞分析仪、血液凝固分析仪、红细胞沉降率测定仪、尿液化学分析仪、尿沉渣分析仪、粪便自动分析仪、精子分析仪等。

3. 临床化学检验仪器　包括紫外-可见分光光度计、自动生化分析仪、电解质分析仪、血气分析仪、原子吸收光谱仪、色谱仪、质谱仪、电泳仪等。

4. 临床免疫检验仪器　包括酶免疫分析仪、发光免疫分析仪、免疫比浊分析仪等。

5. 临床微生物检验仪器　包括自动血培养系统、微生物自动鉴定及药敏分析系统等。

6. 临床细胞分子生物学检验仪器　包括流式细胞仪、PCR核酸扩增仪、全自动DNA测序仪、蛋白质自动测序仪、生物芯片分析仪等。

7. 其他临床检验仪器　包括临床即时检验仪器、临床实验室自动化系统等。

目前,在临床检验中还常常联合使用不同类别的检验仪器,称为多机组合连用,以提高效率、达到最佳检验效果。

第三节　临床检验仪器的基本结构与常用性能指标

一、临床检验仪器的基本结构

临床检验仪器品种繁多、结构复杂,各种仪器的工作原理、对检测标本的要求、显示功能以及检测结果记录均不相同,具体将在以后各部分加以具体讨论。不过,因同属实验室仪器,共同的工作目标使大部分检验仪器主要部件的功能及技术要求有不少共同之处。简要地介绍这些共性的主要部件,以便大家能更好地从整体上去掌握和认识各种仪器。

（一）取样装置

取样装置(sampling equipment)也称加样装置,是把待检测的样品或试剂加入分配仪器的相关位置。对于实验室分析仪器来说,其取样装置就是进样器。不同仪器的检测目的对样品的要求各不相同,所以,进样器有手动和自动之分。有些检测项目要求把进样量控制得十分精确,需使用微量进样器。例如在高效液相色谱仪中其进样器就是一个微量注射器。

仪器对取样装置的材料要求很高,既要能经受住高压、高温或化学腐蚀等恶劣条件的考验,又要保证不会与样品中的任何成分发生化学反应或携带污染,以免样品失真。最新开发的加样系统,可实现超微量加样,结合高精可靠的光学测光技术及全数码化技术实现超微量检测。

(二)预处理系统

预处理系统(system of pretreatment)是先将检测的样品进行一系列处理,以满足检测系统对样品的分析要求的装置。其作用就是要使进入仪器检测器的样品是一份符合检测技术要求、有代表性、洁净、没有任何干扰成分的样品。有的仪器还需对样品进一步除去水分和杂质等。预处理系统一般包括恒温器、冷却器、过滤器、净化器和保持仪器选择性的某种物理方法、化学方法、生物学方法的处理装置,如气化转化、呈色反应、裂解、抗原抗体反应、酶促反应等。

(三)分离装置

分离装置(separating equipment)是将样品各个组分加以机械分离或物理区分的装置。这里所指的"分离",既包括样品本身各化学组分的分离,也包括能量的分离。对分离装置的要求,主要是分辨率。检测仪器对各组分分辨率的高低主要取决于分离装置。在各种能同时检测多种组分的检测仪器中基本都设有分离装置,如色谱分析中的色谱柱。

(四)检测器

检测器(detector)是检验仪器的核心部分。它能根据样品中待检测组分的含量发出相应的信号,该信号多数以电参数的形式输出。如分光光度计中的光电倍增管,血细胞分析仪上的"小孔管",电解质分析仪上的电极等。一台检验仪器的技术性能,特别是单组分检验仪器的技术性能,在很大程度上取决于检测器的优良程度。

(五)信号处理系统

信号处理系统(signal processing system)是信号从检测器发出到显示过程中的系列中间环节。从检测器输出的信号是多种多样的,一般有电压、电流、电阻、电感、频率、压力和温度的变化等,其中以电参数的变化最为普遍。检测器只要测量出这些变化,信号处理系统便可间接地确定待检样品中组分含量的变化。通常把测量这些变化的装置称为测量装置。

在检测仪器中,由于待测成分和含量变化所引起的各种物理量的变化通常很小,往往要经过放大器放大后才能显示出来。由于从测量装置输出的信号大多是模拟信号,为了提高显示精度并和计算机联用,需转换成数字显示。所以,系统中还必须设置模-数转换装置。上述这些都属信号处理系统,对它们的要求是确保信号不失真地传输给显示装置。

(六)补偿装置

补偿装置(compensatory equipment)的作用是消除或降低客观条件或样品的状态对检测的影响,特别是样品的温度、湿度、环境压力等的波动对检测结果的影响。补偿装置多是在信号处理系统中引入一个与上述条件波动成正比例的负反馈来实现。精密检测仪器都有很好的补偿装置,否则仪器的精度和可靠程度就会降低。有些检测仪器精度不高的主要原因就是由于补偿不好。

(七)显示装置

显示装置(display equipment)的功能是把检测的结果显示出来。最常用的是模拟显示和数字显示两种。模拟显示装置是在刻度盘上由指针模拟信号大小的变化连续地指出结果或由记录笔描绘出信号的变化曲线。这种显示装置多采用电压表、电流表或带自动记录的电子电位差计等。这种传统显示方法直观性好,可以同时比较,并可表示时间差距,但其精度较差,读数误差较大。数字显示是将信号处理后直接用数字显示检测数值。这是目前大力发展的一种显示方式。显示装置除电表、数码管外,还有感光胶片、示波管及显像管(即波形显示和图像显示)等。对于显示装置的要求是能精确显示出检测器发出的信号,响应速度快,能及时显示检测数据。

(八)辅助装置

辅助装置(assistant equipment)是指为了确保仪器测量的精度,保证操作条件而设置的附加装置。如恒温器、稳压电源、电磁隔绝装置及稳压阀等。不同仪器根据不同的情况选择合适的辅助装置。

(九)样品前处理系统

样品前处理系统(pre-analytical modular,PAM)是采用模块组合或其他多种技术方式,执行特定的功能。如条形码识别、样品分类、离心、脱盖、在线分注、非在线分注、进样、样品闭塞模块及存储等。

如实现了全实验室自动化(total laboratory automation,TLA)后的全自动生化分析仪流水线中的样品前处理系统,其作用是将收集的标本进行分类、编排、离心、分装、运送及存储等,不仅用于生化分析的样品处理。还可以用于免疫血清、血液常规分析和尿液分析等各种样品的分类和运送。它的进样和样品存储是核心装置。

样品前处理系统使实验室的自动化进入了一个新的历史时期。由于其完美的模块型设计,可节省放置空间,并且可以根据实验室的自动化要求进行系统组合、自由扩充并支持升级。一体化的模块系统设计使得检验操作更简单、更方便、更人性化,节约了开支,减轻了劳动强度,是现代化实验室发展的必然趋势。

二、临床检验仪器的常用性能指标

理想的临床检验仪器应具备良好的性能,才能真实准确地记录和传输检测信号,执行设定的功能。各种临床检验仪器的性能指标不完全相同,选择仪器时应重点考察以下性能指标:

1. 误差 当对某物理量进行检测时,所得的数值与真值之间的差异称为误差(error)。误差的大小反映了测量值对真值的偏离程度。任何检测手段无论精度多高,其真误差总是客观存在的,永远不会等于零。当多次重复检测同一参数时,各次的测定值并不相同,这是误差不确定性的反映。真值就是一个量所具有的真实数值,由于真值通常是未知的,所以真误差是未知的。真值是一个理想概念,实际应用中通常用实际值来替代真值。实际值是根据测量误差的要求,用更高一级的标准器具测量所得之值。

(1)误差的表示方法:通常有以下两种表示方法:

1)绝对误差(absolute error):它是测得值 x 与被检测真值 x_0 之差。绝对误差只能说明检测结果偏离实际值的情况,即能反映出误差的大小和方向,但不能反映出检测的准确程度,绝对误差具有量纲。

$$绝对误差\ \Delta = x - x_0$$

2)相对误差(relative error):它是绝对误差与被测量真值之比。相对误差只有大小符号,无量纲,但它能反映检测工作的精细程度。

$$相对误差\ \delta = \frac{\Delta}{x_0}$$

(2)误差的分类:误差按性质可分为系统误差、随机误差、过失误差。

1)系统误差:是指在确定的测试条件下,误差的数值(大小和符号)保持恒定或在条件改变时按一定规律变化的误差,也叫确定性误差。系统误差的大小和方向在检测过程中保持不变或按某种规律变化,可以预测并可进行调节和修正。系统误差常用来表示检测的正确度。系统误差越小,则正确度越高。

2)随机误差:是指在相同测试条件下多次测量同一量值时,绝对值和符号都以不可预知的方式变化的误差,也叫偶然误差。随机误差是由一些独立因素的微量变化的综合影响造成的,大多数随机误差服从正态分布,随机误差的存在使每次测量值偏大或偏小,是不定的,但它并非毫无规律,它的规律性是在大量观测数据中才表现出来的统计规律。随机误差反映了检验结果的精密度,随机误差越小,检测量精密度越高。

系统误差和随机误差的综合影响决定测量结果的准确度,准确度越高,表示正确度和精密度越高,即系统误差和随机误差越小。

3)过失误差:指在一定的测量条件下,一般是由于疏忽或错误造成的测量值明显偏离实际值的测量误差,也称为坏值,应予剔除。

2. 精确度(accuracy) 简称精度,是指检测值偏离真值的程度,是对检测可靠度或检测结果可靠度的一种评价。精度是一个定性的概念,其高低是用误差来衡量的,误差大则精度低,误差小则精度高。通常把精度区分为准确度和精密度。准确度是指检测仪器实际测量对理想测量的符合程度,是仪器系统误差大小的反映,精密度是在一定的条件下进行多次检测时,所得检测结果彼此之间的符合程度,反映检测结果对被检测量的分辨灵敏程度,是检测结果中随机误差大小的反映。

3. 重复性 用同一检测方法和检测条件(仪器、设备、检测者、环境条件)下,在一个不太长的时间间隔内,连续多次检测同一样本的同一参数,所得到的数据分散程度称为重复性(repeatability)。也曾称作批内精密度。

重复性与精密度密切相关,重复性反映了一台设备固有误差的精密度。对于某一参数的检测结果,若重复性好,则表示该仪器精度稳定。显然,重复性应该在精度范围内,即用来确定精度的误差必然包括重复性的误差。

做重复性试验的样品一定要稳定,它的组成应尽可能相似于实际检测的患者标本;样品中的分析物含量应在该项目的医学决定水平处。尽可能地做 3 个以上水平的重复性试验。

4. 分辨率 仪器设备能感觉、识别的输入量的最小值称为分辨率(resolving power)。例如光学系统的分辨率就是光学系统可以分清的两物点间的最小间距。

分辨率是仪器设备的一个重要技术指标,它与精度紧密相关,要提高检验仪器检测的精密度,必须相应地提高其分辨率。

5. 灵敏度 检验仪器在稳态下输出量变化与输入量变化之比,即检验仪器对单位浓度或质量的被检物质通过检测器时所产生的响应信号值变化大小的反应能力称为灵敏度(sensitivity,S)。但是,随着系统灵敏度的提高,容易引起噪声和外界干扰,影响检测的稳定性而使读数不可靠。

6. 最小检测量 检测仪器能确切反映的最小物质含量称为最小检测量(minimum detectable quantity)。最小检测量也可以用含量所转换的物理量来表示。如含量转换成电阻的变化,此时最小检测量就可以说成是能确切反映的最小电阻量的变化量了。

仪器灵敏度越大,在同样的噪声水平时其最小检测量越小。同一台仪器对不同物质的灵敏度不尽相同,因此同一台仪器对不同物质的最小检测量也不一样。在比较仪器的性能时,必须取相同的样品。

7. 噪声 检测仪器在没有加入被检验物品(即输入为零)时,仪器输出信号的波动或变化范围称为噪声(noise)。引起噪声的原因很多,有外界干扰因素,如电网波动、周围电场和磁场的影响、环境条件(如温度、湿度、压强)的变化等;有仪器内部的因素,如仪器内部的温度变化、元器件不稳定或提高仪器的灵敏度等。噪声会影响检测结果的准确性,应力求避免。

8. 线性范围 仪器输入与输出成正比例的范围称为线性范围(linear range)。也就是反应曲线呈直线的那一段所对应的物质含量范围。在此范围内,灵敏度保持定值。线性范围越宽,则其量程越大,并且能保证一定的测量精度。一台仪器的线性范围,主要是由其应用的原理决定的。临床检验仪器中大部分所应用的原理都是非线性的,其线性程度通常是相对的。当所要求的检测精度比较低时,在一定的范围内,可将较小的非线性误差近似看作线性的,这会给检测带来极大的方便。

9. 测量范围和示值范围 在允许误差极限内仪器所能测出的被检测值的范围称为测量范围(measuring range)。检测仪器指示的被检测量值为示值。由仪器所显示或指示的最小值到最大值的范围称为示值范围(range of indicating value)。示值范围即所谓仪器量程,量程大则仪器检测性能好。

10. 响应时间 从被检测量发生变化到仪器给出正确示值所经历的时间称为响应时间(response time)。一般来说希望响应时间越短越好,如果检测量是液体,则它与被测溶液离子到达电极表面的速率、被测溶液离子的浓度、介质的离子强度等因素有关。如果作为自动控制信号源,则响应时间这个性能就显得特别重要。因为仪器反应越快,控制才能越及时。

第四节　临床检验仪器的管理

一、临床检验仪器管理的有关法规、条例与标准

临床检验仪器是医疗器械的重要组成部分。为确保这些设备在使用过程中,无论对使用者还是被检测者都是安全的,并能获得有价值的结果,各国都非常重视医疗器械的管理,纷纷建立了医疗器械监督管理体系、医疗器械法规体系、医疗器械标准体系、医疗器械认证体系四大体系。

美国于1938年开始对医疗器械进行统一管理,将医疗器械纳入美国食品药品监督管理局(FDA)管理范围,1999年发布的《体外诊断医疗器械指令》规定所有的医疗器械需有"CE"标志才能在欧共体市场流通。1947年2月,国际标准化组织(International Organization for Standardization,ISO)成立。通过认证管理促进仪器的标准化及其有关活动。我国医疗器械产品监管开始于1996年。2004年5月至今,执行国家食品药品监督管理局《医疗器械监督管理条例》。条例规定:国家对医疗器械实行分类管理:第一类(Ⅰ类)是指通过常规管理足以保证其安全性、有效性的医疗器械;第二类(Ⅱ类)是指对其安全性、有效性应当加以控制的医疗器械;第三类(Ⅲ类)是指植入人体,用于支持、维持生命,对人体具有潜在危险,对其安全性、有效性必须严格控制的医疗器械。临床检验仪器归属于Ⅱ类或Ⅲ类;生产第一类医疗器械,由市级人民政府药品监督管理部门审查批准;生产第二类医疗器械,由省、自治区、直辖市人民政府药品监督管理部门审查批准;生产第三类医疗器械,由国务院药品监督管理部门审查批准。并同步颁发产品生产注册证书。经营企业需具有与其经营的医疗器械产品相适应的技术培训、维修等售后服务能力,并获得相应的医疗器械经营企业许可证;医疗机构不得使用未经注册、无合格证明、过期、失效或者淘汰的医疗器械。医疗机构对一次性使用的医疗器械不得重复使用;医疗器械广告应当经省级以上人民政府药品监督管理部门审查批准;未经批准的,不得刊登、播放、散发和张贴。

二、临床检验仪器的选用标准

随着检验医学的进步和科学技术的发展,对检验仪器质量的评估越来越严格,选用的标准也越来越全面。一般可从以下几个方面加以考虑:

1. **性能要求**　仪器的精度和分辨率等级高、检测范围宽、稳定性和重复性好、灵敏度高、噪声小、响应时间短、结果准确可靠。要注意选购公认的品牌和机型,最好有标准化系统可溯源的机型。

2. **功能要求**　仪器的检测参数多、应用范围广、检测速度快、性价比高,兼容性好,可实现网络通信,用户操作界面简单明了,操作简便、快捷。仪器能与医院信息系统链接等。

3. **售后要求**　售后维修服务良好是仪器发挥效益的重要保证。要求国内有配套试剂盒供应,仪器装配合理、材料先进、采用标准件及同类产品通用零部件的程度高,维修方便。

4. **用户要求**　①选择的仪器要和所在单位规模相适应,特别是仪器的速度和档次,如大型医院、中心医院样本量非常大,首先考虑的是仪器速度和服务效率问题,其次才是仪器成本问题;而大多数中小型医院,特别是临床样本量有限的医院,首先要考虑的是成本回收问题;②要有前瞻性,要考虑医院的潜力和发展速度,至少要考虑近3年的发展需求,如仪器测试速度要保留一定的潜力,比当前工作能力多20%～30%进行预算;③要考虑其他需求,如特大型医院和教学附属医院实验室仪器的选择一定要考虑科研需求;④要考虑单位的财力状况,切忌过高标准选择仪器造成浪费;⑤在检验仪器采购前要进行充分的筛选和论证工作,仪器招标文书中的主要技术参数一定要翔实具体。

三、临床检验仪器的维护

检验仪器维护工作的目的是减少或避免偶然性故障的发生,延缓必然性故障的发生,并确保其性能的稳定和可靠。该工作是一项贯穿整个检验过程的长期工作,必须根据各仪器的特点、结构和使用过程,针对容易出现故障的环节,制定出具体的维护保养措施,由专人负责执行。检验仪器的维护工作分为一般性维护和特殊性维护。

(一)一般性维护

一般性维护工作是那些具有共性的,几乎所有仪器都需注意到的问题,主要有以下几点:

1. **正确使用**　操作人员应认真阅读仪器操作说明书,熟悉仪器性能,严守操作规程,掌握正确的使用方法,这是仪器始终保持在良好运行状态的前提。要重视配套设备及设施的使用和维护检查,如电路、气路、水路系统等,避免仪器在工作状态发生断电、断气、断水情况。

2. **环境要求**　环境因素对精密检测仪器的性能、可靠性、测量结果和寿命都有很大影响,使用过程中应注意以下几方面:

(1)防尘:仪器中的各种光学元件及一些开关、触点等,应保持清洁。但由于各种光学元件的精度很高,因此对清洁方法、清洁液等都有特殊要求,在做清洁之前需认真仔细阅读仪器的维护说明,不宜草率行事,以免擦伤、损坏其光学表面。

（2）防潮:仪器中的电子元件、光电元件、光学元件等受潮后,易霉变、损坏,因此,要定期进行检查,及时更换干燥剂,长期不用时应定期开机通电以驱赶潮气,达到防潮目的。

（3）防热:检验仪器对工作和存放环境要求有适当的温度范围,因此,一般需配置温度调节器（空调）,使温度保持在20~25℃最为合适。另外,还要求远离热源并避免阳光直接照射。

（4）防震:震动不仅会影响检验仪器的性能和检测结果,还会造成某些精密元件损坏,因此,仪器要放在远离震源的水泥工作台或减震台上。

（5）防蚀:在仪器的使用过程中及存放时,应避免接触有酸碱等腐蚀性气体和液体的环境,严禁用过氧乙酸等具有腐蚀性的消毒剂擦拭仪器,以免各种元件受侵蚀而损坏。

3. **仪器的接地**　接地除对仪器的性能、可靠性有影响外,还关系着使用者的人身安全,因此,所有接入市电电网的仪器必须接可靠的地线。

4. **电源电压**　①多数检验仪器属精密分析仪器,良好的稳定供电对于检验仪器的精度和稳定性极为重要。因市电电压波动较大,可能超出仪器所要求的范围,造成信号图像畸变,还会干扰前置放大器、微电流放大器等组件的正常工作。为确保仪器处于良好的运行状态,必须配用交流稳压电源,要求高的仪器最好单独配备稳压电源。②为防止仪器、计算机在工作中突然停电而造成损坏或数据丢失,可配用高可靠性的不间断电源（UPS）,这样既可改善电源性能又能在非正常停电时做到安全关机。③使用时应注意插头中的电线连接应良好,切忌把插孔位置搞错,导致仪器损坏。所有仪器在关机停用时,要关掉总机电源,并拔下电源插头,确保安全。

5. **定期校验**　检验仪器用于测试和检验各种样品,是分析人员的主要工具,它所提供的数据已成为疾病诊断、危险分析、治疗效果评价和健康状况监测的重要依据,应力求结果的准确可靠。因此,需定期按有关规定进行检查、校正。同样,在仪器经过维修后,也应检定合格后方可重新使用。

6. **做好记录**　包括仪器安装、性能评价与比对、校准、仪器保养与维修等工作内容及其他值得记录备查的内容。一方面可为将来的统计工作提供充分的数据,另一方面也可掌握某些需定期更换的零部件的使用情况,有助于辨别是正常消耗还是故障。

（二）特殊性维护

这部分内容主要是针对检验仪器所具有的特点而言,由于各种仪器有其各自的特点,这里只介绍一些典型的有代表性的维护工作。

1. **光电转换元件与光学元件**　如光电源、光电管、光电倍增管等在存放和工作时均应避光,因为它们受强光照射易老化,使用寿命缩短,灵敏度降低,情况严重时甚至会损坏这些元件。同时应定期用小毛刷清扫光路系统上的灰尘,用蘸有无水乙醇的纱布擦拭滤光片等光学元件。

2. **定标电池**　如果仪器中有定标电池,最好每半年检查一次,如果电压不符要求则予以更换,否则会影响测量准确度。

3. **机械传动装置**　仪器中机械传动装置的活动摩擦面需定期清洗,加润滑油,以延缓磨损或减小阻力。

4. **管道系统**　检验仪器的管路较多,构成管路系统的元件也较多,它分为气路和液路,但它们都要密封、通畅,因此对样品、稀释液、标准液的要求比较高,应定期冲洗,并视污染程度定期更换管路。

第五节　临床检验仪器的进展与发展趋势

一、临床检验仪器的进展

随着医学基础学科和生命学科的迅猛发展,许多新技术、新方法在临床检验中的广泛应用,使得临床检验仪器的发展更加日新月异。近年来,临床检验仪器技术更新快、高科技含量迅猛增长,主要表现在:①基于微电子技术和计算机技术的应用实现了检验仪器的自动化;②通过计算机控制器和数字模型进行数据采集、运算、统计、分析、处理,大大提高了检验仪器数据的处理能力,数字图像处理系统实现了检验仪器数字图像处理功能的发展;③模块联用技术的应用使检验仪器向检测分析速度超高速化、分析试样超微量化、仪器功能多样化的方向发展。因此,未来临床实验室的发展离不开检验仪器的不断更新。只有及时调整和更新实验室的技术和仪器,才能保持实验室的先进水平,充分满足临床医学的需要。不断创新,引进和使用更先进的检验仪器,已成为未来医学实验室发展方向。

二、临床检验仪器的发展趋势

未来检验仪器的发展趋势主要体现在以下几方面:

1. **多用户共享高科技仪器成果** 计算机技术和通信技术相结合而发展的计算机网络,已渗透到临床实验室中,形成了多用户共享、高精度、高速度、多功能、高可靠性的检验仪器。

2. **适应市场,两极化发展** 随着微电子技术和电极技术的进一步发展,临床检验仪器正朝着集大型机的处理能力和小型机的应变能力于一身,人性化、超小型、多功能、低价格、更新换代快、床边和家庭型的方向迈进。

3. **模块化组合设计,功能扩展** 模块式设计形成一个高质量多功能的检验系统,实现一机多用,多机连用。一套连用仪器可测定常规、生化、药物监测、普通免疫、特种蛋白等多种检验项目,同时还可以按需要增添各种部件,扩展其功能。

4. **仪器设计人性化,自动化水平和智能化程度高** ①从送入标本、条码输入、完成检测,到数据存储输出、连接网络,原来由人工完成的工作过程将完全由检验仪器分析系统一次完成,速度更快,减少了人为误差,缩短了出报告的时间;②专家系统技术更趋完善,使检验仪器具有更高级的智能。仪器实施全过程质量监控,定期自动校检,排除人为因素和非标准干扰,自我诊断和控制,自行判断决策等高智能功能,使检验仪器的操作使用更加方便。

5. **仪器小型化** 更多功能、更加全面、小型便携式的检验仪器将不断涌现。体积更小,操作更简单,方便床旁检验和现场检验,患者经简单培训后可以自行测试,对于及早诊断、疗程监控有实际意义。如小型血糖仪已进入家庭,可随时监测血糖状态。

6. **现代分子生物学技术的应用** 该技术正逐渐运用到检验设备的研发中去,影响着检验仪器的发展。许多疾病将出现新的诊断指标,将给疾病的筛查、诊断带来革命。生物诊断芯片的种类和技术在检验医学中的应用也会越来越广泛。生物传感器和芯片的应用将使检验仪器小型化、灵活多用,相应的检验仪器正在不断出现和发展。

本章小结

本章主要介绍了临床检验仪器在检验医学发展中的作用、检验人员学习临床检验仪器的重要性,临床检验仪器的特点、分类和常用性能指标,临床检验仪器的管理法规、仪器的选用、保养、维护方法及发展趋势。现代临床检验仪器具有操作自动化、结果快速化、样本和试剂微量化、检测项目多、便于质量控制、使用安全等优点。但是,临床检验仪器涉及的技术领域广、结构复杂、技术先进、价格昂贵、对使用环境要求高,因此,要重视操作者素质的提高。在选择医学检验仪器的过程中,一定要结合临床具体检测的需求以及单位的具体情况进行全面分析;选择信誉好、售后服务强、管理规范的供应商,尽量选用精度等级高、应用范围广、检测范围宽、稳定性好、灵敏度高、噪声小、响应时间短、性价比高的仪器,并进行认真细致的验收。医学检验仪器的维护是一项持续性的长期工作,因此必须根据各仪器的特点、结构和使用过程,并针对容易出现故障的环节,制定出具体的维护保养措施,由专人负责执行。自动化、模块化、微量化、智能化、人性化、个性化以及小型便携化是未来几年临床检验仪器发展的方向。

(吴佳学)

扫一扫,测一测

思考题

1. 临床检验仪器的选用标准一般有哪些?
2. 学习临床检验仪器目的和意义是什么?
3. 临床检验仪器的基本结构和常用的性能指标有哪些?

笔记

02章 PPT

学习目标

1. 掌握：临床常用光学显微镜、移液器、离心机、生物安全柜的基本类型、特点、工作原理及基本结构。

2. 熟悉：临床常用光学显微镜、移液器、离心机、生物安全柜的主要性能指标、使用方法及日常维护。

3. 了解：临床常用光学显微镜、移液器、离心机、生物安全柜的常见故障及处理方法。

4. 具备独自操作临床实验室常用光学显微镜、移液器、离心机、生物安全柜的技能，及其日常维护与常见故障分析的能力。

5. 能利用所学知识解决医学检验基本设备在临床实际运用过程中的常见问题。

随着实验室自动化、机械化的程度越来越高，现代化的临床检验仪器设备如生化分析仪、免疫分析仪、血液分析仪、尿液分析仪等已成为目前临床实验室对患者样本进行检测的主要工具。但一些常规检测和生物医学研究实验室仍然会使用一些基本设备如显微镜、移液器、离心机和生物安全柜等。在临床检验工作中，熟悉掌握这些设备的工作原理、基本构造及功能，正确掌握它们的使用方法，不仅可以提高检验技术人员的工作能力，还可以保证检验结果的准确可靠性以及实验室的正常运行。

第一节　显　微　镜

显微镜（microscope）是能将肉眼无法分辨的细微结构高倍放大成肉眼可辨物像的精密仪器或设备，具有高放大率和分辨率，为研究微观世界提供了有力的工具。根据成像原理可将显微镜分为光学显微镜和电子显微镜。光学显微镜广泛应用于临床基础检验、微生物检验、免疫学检验等，主要用于各种细胞、微生物、有形成分的观察鉴别。结合医学检验技术专业特点，本节主要介绍光学显微镜的工作原理、结构、性能、种类、使用维护。

一、光学显微镜的原理和结构

（一）光学显微镜的工作原理

光学显微镜（optical or light microscope）是由目镜和物镜两组透镜组成的光学折射成像系统，利用物镜和目镜组合后产生两次放大而成像（图2-1）。其原理是将被观察物体（AB）置于物镜前方焦点附近，AB发出的光线经物镜作第一级放大后形成一倒立实像（A′B′），该像再经目镜作第二级放大形成倒立的虚像（A″B″），位于人眼明视距离处，即可被人眼观察到。

笔记

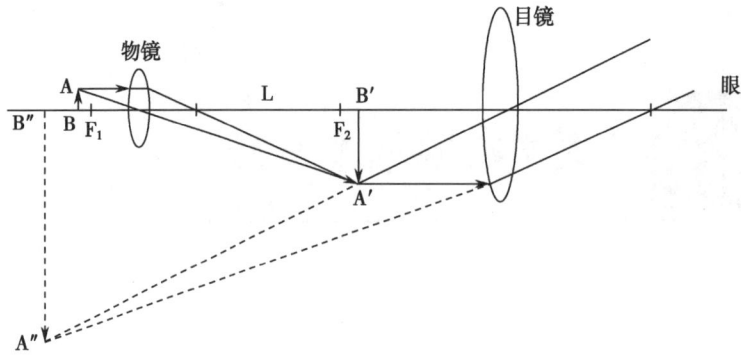

图 2-1 光学显微镜成像原理

（二）光学显微镜的基本结构

光学显微镜由光学系统和机械系统两部分组成（图 2-2），现在各类光学显微镜为了将所观察到的结果真实记录下来，可配置显微摄影装置。

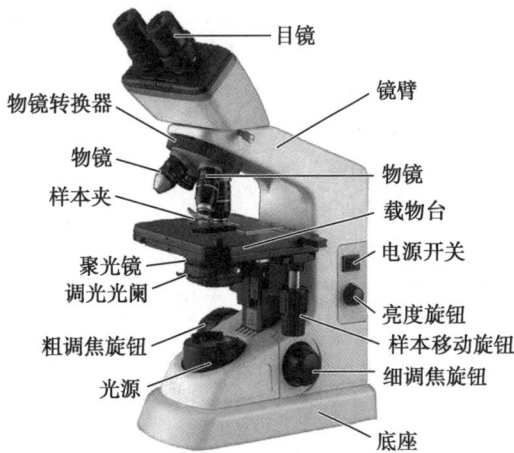

图 2-2 普通光学显微镜基本结构

1. **光学系统** 是显微镜的主体，由物镜、目镜、聚光镜、光源及其他附属装置组成，其中物镜、目镜组成成像系统，聚光器、光源组成照明系统。

（1）物镜（objective lens）：是光学系统的核心，直接影响成像质量及光学性能，是衡量一台显微镜质量的首要标准。一台光学显微镜可配置 3 个及以上不同放大倍数的物镜，一个物镜由相隔一定距离并被固定的几个透镜组合集成在金属筒内构成，安装在物镜转换器上，通过转换可和目镜组成不同放大率的成像系统。物镜要求齐焦合轴。

物镜种类很多，有多种分类方法。根据放大倍数以及数值孔径不同可分为极低倍、低倍、中倍和高倍物镜；根据是否浸入液体媒介分为干式和浸液物镜；根据镜筒长度分为筒长有限远物镜和筒长无限远物镜；根据对像差与场曲的校正功能不同可分为消色差物镜、复消色差物镜、平场消色差物镜和平场复消色差物镜等（表 2-1）；根据功能不同可分为相差物镜、微干涉相差显微镜（DIC）物镜、霍夫曼调制相衬（HMC）物镜、偏光物镜、荧光物镜、全内角反射荧光显微镜（TIRFM）专用物镜、多功能物镜等。

表 2-1 物镜种类及像差校正程度

物　　镜	标识字样	校正色差	校正球差	校正场曲
消色差物镜	Ach	红、蓝	黄、绿	否
复消色差物镜	Apo	红、绿、蓝	红、蓝	否
平场消色差物镜	Plan	红、蓝	黄、绿	是
平场复消色差物镜	Plan Apo	红、绿、蓝	红、蓝	是

物镜主要技术参数一般标识在物镜筒上，主要有放大倍数、数值孔径、盖玻片厚度、镜筒长度，浸液物镜还注明所使用的浸液（图 2-3）。

（2）目镜（ocular lens）：是显微镜的重要组成部分，其实质是一放大镜，也直接影响物体成像的质量。目镜一般由 2~3 组透镜构成，每个透镜又由位于上端的目透镜（起放大作用）和下端的聚透镜/场透镜（使映像亮度均匀）两部分组成。在上下透镜之间装有视场光阑，决定视野大小，标本通过物镜后

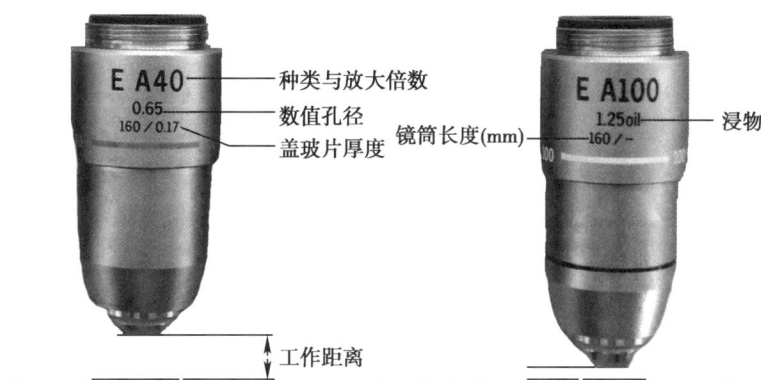

图 2-3　物镜镜筒上的技术参数

在光阑面位置成实像,可在光阑面放置测微尺和指针,用以测量或指示所观察的图像。目镜主要技术参数有放大倍数、最小视场直径等,常见的放大倍数有 5 倍、10 倍、15 倍等。

根据构造形式对目镜进行分类,常用目镜类型如表 2-2 所示。

表 2-2　目镜分类及主要用途

目镜名称	构造形式	主要用途
惠更斯(Huygens)目镜	由两块平凸透镜间隔一定距离构成,凸面朝向物镜一侧,平面朝向眼睛一侧,其焦点位于两片透镜之间	使用最广泛,适用于配合中、低倍物镜,用作观察或摄影
冉斯登(Ramsden)目镜	由两块平凸透镜间隔一定距离构成,凸面相对,其物方焦面位于目镜前方,可在光阑面上放置测微尺	用于观察和摄影、放大
补偿目镜	惠更斯目镜的改进型,将接目镜的单块平凸透镜改为三胶合透镜	宜与复消色差物镜、半复消色差物镜配合使用,以抵消这些物镜的残余色像差
平场目镜	像散和场曲控制较好,视野平坦,视场较大	宜与平场物镜和消色差物镜配合使用
无畸变(orthoscopic)目镜	采用四片组结构,由一块三胶合透镜和一块平凸透镜组成,其中三胶合透镜中间的一块为负透镜	可消除畸变,适用于高倍率的观测

(3)照明系统:被显微镜观察的样本大多数自身并不发光,故需要对样本进行充分适当的照明才能进行观察。显微镜的照明方式按光源光束是否透过标本可分为透射式照明、落射式照明以及暗视场照明。透射式照明适用于透明或半透明的被检物体,用于大部分生物显微镜;落射式照明用于非透明被检物体,多用于落射式荧光显微镜;暗视场照明是照明光线不进入物镜,而依靠被检物体本身散射和衍射光线投射物镜成像,以此增加反差而便于观察。

照明系统主要包括光源、滤光片、聚光器和载玻片等部件。

1)光源包括自然光源和电光源两类。自然光源配备反光镜采光,受外界光源的影响较大;电光源常用卤素灯或发光二极管(light emitting diode,LED),可做到随时照明及亮度可调。

2)滤光片用于选择入射光的光谱成分和强度,普通滤光片常用有色玻璃制成,用于普通显微镜中背景色彩的调整、显微摄影时色温的调节、荧光显微镜中激发光的阻挡等。

3)聚光器由数个透镜组合而成,位于光源和样品间,可会聚光束,使光束均匀并增强照明亮度。其离光源的距离和光线通过孔径大小均可调节,应确保聚光镜的数值孔径(NA)大于或等于物镜 NA,以获得理想的成像效果。聚光器种类较多,不同种类的显微镜有配套的聚光器。

4)载玻片是光路的一部分,其光学性能会影响成像质量,其表面应平坦,无气泡,无划痕,无色,透明度好,厚度符合规定。

2. 机械系统　其作用是支撑、固定、调节光学系统和被观察的样本,确保成像质量。

(1) 底座和镜臂:常组成一个稳固的整体,作为显微镜的主体支架部分。底座维持显微镜的平稳性,镜臂是其他机械装置附着的基础。

(2) 镜筒:用来连接目镜和物镜转换器,保证光路畅通、稳定。镜筒有单目、双目、三目三种。单目镜筒下端直接连接物镜,斜筒式单目镜筒内安装一个反射棱镜,被检物体通过物镜到达镜筒的光线被棱镜以45°角反射进入目镜;双目镜筒由左右两个目镜镜筒构成,下端装有一组分光反射透镜,能看到相同的像,调节合适后两个像可重合;三目镜筒有双目镜筒和一个直式镜筒,直式镜筒连接相应设备可用于显微摄影。

(3) 物镜转换器:为显微镜机械系统中最精密的部分,是一连接于镜筒下端的旋转圆盘,装有多个物镜,通过转动可切换至不同放大倍数的物镜,以保证物镜交换使用时"齐焦"与"合轴"的机械精度。

(4) 载物台:放置标本,通过调节装置使标本在视场内平面移动可改变观察视野。标准载物台由固定台座、活动台面、可移动玻片夹组成,有横向和纵向坐标刻度,以确定视野位置,方便重复观察。

(5) 调焦系统:调节物镜与标本之间的距离,保证物像清晰。调焦装置有升降镜筒和升降载物台两种方式,调焦旋钮包括粗调焦和细调焦两种。

二、光学显微镜的性能参数

在显微镜的临床实际运用过程中,获得清晰而明亮的理想图像需要显微镜的各项性能参数达到一定的标准。光学显微镜的性能参数包括数值孔径、分辨率、放大率等,它们之间既相互联系又相互制约,在实际使用时必须根据镜检的目的和实际情况来协调各参数之间的关系,其中以保证分辨率为准,最终使显微镜各项性能达到最佳状态,得到最满意的镜检效果。

1. 数值孔径(numerical aperture,NA)　亦称镜口率,是评价显微镜性能的重要参数之一。NA是样品与物镜间介质折射率(n)与物镜孔径角(α)半数正弦值的乘积,范围在 $0.05 \sim 1.40$。它主要反映物镜和聚光镜性能,用来限制可以成像的光束截面和通量,决定和影响着其他性能参数。NA 与景深成反比,与放大率、分辨率成正比,NA 平方与图像亮度成正比。NA 变大后,视场宽度与工作距离会变小。浸油物镜以油代替空气来增大介质折射率,达到增大物镜 NA 值的目的。

2. 放大率(magnification,M)　又称放大倍数,是指经多次放大后最终所成物像与原物体大小的比值,是显微镜的重要参数之一。放大率与物镜放大率、目镜放大率及增设的棱镜放大率成正比。也可用位置放大率来估算:镜筒越长,物镜、目镜焦距越短,放大率越大。在实际应用中,显微镜配有放大倍数不同的物镜和目镜,常用目镜放大率与物镜放大率的乘积来表示,如目镜为 10×,物镜为 100×,则放大率为1000。

3. 分辨率(resolution)　是显微镜的最重要性能参数之一,其指显微镜分辨物体微细结构的能力,用两个物点间的最小可分辨距离(δ)表示,计算公式为 $\delta = \dfrac{0.61\lambda}{NA}$(λ 为光波波长)。由此可得出,光波波长越短、物镜 NA 越大,则 δ 越小,分辨率越高,微细结构观察得越清晰。显微镜的放大率和分辨率相匹配,才能做到有效放大并清晰地观察物像。普通光学显微镜的最高有效放大率约为 1000 倍。

4. 视场(field of view)　又称视野,是指通过目镜所能看到的物像空间范围,其大小取决于目镜光阑大小和物镜倍数。目镜光阑变小、物镜放大率变大均会获得较小视场,反之视场较大。

5. 景深(depth of field,DF)　显微镜清晰聚焦后,位于焦点平面前后一定范围内的平面都能形成清晰的物像,平面之间的最大距离称为景深。景深和总放大倍数、数值孔径成反比。

6. 工作距离(work distance,WD)　指可清晰观察物体时,物体与物镜表面间的距离。它和物镜的 NA 成反比,物镜的焦距越长,放大倍数越低,其工作距离越长。

7. 像差(aberration)　物点发出的光线经过透镜后,不能完全按照高斯光学成像原理成一理想的点像,而导致形状等方面的差别,称为像差。单色光成像时可表现为球差、彗差、像散、场曲、畸变(表2-3)。

表2-3　像差及改进方法

像差类型	成像原因	成像特点	改进方法
球差(spherical aberration)	透镜中心区域和边缘区域对光线的会聚能力的差异	中间亮、边缘逐渐模糊的弥散斑	采用适当形状的正、负透镜组合或双交合镜组
彗差(broom aberration)	球面透镜各光区成像的放大率不一致及焦点不同	顶端小而亮,尾部逐渐变宽且亮度减弱模糊,如彗星状光斑	采用不用曲率透镜的组合或缩小孔径
像散(astigmatism)	物点离主光轴较远所发出的光束经透镜折射后汇聚在于画面垂直方向的前后两个位置上	弥散斑或与光轴平行、垂直的亮线	用正、负透镜适当组合可消除
场曲(curvature of field)	较大的平面物体成像后,像面呈一个曲面而不是平面的现象	整个像面构成一个曲面	采用两组适当折射率的透镜组合
畸变(distortion)	光学系统对共轭面不同高度的物体有不同的垂直放大率	形状失真,但不影响成像清晰度	改变镜片外形

8. **色差**　复合光经过透镜成像时,由于各种单色光的折射率不同、光程差异所导致成像颜色的差异,即为色差。复合光成像时存在轴向色差和垂轴色差。

三、常用光学显微镜的种类及应用

光学显微镜的种类繁多,依据主要用途可分为生物显微镜和金相显微镜两大类。前者主要用于生物医学方面,观察对象多为透明或半透明物体;后者主要用于材料学、制造业等方面,观察对象为非透明物体。下面主要介绍常用的生物学显微镜:

1. **普通生物显微镜**　是实验室的基础设备。以自然光或电光源为光源,且位于标本的下方,采用透射式照明,在明视场中进行观察。常用于血液、体液的细胞形态、有形成分观察,病原微生物的涂片观察等。其最大有效放大倍数为1000倍,分辨率为0.2μm。双目显微镜因利用双眼同时观察,成像自然,不易疲劳而应用广泛,其目镜间距可调,设有屈光度调节,最终看到的是大小、亮度、清晰度一致、重合的物像(图2-2)。

2. **荧光显微镜**　以紫外线为光源照射标本,观察标本中的荧光物质受激发后产生的荧光图像。一般利用荧光素标记的抗体(抗原)与细胞表面或内部相应的抗原(抗体)发生特异性结合,通过荧光显微镜观察荧光素在组织和细胞内外的分布和强度,从而对特异性成分进行定性、定位分析。因灵敏度高,成像清晰,得到广泛应用。特点:①光源为高压汞灯,可发出紫外线;②滤光片有两组,位于光源和标本间的选择滤光片可让紫外线通过,位于标本与目镜间的阻隔滤光片阻断多余的紫外线通过;③多采用落射式照明(图2-4)。

3. **倒置显微镜**　其结构和普通生物显微镜相比是颠倒的,照明系统位于载物台及标本上方,物镜位于载物台器皿下方。常用于培养瓶或培养皿中微生物、细胞、组织培养等的观察,又称生物培养显微镜。放大率一般不超过40倍,工作距离较长。

4. **相衬显微镜**　利用光的衍射和干涉现象,将光线通过透明标本所产生的相位差转换成肉眼可辨的振幅差,使标本可被观察。主要用于观察活细胞、未染色的标本。特点:①光源和聚光镜间

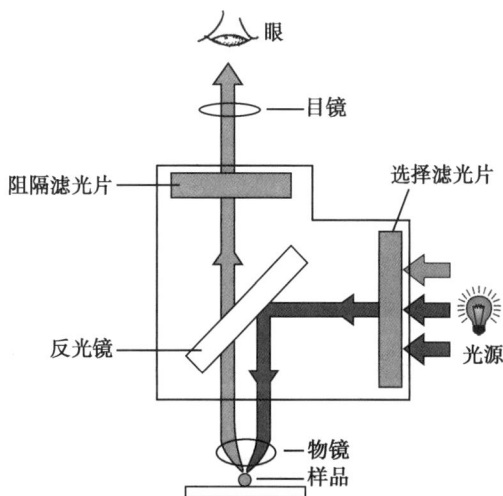

图2-4　荧光显微镜落射式照明光路原理

倒置显微镜
(图片)

的环形光阑,使透过聚光镜的光束形成空心光锥;②在物镜中加了一个相位板,有推迟直射光或衍射的相位、降低直射光强度、突出干涉效果的作用。

5. 暗视场显微镜　光线照射到直径小于入射光波长的胶体粒子时会发生光的散射,从入射光的垂直方向可以观察到散射光,这就是丁达尔现象。暗视场显微镜是根据丁达尔现象原理设计的显微镜。特点:采用暗视场法照明,观察的图像仅是物体的轮廓,可观察到 $0.1\mu m$ 的微粒。主要用来观察活细胞或细菌的形态和运动情况。

6. 数码显微镜　是整合了光学显微镜、光电转换技术、计算机技术的显微设备。和其他光学显微镜的主要区别是增加了数码显微摄影装置。数码显微摄影装置通过专用摄影目镜与显微镜连接,该目镜产生位于外侧的放大正立实像,由电荷耦合器件(CCD)采集转化为数字信号传输至计算机系统进行存储、加工、复现、打印,扩展了光学显微镜的功能。

数码显微分为自带屏幕数码显微镜和采用计算机显示的数码显微镜。后者通过计算机上的图像分析、处理软件再加工,可衍生出各种显微图像分析系统和显微图像教学系统,如:影像式尿沉渣分析仪、粪便分析仪、精子自动分析仪、骨髓图文分析系统、数码显微互动实验室。

7. 超景深显微影像系统　普通光学显微镜最大的缺点之一就是不能对三维(立体)目标进行完全对焦。因为显微镜的景深很小,由于光学特点的限制,在高倍观察目标时分辨率很高、细节清晰,但是视场范围和景深却很小,无法使整个视野都聚焦清晰。计算机控制的三维(3D)显微镜,采用分层照相技术,对显微镜镜头变换焦距时采集的图像系列进行分析,提取每幅图像中最清晰的区域,按其位置进行 3D 重建。将不同景深的图像融合成一幅各部位都清晰的全景深图像。解决了普通光学显微镜系统无法完成的难题。既能高倍观察细节,也能大景深观察样品全貌。这种具有 3D 重构的影像系统叫超景深显微影像系统(图 2-5)。

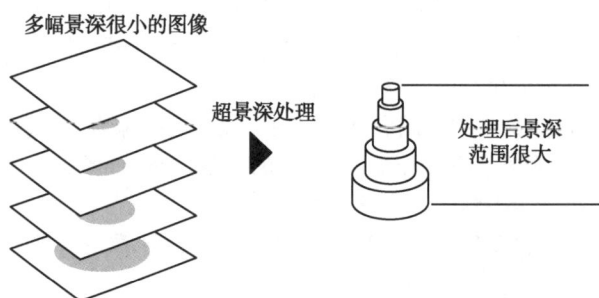

图 2-5　超景深显微影像合成示意图

8. 微分干涉差显微镜(DICM)　因其是 Nomarski 在相差显微镜原理基础上发明的,故又称 Nomarski 相差显微镜。DICM 利用偏振光,通过偏振器、DIC 棱镜、DIC 滑行器和检偏器共同作用,最后呈现三维立体投影影像。与相差显微镜相比,其标本可略厚一点,折射率差别更大,故影像的立体感更强。使用 DICM 可令细胞结构,特别是一些较大的细胞器,如核、线粒体等立体感特别强,适合于显微操作。如目前基因注入、核移植、转基因等的显微操作常在 DICM 下进行。

9. 激光扫描共聚焦显微镜(LSCM)　采用激光作为光源,在传统光学显微镜基础上采用共轭聚焦原理和装置,并利用计算机对所观察的对象进行数字图像处理的一套观察、分析和输出系统。通过 LSCM 可对观察样品进行断层扫描和成像,可无损伤的观察和分析细胞的三维空间结构;也可对活细胞进行动态观察、多重免疫荧光标记和离子荧光标记观察。目前 LSCM 主要应用于定量荧光测定、定量共焦图像分析、光学切片及三维重组等方面。

四、光学显微镜的使用、维护与常见故障处理

显微镜是制作精密的光机电一体化设备,正确地使用和维护,有助于发挥它的功能,延长其使用寿命。

(一)光学显微镜的使用

光学显微镜种类繁多,具体每种仪器设备在结构上又不同,在此仅介绍普通光学显微镜的基本使用流程,见图 2-6。

对光	先把光源调成最弱,打开电源开关,转动转换器,使低倍物镜对准通光孔;左眼注视目镜转动反光镜,调节光源便通过目镜看到白亮视野
放置	右手握住镜臂,左手托住镜座,将显微镜水平放置在平稳台面(镜臂朝向自己,距桌边沿5~10cm处),安装好目镜和物镜
标本放置	将待观察的标本置于载物台上,用弹簧压片夹夹住,并将其移动到合适位置(标本正对通光孔中心)。若为玻片移动器,则将玻片标本卡入玻片移动器,然后调节玻片移动器,将材料移至正对通光孔中央的位置
成像	先在低倍镜下观察,移动目标至视野中心;再换用高倍镜并调节光圈,转动细调焦旋钮至图像质量最佳为止
观察	转动粗调焦旋钮,缓缓下降镜筒至物镜接近标本为止。通过物镜,同时转动粗调焦旋钮和细调焦旋钮至看清物像为止
结束	实验结束移去样本,将物镜从光路移开,清洁油镜和镜身;放松载物台和聚光镜,光阑孔径调至最大。用防尘罩遮盖或装箱

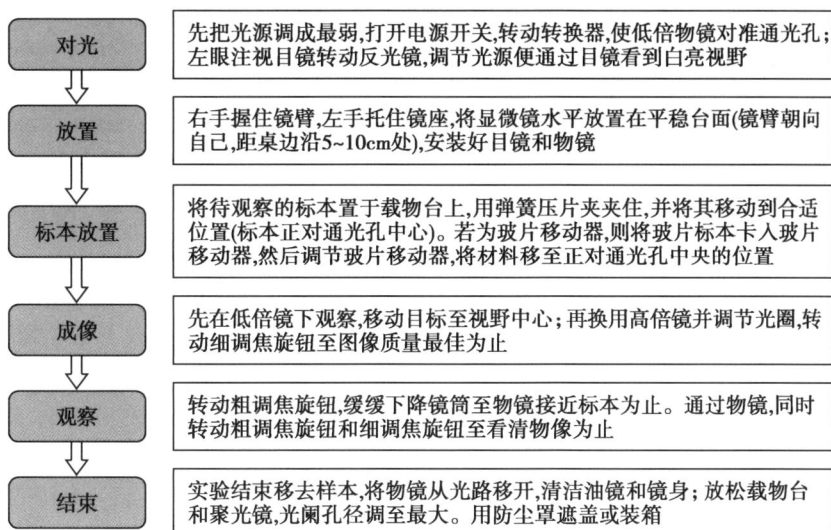

图 2-6 普通光学显微镜的流程

（二）光学显微镜的维护

1. 工作环境 工作台面水平、平整、稳固;无阳光直射,温度一般 5~40℃,相对湿度<80%,电压波动<10%,无尘、无腐蚀性气体,防潮、防震、防晒、防霉、防锈;特殊类型显微镜应配备稳压设备。

2. 移动显微镜应轻拿轻放,避免剧烈震动和倾斜。

3. 只能通过转动物镜转换器来转换物镜;用高倍物镜时,慎用粗调焦旋钮调焦。

4. 使用时,用力要轻,转动要慢,不得超出其限制范围,用毕要使其回到自然松弛状态。

5. 显微镜的光学元件只可用擦镜纸擦拭,机械部件可用布擦拭。

（三）光学显微镜常见的故障处理（表2-4）

表 2-4 光学显微镜常见的故障、原因及处理

故障现象	故障原因	处理方法
视场亮度不均	物镜、目镜、聚光镜等变脏;物镜未处光路正中,视场光阑未对中或过小等	清洁光路,调节物镜和光阑
成像质量差	油镜未浸油或油内有气泡;聚光镜位置或光阑孔径不合适;镜片表面生雾、生霉或镀膜破坏	检查浸油,清洁光路或更换镜头,调节聚光镜和光阑
视野中有污物	玻片或光路中的镜片中有灰尘或污物	检查处理玻片或光路中的镜片中有无灰尘或污物
载物台或镜筒自动下滑	调焦机构张力过松	握紧一侧粗调焦旋钮,顺时针转动另外一个加紧
细调焦旋钮失灵	超出最大限位仍用力所致	拆开将齿轮放回啮合位置,更换限位螺丝

五、电子显微镜

电子显微镜(electron microscope,EM)根据电子光学原理,用电子束和电子透镜代替光束和光学透镜,使被检样品的细微结构在非常高的放大率和分辨率的情况下成像。其放大率可达 20 万~100 万倍,远大于光学显微镜。根据成像原理不同可分为透射电子显微镜、扫描电子显微镜和扫描隧道显微镜三种。

1. **透射电子显微镜** 是一种以波长极短的电子束作为照明源,用电磁透镜聚焦成像的一种高分辨率、高放大倍数的电子光学仪器。其原理是以电子束透过样品并与其原子核发生碰撞产生散射,电子束所发生的不均匀变化经过聚集与放大投射到荧光屏或底片后产生物像。基本结构包括:电子光

学系统(照明系统、成像系统)、真空系统、供电系统、机械系统和观察显示系统。照明系统由电子枪(形成电子束)和聚光镜(会聚电子束)组成;成像系统由电子透镜组成,使电子束偏转会聚,产生和光学透镜类似的效果。真空系统用来维持高度真空状态,保证电子束的直线传播和强度的稳定。观察显示系统将电子成像转换为肉眼可见的影像显示出来,一般通过荧光屏观察。透射电镜是最成熟、应用最广泛的电镜,分辨率可达 $0.1\sim0.3\text{nm}$,主要用于观察组织和细胞内的亚显微结构、蛋白质、核酸等大分子的形态结构及病毒形态结构等。不足:电子束穿透力不强,样品需制成 $50\sim100\text{nm}$ 的超薄切片,操作也相对复杂。

2. **扫描电子显微镜** 用极细的电子束扫描样品表面,电子与物质相互作用而激发出各种物理信号,其中的二次电子、背散射电子的强度与样品表面结构相关,对其进行采集、转换后显示,便可得到样品微观形貌的扫描图像。特点:分辨率可达 0.3nm,视野大、景深大、样品制备容易、可反映样品表面的立体结构。主要用于组织、细胞表面的立体形态观察。不足:分辨率较透射电镜低,样品内部的信息获得困难。

3. **扫描隧道显微镜** 利用量子理论中的隧道效应和三维扫描原理,通过隧道电流的探测,获得物质表面结构图像信息。优点:无须光源和透镜,体积小,分辨率极高(横向 $0.1\sim0.2\text{nm}$,纵向 0.001nm),可观察固态、液态、气态物质;真空、大气、水中、常温下均可工作,扫描速度快,不破坏样品,无须特别制样,可在生理状态下对生物大分子和表面的结构进行原子布阵研究。不足:只能观测导电表面的结构,无法进行化学成分分析。

六、数码显微摄影与应用

数码显微摄影利用数码显微摄影装置,将显微镜视野中所观察到的物体细微结构真实记录下来,以供进一步分析研究之用。数码显微摄影以电子存储设备为载体,通过电感耦合器(CCD 芯片)将光信号转换成相应模拟量的电信号,后者经模拟数字转换器进行模拟及数字信号转换后,再经数字压缩记录到内存卡或闪速存储卡等存储器中,形成数字影像文件。因此,数码显微摄影是一门重要的、常规的摄影技术,是再现显微镜视野中物像的最好方法,因其迅速而准确、真实而科学,现广泛应用于科研、教学、质检等领域。

1. **数码显微摄影的成像原理** 利用电耦合器件,将镜头所形成的影像(甚至每个非常细小的局部)的光线亮度信号转化为计算机可以识别的、可用数字进行描述的电子信号,最后通过计算机或其他专用设备,再把这些数字信号还原成光信号,从而使影像再现出来。

2. **数码显微摄影的基本装置** 包括数码相机、显微镜、计算机系统、电视机、输出打印机和图像分析软件包等。其中的核心装置是数码相机和显微镜,常用到显微照相机和照相显微镜。无论是哪一种数码显微摄影装置,在进行摄影前都必须注意光源、聚光镜中心、聚光孔径光阑的调整,以达到符合数码显微摄影的要求。

3. **数码显微摄影的优势** 数码显微摄影技术从根本上克服了传统显微摄影技术中取景观察不便、图像传送难、效率低、速度慢等缺点,其显著优点在于:①精确性,由于采用了先进的数字技术,数码摄影所产生的实时影像或照片,其精度远远高于传统的普通照片。②实时性,数码显微摄影系统可通过 USB 电缆与计算机连接,或通过音频/视频电缆与电视机连接,故显微镜下所观察到影像,无须制作成照片,可通过计算机或电视机实时展现出来,以供科研及实验分析。③易于保存、复制、分类和检索,数码摄影所生成的影像,作为数字信号可以储存于计算机、光盘或其他移动磁盘内。④强大的图像编辑处理和分析测定能力,由于数码显微摄影实现了与计算机的连接,故可利用相应图像处理软件(Photoshop、Photolib、ACDSEE 等)对图像进行编辑和分析。⑤其他特殊功能,如声音记录功能、LCD 彩色显示屏取景监视、光学变焦、影像处理、自动白平衡、数字红外摄影和微距/全景拍摄模式等功能。

4. **数码显微摄影的应用** 数码显微摄影因其无可比拟的优势,作为一门应用摄影技术,在医疗、科研和教学中起着非常重要的作用。在临床病理工作中,利用数码显微摄影技术对常规病理切片、大体标本和科研病理切片进行处理后所得图片清晰、逼真,层次突出,对比度好,色彩自然,鲜明地记录了病理标本的病变特征,数码显微摄影成为病理资料储存、积累和管理的重要手段之一。在高校病原学、生物学、药学等课程实验教学中,如实验材料为细菌、动、植物细胞等微小活体时,运用数码显微摄影可得到实验对象的连续资料,进而实现对实验对象不间断分析与研究,能使学生在课堂上更直观、生动、清晰的了解实验对象,数码显微摄影从而成为调动学生学习兴趣,提高教学效率的一种手段。

(蔡群芳)

第二节　移　液　器

移液器(locomotive pipette)是在一定量程范围内,将液体从原容器内移取到另一容器内的一类计量工具,又称移液枪。在转移小容量液体时移液器可以替代玻璃吸管,分配更为精确、方便。随着科学技术的不断更新和临床常规应用的不断增多,移液器的种类越来越多。移液器有不同的分类方法,根据工作原理可将其分为空气置换移液器与正向置换移液器;根据能同时安装吸头的数量可将其分为单通道移液器和多通道移液器;根据刻度是否可调节可将其分为固定式移液器和可调节式移液器;根据调节刻度方式可将其分为手动式移液器和电动式移液器;根据特殊用途可将其分为全消毒移液器、大容量移液器、瓶口移液器、连续注射移液器等。微量移液器因规格不同,所配套使用的微量移液器吸头也不同,不同生产厂家生产的形状也略有不同,但工作原理和操作方法基本一致。

一、移液器的工作原理

目前临床常用移液器的设计依据是胡克定律:在一定限度内弹簧伸展的长度与弹力成正比,即移液器内的液体体积与移液器内的弹簧弹力成正比。移液器加样的物理学原理有两种:使用空气垫加样和无空气垫的活塞正移动(positive displacement)加样。这两种不同原理的移液器有其不同的特定应用范围。

(一)空气垫加样

空气垫加样也称为活塞冲程加样,基于空气垫加样原理而设计的移液器称为空气垫移液器(也称为空气置换移液器),其中空气垫的作用是将吸至塑料吸头内的液体样品与移液器内的活塞分隔开来,空气垫通过移液器内活塞的弹簧伸缩运动而移动,进而带动吸头中的液体吸入或放出。空气垫移液器常规应用于固定或可调体积液体的加样,其加样体积范围在 $0.2\mu l \sim 10ml$。活塞移动的体积必须大于所希望吸取的液体体积(2%~4%)。空气垫移液器的使用容易受物理因素的影响,如移液器吸头的形状、材料特性以及与加样器的吻合程度等;温度、气压和空气湿度等会影响其加样的准确度。

(二)活塞正移动加样

基于活塞正移动为原理而设计的移液器称为活塞正移动移液器(也称为正向置换移液器)。它可以在空气垫移液器难以应用的情况下使用。如移取具有高蒸汽压、高黏稠度以及密度大于 $2.0kg/L$ 的液体。活塞正移动移液器的吸头与空气垫移液器的吸头有所不同,其内含一个可与移液器活塞耦合的活塞,这种吸头由生产活塞正移动移液器的厂家配套生产,不能使用普通的吸头或不同厂家的吸头。

二、移液器的基本结构

移液器在临床实验室中由于基本结构简单,使用方便等原因而得到广泛应用。其基本结构主要有显示窗、容量调节部件、活塞、O-形环、吸引管和吸液嘴(吸头)等几个部分(图2-7)。

三、移液器的性能要求

移液器移取的液体体积是否精确,直接关系到检测结果的准确性和可靠性,因此,移液器的性能要求十分重要。

(一)计量性能要求

移液器在首次检定、后续检定以及使用过程中的检定,皆

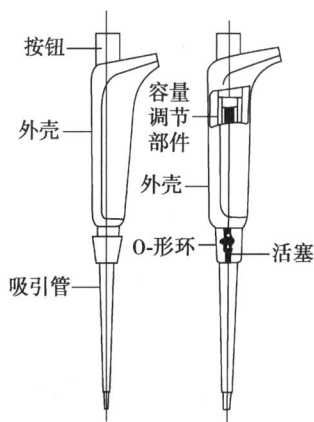

图 2-7　常见移液器基本结构示意图

应满足计量性能要求。移液器在标准温度（20±5）℃，且室温变化不得大于1℃/h的条件下，所标称容量体积的容量允许误差和测量重复性应符合《中华人民共和国国家计量检定规程——移液器》（JJG 646-2006）的要求。

（二）通用技术要求

1. **外观要求**　移液器主体上应标有产品名称、生产厂家名称或商标、标称容量、型号规格和出厂编号；塑料件外壳表面应平整光滑，不得出现明显的缩痕、废边、裂纹、气泡、变形等现象；金属件表面镀层应无脱落、锈蚀和起层。

2. **移液操作杆**　按动移液器的活塞时，其操作杆上、下移动应灵活，分档界限明显，正确使用时不得出现卡住现象。

3. **调节器**　可调式移液器的容量调节指示部分在可调节范围内转动要灵活，数字指示要正确、清晰和完整。

4. **密合性**　移液器在使用或校准前应做密合性检查（可减小量值误差）：在0.04MPa的压力条件下，5s内不得出现漏气现象。

5. **吸液嘴**　应采用聚丙烯或性能相似的材料，内壁应光滑，排液后不允许有明显的液体遗留；不能弯曲；不同规格型号的移液器应使用配套的吸液嘴。

（三）微量移液器的检测

1. **气密性检测**

（1）目视法：将吸取液体后的移液器垂直静置15s，观察吸液嘴尖头是否有液体缓慢流出，若无液体流出，说明气密性好；若有流出，则说明有漏气现象。

（2）压力泵法：使用专用压力泵，若出现漏气，则可能原因为吸液嘴不匹配、吸液嘴未装紧或移液器内部气密性不好等。

2. **准确性检测**

（1）分光光度法：将移液器调至目标体积，然后移取已知的标准染料溶液，加入到一定体积的蒸馏水中，测定溶液的稀释度（334nm或340nm），重复操作几次后求均值来判断移液器的准确度。此法适用于量程小于1μl的微量移液器。

（2）称重法：通过对水称重，转换成体积（体积=质量/密度）来鉴定移液器的准确性。实验室必备条件是分析天平（高灵敏度、定期校准）、双蒸水和称量容器；水（20℃时密度为0.09982）、移液器、吸液嘴必须具有相同的温度。但是一般实验室的环境（水的温度、称量天平精确度、开放式空间等）达不到要求，偏差在所难免。若需进一步校准，必须在专业实验室或者由国家计量部门进行校准。此法适用于量程大于1μl的移液器。

（四）移液器的校准

移液器的移取体积是否准确、使用方法是否得当，长期使用后移液器弹簧变形、弹力减小、器件磨损等，均可导致移液器移取液体容量出现误差，为保证其准确性，需要定期对其进行校准并建立档案。一般在购买后进行校验一次（供应商已校验者除外），使用期间每年校验一次，在修复或调整后必须进行一次校验，最大量程在10μl以内的移液器校验可送有资质的单位进行。

校验前应将待校验移液器和校准介质（如工作台、天平、双蒸水等）放置于相同操作间至少4h，以确保温度相同，水温变化恒定在±0.5℃。校验应在无通风的独立房间进行，环境温度在20~25℃，相对湿度在55%~75%。一般实验室由于其自身条件限制，所进行的常规检测并不能完全取代专业校准工作。现在一些大型移液器制造商均采用全球统一的移液器标准操作规范，利用专业软件校正系统，通过计算机对分析天平进行在线控制，测量、数据采集、计算、结果评价等环节由软件控制完成，所有人为操作都被计算机记录并随报告打印出来，采用电脑对数据进行评估认证，从而完全排除人为操作所造成的误差；同时指定当地代理商提供专业校准和维修服务。

四、移液器的使用方法及其注意事项

移液器的准确量取是临床常规实验和科研实验结果可靠的基本保证，因此正确的使用方法显得尤为重要。

（一）使用方法

1. **选择合适的移液器** 移取标准溶液（如水、缓冲液、稀释的盐溶液和酸碱溶液）时多使用空气置换移液器，移取具有高挥发性、高黏稠度以及密度大于 $2.0 g/cm^3$ 的液体或者采用分子生物学技术检验加样时使用正向置换移液器。移取的液体体积必须在所选择的移液器特定量程范围内并接近其最大量程，以保证量取液体的准确性。如移取 $15\mu l$ 的液体，最好选择最大量程为 $20\mu l$ 的移液器，选择 $50\mu l$ 及其以上量程的移液器都不够准确。

2. **设定移液体积** 调节移液器的移液体积控制旋钮进行移液量的设定。逆时针方向转动旋钮为增加移液量，顺时针方向转动旋钮为减少移液量。调节移液量时，应视体积大小而定调节方法。从大体积调为小体积时顺时针旋转旋钮即可；从小体积调为大体积时，可先逆时针旋转刻度至超过设定体积的刻度，再回调至设定体积，以保证移取的最佳精确度。

3. **装配吸液嘴** 应选择与移液器量程相匹配的吸液嘴（Tip 头），不同类型的移液器装配吸液嘴时可不同。使用单通道移液器时，将可调式移液器的嘴锥对准吸液嘴管口，轻轻用力垂直下压使之装紧。使用多通道移液器时，将移液器的第一排对准第一个管嘴，倾斜插入，前后稍微摇动拧紧。吸液嘴插入后略超过 O-形环，并可以看到连接部分形成清晰的密封圈即可。

4. **润洗吸液嘴** 装配吸液嘴后，正式移液之前，首先保证移液器、吸头和待移取液体处于同一温度；然后用待移取液体润洗吸液嘴 2~3 次，尤其是黏稠的液体或密度与水不同的液体（润洗 4~6 次）。用可调式移液器移液时应垂直握住移液器，按下或松开移液操作杆时必须循序渐进，决不允许让操作杆急速弹回。润洗的目的是让吸液嘴内壁形成一道同质液膜，确保移液工作的精度和准度，使整个移液过程具有高重复性；吸取挥发性液体时还具消除负压作用。

5. **移液** 移取液体时，将吸头尖端垂直浸入液面以下 1~4mm 深度（严禁将吸液嘴全部插入溶液中），缓慢平稳松开操作杆，待吸液嘴吸入溶液后静置 2~3s，并斜贴在容器壁上淌走吸头外壁多余的液体。然后将吸液嘴移至待盛放的容器内，按照下列方法排出液体，确保吸液嘴内无残留液体。

目前移取液体有两种方法：①前进移液法：按下移液操作杆至第一停点位置，然后缓慢松开按钮回原点；接着将移液操作杆按至第一停点位置排出液体，稍停片刻继续将移液操作杆按至第二停点位置排出残余液体，最后缓慢松开移液操作杆。②反向移液法：其原理是先吸入多余设置体积的液体，移取时不用吹出残余的液体。具体操作时先按下按钮至第二停点位置，慢慢松开移液操作杆回原点，排出液体时将移液操作杆按至第一停点位置排出设置好体积的液体，继续保持按住移液操作杆位于第一停点位置取下有残留液体的吸头而弃之。反向移液法一般用于移取黏稠液体、生物活性液体、易起泡液体或极微量液体。

6. **移液器的放置** 移液器使用完毕后，用大拇指按住吸液嘴推杆向下压，安全退出吸液嘴后将其容量调到标识的最大值（使弹簧处于松弛状态以保护弹簧），然后将移液器悬挂在专用的移液器架上；长期不用时应置于专用盒内。

（二）注意事项

1. 移液器在使用调节过程中，转动旋钮不可太快，也不能超出其最大或最小量程，否则易导致计量不准确，并且易卡住内部机械装置而损坏移液器。

2. 吸液嘴在装配过程中，用移液器反复强烈撞击吸头反而会拧不紧，长期如此操作，会导致移液器中的零部件松散，严重时会导致调节刻度的旋钮卡住。

3. 移液器吸液嘴里有液体时，切勿将移液器水平放置或倒置，以免液体倒流而腐蚀活塞弹簧。

4. 移液器高温消毒时，应首先查阅所使用的移液器是否适合高温消毒后再进行处理。

五、移液器的维护与常见故障处理

移液器使用方便、准确性高，为使其性能（准确度和精度）保持最佳，应根据使用情况进行定期维护，特别在移取腐蚀性溶液后，应对移液器进行定期清洁。操作人员对于一些常见的故障应熟悉其原因并掌握常规处理方法，可有效延长移液器的使用寿命。

（一）移液器的常规维护

移液器应根据使用频率进行定期维护,但至少每隔 3 个月维护一次,检查移液器是否有灰尘和污物,尤其注意其嘴锥部位。长期维护时需要清洁移液器内部,必须由经培训合格的人员拆卸。

1. 移液器的清洁 包括内部和外部的清洁:内部的清洁需要先拆卸移液器下半部分,拆卸下来的部件用肥皂水、洗洁精或 60% 异丙醇来擦洗后,用双蒸水冲洗,自然晾干,再在活塞表面用棉签涂上一层薄薄的起润滑作用的硅树脂;密封圈一般无须清洗。外部的清洁方法除了不需要拆卸之外,其他的与内部清洁方法一样。

2. 移液器的消毒 常规高温高压灭菌处理:先将移液器内、外部件清洁干净,再用灭菌袋、锡纸或牛皮纸等包装灭菌部件或整支移液器,121℃、100kPa,灭菌 20min,整支移液器消毒前应将中心连接处旋转松懈一圈,保证蒸汽可在消毒过程中进入移液器内部;消毒后置室温下完全晾干,给活塞涂上一层薄硅树脂后进行组装,整支移液器在完全冷却后再重新旋紧中心连接处。紫外线照射灭菌:移液器整支或其零部件均可暴露于紫外线照射进行表面消毒。

3. 移液器上污染核酸的去除 有些移液器配有专门的清洗液用来清除移液器上残留的核酸,将移液器下半部分拆卸下来的内、外套筒,在 95℃ 清洗液中浸泡 30min,再用双蒸水将套筒冲洗干净,60℃ 下烘干或完全晾干,最后在活塞表面涂上润滑剂(硅树脂)并将部件组装。

（二）移取不同性质液体的移液器操作要求与保养方法

为确保液体移取的准确性和精密性,应根据具体使用情况采用相应的清洗及保养方法(表 2-5)。

表 2-5 移取不同性质液体的清洗和保养方法

液体性质	操作要求	清洗和保养方法
水溶液/缓冲液	用蒸馏水校准移液器	打开移液器,用双蒸水冲洗污染部分后可在干燥箱中干燥(低于 60℃),活塞上涂抹少量润滑油
无机酸/碱	对于经常移取高浓度酸或碱溶液的移液器,建议定期用双蒸水清洗移液器的下半支,并推荐使用带有滤芯的移液器	移液器使用的塑料材料和陶制活塞大都是耐酸耐碱材质(氢氟酸除外),但酸/碱液的蒸汽可能会进入移液器的下部,影响其性能,清洗和保养方法同"水溶液"部分
具有潜在传染性液体	为了避免污染,应使用正向置换方法移取,或使用带滤芯的移液器	对污染部分进行 121℃、20min 高压灭菌,或将移液器下支浸入实验室常规消毒剂中,随后用双蒸水清洗,用"水溶液"部分的方法进行干燥
细胞培养物	为保证无菌,应使用带滤芯的移液器	参照"具有潜在传染性的液体"的清洁和保养方法
有机溶剂	密度与水不同,需调节移液器;由于蒸汽压高和湿润行为的变化,应快速移液;移液结束后,拆开移液器,让液体挥发	通常对于蒸汽压高的液体,任其自然挥发即可;或将下支浸入消毒剂中(确保浸入液面不要超过密封圈弹簧位置,以免受到液体腐蚀),用双蒸水清洗并用"水溶液"部分的干燥方法将其干燥
放射性溶液	同"具有潜在传染性液体"部分	拆开移液器,将污染部分浸入复合液或专用清洁液后用双蒸水清洗,并用"水溶液"部分的干燥方法将其干燥
核酸	同"具有潜在传染性液体"部分	在氨基己酸/盐酸缓冲液(pH 2.0)中煮沸 10min 后用双蒸水清洗干净,并用"水溶液"部分的干燥方法将其干燥,同时给活塞涂抹少量润滑油
蛋白质溶液	同"具有潜在传染性液体"部分	拆开移液器,用去污剂清洗,清洗和干燥方法同"水溶液"部分

（三）移液器常见故障及其处理

移液器的使用频率较高,操作人员在进行具体的实验分析时,除了应掌握移液器的正确使用方法及其一些操作细节之外,还应熟悉其常见的故障及其应对办法(表 2-6)。如果是常规不能解决的问题,则应找专业维修人员维修。

表 2-6　移液器的常见故障及其应对办法

故 障 现 象	故 障 原 因	应 对 办 法
吸液嘴内壁挂液	①塑料内壁的不均匀浸润 ②吸液嘴浸润性不好	①更换新吸液嘴 ②使用与移液器匹配的原产吸液嘴
移液性能规格超出给定范围	①吸液嘴不匹配 ②非标准测试条件或校准改变 ③移液器未定期保养 ④安全圆锥过滤器污染	①使用原厂吸液嘴测试 ②根据 ISO 8665 标准进行测试,必要时再校正 ③进行常规维护并再测试 ④更换安全圆锥过滤器
移液器渗漏	①吸液嘴不匹配 ②吸液嘴安装不正确 ③嘴锥污染或磨损 ④活塞密封润滑剂不足或磨损 ⑤仪器损坏	①使用匹配的吸液嘴 ②稳妥安装新吸液嘴 ③清洗或更换嘴锥 ④清洗并给垫圈重上润滑油或更换垫圈 ⑤进行维修
操作按钮卡住或无法固定	①液体已经通过吸液嘴并在移液器内边干燥 ②安全圆锥过滤器污染 ③润滑剂不足	①清洗活塞/密封处和嘴锥处,并上油 ②更换安全圆锥过滤器 ③上润滑剂
移液器阻塞,吸液量太少	液体渗进移液器并已干燥	清洗并润滑活塞和嘴锥
吸液嘴推出卡住或无法固定	嘴锥或止推环污染	清洗嘴锥或止推环

（蔡群芳）

第三节　离　心　机

离心机(centrifuge)是利用离心力分离液体与固体颗粒或液体与液体的混合物中各组分的仪器。离心机是生命科学研究的基本设备,在生命科学,特别是生物化学和分子生物学研究领域,随着分子生物学研究对分离设备日益增多的需要而有了很大的发展。在引入了微处理器控制系统后,各种转速级别的离心机已经可以分离纯化目前已知的各种生物体组分(细胞、亚细胞器、病毒、激素、生物大分子等)及化学反应后的沉淀物等。

一、离心机的工作原理

当悬浮液静置不动时,由于重力场的作用可使得其中悬浮的颗粒逐渐下沉,下沉的速度与微粒的大小、形态、密度、重力场的强度及液体的黏度有关。如红细胞颗粒,直径为数微米,可以在通常重力作用下观察到它们的沉降过程。

此外,物质在介质中沉降时还伴随有扩散现象。对小于几微米的微粒如病毒或蛋白质等,它们在溶液中成胶体或半胶体状态,仅仅利用重力是不可能观察到沉降过程的,因为颗粒越小沉降越慢,而扩散现象则越严重。所以需要利用离心机产生强大的离心力,迫使液体中微粒克服扩散加快沉降速度,把样品中具有不同沉降系数和浮力密度的物质分离开(图 2-8)。

在离心的过程中,颗粒是在介质中运动的,颗粒做切线运动时由于介质的摩擦阻力,使其在离心管中做如图 2-9 中虚线所示的曲线运动(介质的阻力越大,颗粒的沉降速度越小、沉降的距离也越短)。旋转速度越大,颗粒的沉降也就越快。颗粒的沉降速度取决于离心机的转速、颗粒的质量、大小和密度。

1. **相对离心力(relative centrifugal force,RCF)**　是指在离心力场中,作用于颗粒的离心力相当于地球重力的倍数,单位是重力加速度"g"。由于各种离心机转子的半径或离心管至旋转轴中心的距离不同,离心力也不同,因此在文献中常用"相对离心力"或"数字×g"表示离心力,例如 25 000×g,表示

0205
离心机外观图(图片)

0206
拓展阅读:离心力(文档)

笔记

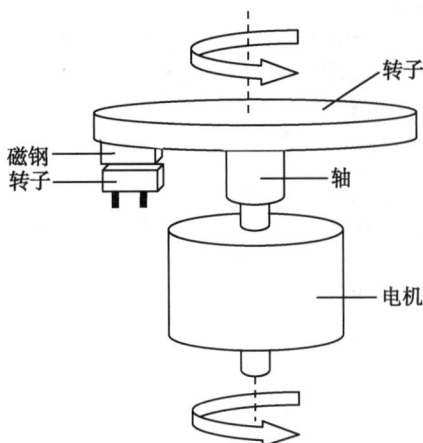

图 2-8 离心机运转示意图

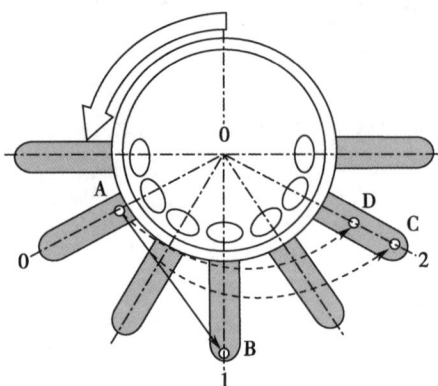

图 2-9 离心沉降示意图

相对离心力为 25 000。只要 RCF 值不变,一个样品可以在不同的离心机上获得相同的结果。一般情况下,低速离心时相对离心力常以转速"r/min"来表示,高速离心时则以"g"表示。相对离心力的表达式为:

$$RCF = 1.118 \times 10^{-5} n^2 r$$

其中 r 为离心转子的半径距离,以 cm 为单位;n 为转子每分钟的转数(r/min)。

2. **沉降速度** 指在强大离心力作用下,单位时间内物质运动的距离。

3. **沉降时间** 在离心机的某一转速下把溶液中某一种溶质全部沉降分离出来所需的时间即沉降时间。

4. **沉降系数** 颗粒在单位离心力场作用下的沉降速度,其单位为秒。沉降系数与样品颗粒的分子量、分子密度、组成、形状等有关,样品颗粒的质量或密度越大,它所表现出的沉降系数也越大。

二、离心机的分类

通常国际上对离心机的分类有三种方法:按转速可分为低速、高速、超速等离心机;按用途可分为制备型和制备分析两用型;按结构可分为台式、多管微量式、细胞涂片式、血液洗涤式、高速冷冻式、大容量低速冷冻式、台式低速自动平衡离心机等。

(一)常用离心机

临床上习惯按转速对离心机进行分类:

1. **低速离心机** 是临床实验室常规使用的一类离心机。其最大转速在 10 000r/min 以内,相对离心力在 15 000×g 以内,容量为几十毫升至几升,分离形式是固液沉降分离。

2. **高速离心机** 最大转速为 20 000~25 000r/min,最大相对离心力为 89 000×g,最大容量可达 3L,分离形式是固液沉降分离。由转动装置、速度控制装置、调速器、定时器、离心套管等部件构成。此外,还装设了冷冻装置,以防止高速离心过程中温度升高而使酶等生物分子变性失活,因此又称高速冷冻离心机。

3. **超速离心机** 转速可达 50 000~80 000r/min,相对离心力最大可达 510 000×g,离心容量由几十毫升至 2L。分离形式是差速沉降分离和密度梯度区带分离,离心管平衡允许的误差要小于 0.1g。为了防止样品液溅出,附有离心管帽;为了防止温度升高,装有冷冻装置。

(二)特殊应用离心机

离心技术与临床实验室相接轨,由以往广泛型逐渐走向专业性很强的单一型专用离心机,对所分离的不同物质规定了一定的转速、相对离心力及时间,使离心操作向规范化、标准化、科学化及专业化方向发展。下面介绍一下免疫血液离心机、微量毛细管离心机、尿沉渣分离离心机、细胞涂片离心机的主要技术参数。

1. **免疫血液离心机** 采用先进的技术工艺,装有减震器,有自动平衡功能,离心时目测即可达到平衡,不需衡量。

2. **细胞涂片离心机** 最大转速为 2000r/min,采用水平杯式转子,样品经梯度离心分离出杂质,利用离心力将细胞从液体悬浮物中分离出来,甩到载玻片上。染液由自动喷雾器的转盘喷到每一张涂片上,用离心的方法除去过剩的染液。细胞、细菌分布均匀,无重叠,染色效果好。

3. **尿沉渣分离离心机** 与尿液工作站相配套,设定了特定专用水平转子。最高转速 4000r/min,相对离心力可达 2810×g,实际工作中取尿样 10ml 于专用离心管中,离心转速设置在 1500r/min,相对离心力为 400×g,离心时间一般为 5min。

4. **微量毛细管离心机** 是一种实验室专用离心机,操作程序为自动化控制。最高转速可达 12 000r/min,相对离心力最大可达 14 800×g。最大容量一次可离心 24 根毛细管。

三、离心机的基本结构

离心机的结构主要由转动装置、速度控制器、调速装置、定时器、离心套管、温度控制与制冷系统、安全保护装置、真空系统等部件组成(图 2-10)。

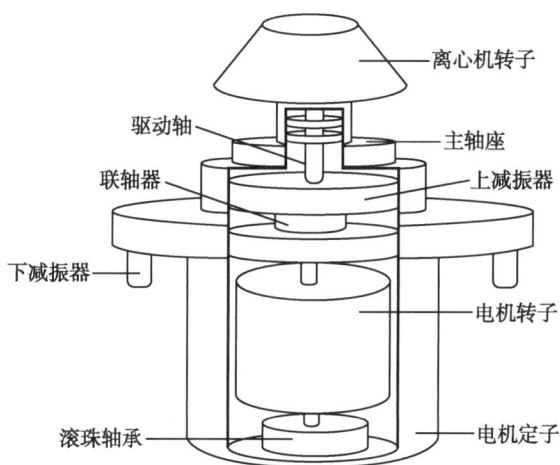

图 2-10 离心机驱动系统结构图

1. **转动装置** 离心机的转动装置主要由电动机、转头轴、转头以及它们之间连接的部分构成。其中,电动机是离心机的主件,多为串激式。

2. **速度控制器** 是由标准电压、速度调节器、电流调节器、功率放大器、电动机、速度传感器等部分构成。通常采用的速度传感器有测速发电机传感器,光电速度传感器、电磁速度传感器等。

3. **调速装置** 调速装置(用于电动机)有多种。如多抽头变阻器、瓷盘可变电阻器等多种形式。在电源与电动机之间串联一只多抽头扼流圈或瓷盘可变电阻器,改变电动机的电流和电压,通过旋转或触摸面板自动控制系统,达到转速调节。

4. **离心套管** 离心套管主要由塑料和不锈钢制成。塑料离心管透明(或半透明),常用性能较好的材料,如聚丙烯(PP)。其硬度小,可用穿刺法取出梯度层,但易变形,抗有机溶剂腐蚀性差,使用寿命短。塑料离心管都有管盖,离心前必须严格盖严,倒置不漏液。不锈钢离心管强度大,不变形,能抗热、抗冻、抗化学腐蚀。

5. **温度控制与制冷系统** 一般高速(超速)离心机都配有温度控制与制冷系统。温度控制是在转头室装置一热电偶或由安装在转头下面的红外线射量感受器直接并连续监测离心腔的温度。制冷系统由压缩机、冷凝器、毛细管和蒸发器四个部分组成。为了降低噪声,冷凝器通常采用水冷却系统。用接触式热敏电阻作为控温仪的感温元件,在测量仪表上可选择温度和读出其温度控制值。

6. **安全保护装置** 一般高速(超速)离心机都配有安全保护装置,通常包括主电源过电流保护装置、驱动回路超速保护、冷冻机超负荷保护和操作安全保护四个部分。

7. **真空系统** 超速离心机的转速很高,当转速超过 $4×10^4$r/min 时,空气摩擦产生的高热就成了严重问题。因此,在超速离心机工作时,将离心腔密封并抽成真空,以克服空气的摩擦阻力,保证离心机达到所需的转速。

四、离心机的主要技术参数

离心机的主要技术参数有:

1. **最大转速** 离心转头可达到的最大转速,单位为 r/min。

2. **最大离心力** 离心机可产生的最大相对离心力场 RCF,单位是 g。

塑料离心管
(图片)

3. 最大容量 离心机一次可分离样品的最大体积,通常表示为 m×n,m 为一次可容纳的最多离心管数,n 为一个离心管可容纳分离样品的最大体积,单位是 ml。

4. 调速范围 离心机转头转速可调整的范围。

5. 温度控制范围 离心机工作时可控制的样品温度范围。

6. 工作电压 一般指离心机电极工作所需的电压。

7. 电源功率 通常指离心机电机的额定功率。

五、常用的离心方法

一般低速离心时,若分离的样品颗粒的质量和密度与溶液相差较大,选择合适的离心转速和离心时间,就能达到较好的分离效果。若样品中存在两种以上质量和密度不同的样品颗粒,根据分离样品的要求,可采用不同的离心方法。常用的离心方法大致可分差速离心法、密度梯度离心法、分析型超速离心法三类。

(一) 差速离心法

差速离心法(differential velocity centrifugation method)是利用不同的粒子在离心力场中沉降的差别,在同一离心条件下,通过不断增加相对离心力,使一个非均匀混合液内的大小、形状不同的粒子分步沉淀的离心方法。主要用于一般及特殊样品的分离,例如分离细胞器和病毒。操作过程一般是在离心后用倾倒的办法把上清液与沉淀分开,然后将上清液加高转速离心,分离出第二部分沉淀,如此反复加高转速,逐级分离出所需要的物质。差速离心法的原理如图 2-11 所示。

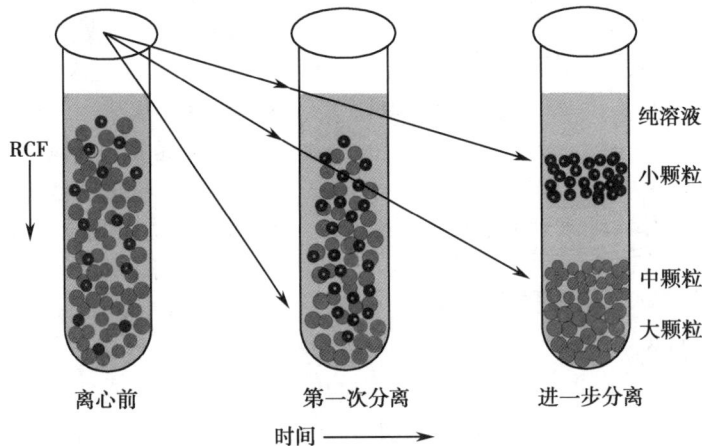

纯溶液
小颗粒
中颗粒
大颗粒

RCF

离心前　　　　　第一次分离　　　　　进一步分离

时间 ——→

图 2-11 差速离心法示意图

对分离纯度要求较高的样品应用此法,很容易造成被分离物的大量丢失,变性以及造成污染,尤其是对于一些沉降系数相差不太大的组分要获得完全的分离提纯比较困难,所以该离心方法常用于要求不严格样本的初步分离和大批量标本的处理,例如分离已破碎的细胞各组分等。

该方法的优点是操作方法简单,离心后用倾倒法即可将上清液与沉淀分开;可使用容量较大的角式转子;分离时间短、重复性高;样品处理量大。缺点则有分辨率有限、分离效果差,不能一次得到纯颗粒,另外,壁效应严重,容易使颗粒变形、聚集而失活。

(二) 密度梯度离心法

密度梯度离心法(isodensity centrifugation method)又称为区带离心法。样品在一定惰性梯度介质中进行离心沉淀或沉降平衡,在一定离心力作用下把颗粒分配到梯度液中某些特定位置上,形成不同区带的分离方法。按不同的离心分离的原理又可分为速率区带离心法和等密度区带离心法。

1. 速率区带离心法 速率区带离心法是根据被分离的粒子在梯度液中沉降速度的不同,离心后分别处于不同的密度梯度层内形成几条分开的样品区带,达到彼此分离的目的。梯度液在离心过程中以及离心完毕后,取样时起着支持介质和稳定剂的作用,避免因机械振动而引起已分层的粒子再混合,常用的梯度液有 Ficoll、Percoll 及蔗糖。如临床实验室常用 Percoll 作分离溶液,用于静脉血中单个核细胞的分离。

此离心法须严格控制离心时间,既能使各种粒子在介质梯度中形成区带,又要把时间控制在任一粒子达到沉淀前。若离心时间过长,所有的样品全部都到达离心管底部;若离心时间不足,则样品还没有分离。此法是一种不完全的沉降,沉降受物质本身大小的影响较大,因此一般是在物质大小相异而密度相同的情况下应用。速率区带离心法原理见图2-12。

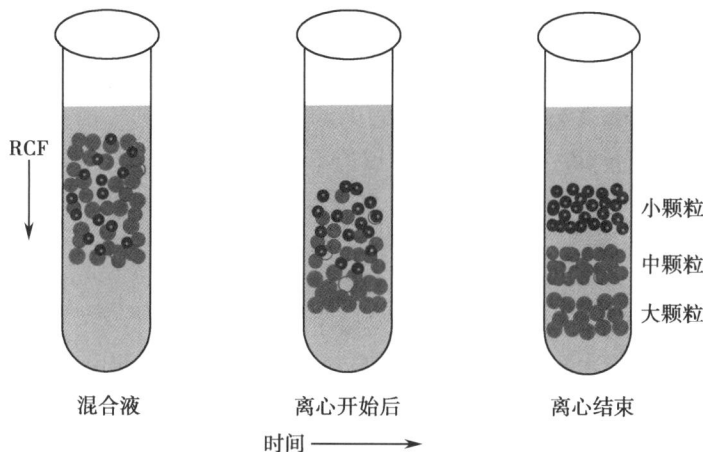

图2-12 速率区带离心示意图

2. **等密度区带离心法** 当不同颗粒存在浮力密度差时,在离心力场中,颗粒或向下沉降,或向上浮起,一直沿梯度移动到它们密度恰好相等的位置上(即等密度点)形成区带,故称为等密度区带离心法。

颗粒的有效分离取决于其浮力密度差,与颗粒的大小和形状无关,但后两者决定着达到平衡的速率、时间和区带的宽度。颗粒的浮力密度与其原来的密度、水化程度及梯度溶质的通透性或溶质与颗粒的结合等因素有关。因此,要求介质梯度应有一定的陡度,要有足够的离心时间形成梯度颗粒的再分配,进一步离心也不会有影响。常用的介质有:氯化铯、硫酸铯、溴化铯、三碘苯衍生物等。

操作中,一般是将被分离样品均匀分布于梯度液中,离心后,粒子会移至与它本身密度相同的地方形成区带,收集好所需区带即为纯化的组分。由于其梯度形成需要梯度液的沉降与扩散相平衡,需经长时间离心后方可形成稳定的梯度,所以等密度离心法主要用于科研及实验室特殊样品组分的分离和纯化(图2-13)。

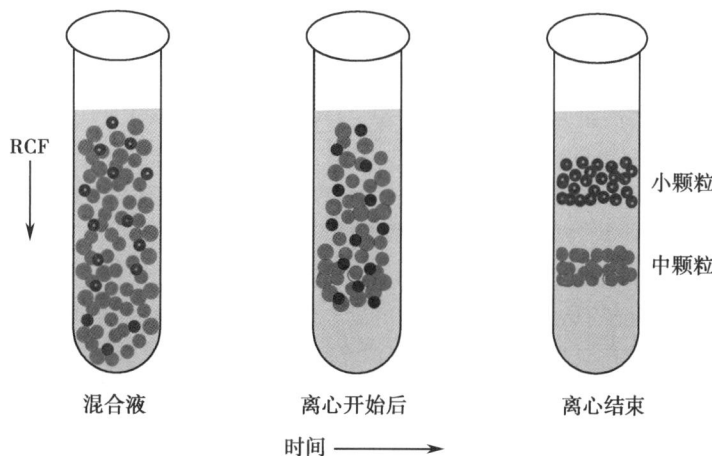

图2-13 等密度区带离心示意图

(三)分析型超速离心法

分析型超速离心法主要是为了研究生物大分子的沉降特性和结构,而不是专门收集某一特定组分。因此它使用了特殊的转子和检测手段,以便连续监测物质在一个离心场中的沉降过程,从而对样品中的生物大分子进行直接的定性与定量分析。

六、离心机的使用、维护与常见故障处理

(一)离心机的使用

离心机因其转速高,产生的离心力大,使用不当或缺乏定期的检修和保养,都可能发生严重事故,因此使用时必须严格遵守操作规程。首先,打开电源开关,离心机自检后,开启门盖,选用合适的转头,平衡离心管和其内容物,并对称放置,以便使负载均匀地分布在转头的周围。然后,设定好转速、时间等参数后,按下启动按钮开始离心。离心过程中应随时观察离心机上的仪表是否正常工作,如有异常应立即停机检查,及时排除故障。未找出原因前不得继续运转。离心结束后,开启门盖,取出离心管后,关闭电源开关。

(二)离心机的维护与保养

1. **日维护与保养**　检查转子锁定螺栓是否松动;用温水(55℃左右)及中性洗涤剂清洗转子,用蒸馏水冲洗,软布擦干后用电吹风吹干、上蜡、干燥保存。

2. **月维护与保养**　用温水及中性洗涤剂清洁转子、离心机内腔等;使用70%乙醇消毒液对转子进行消毒。

3. **年度维护与保养**　与经销商联系检查离心机马达、转子、门盖、腔室、速度表、定时器、速度控制系统等部件,保证各部位的正常运转。

(三)离心机的常见故障处理

离心机的一些常见故障、产生原因及简易处理方法见表2-7。

表 2-7　离心机常见故障及处理

常见故障	故障原因	处理方法
电机不转	①主电源指示灯不亮,保险丝熔断或电源线、插头插座接触不良 ②主电源指示灯亮而电机不能启动 a. 波段开关、瓷盘变阻器损坏或其连接线断脱 b. 磁场线圈的连接线断脱或线圈内部短路	①重新接线或更换插头插座 ②更换损坏元件或重新焊接线
电机达不到额定转速	①轴承损坏或转动受阻,轴承内缺油或轴承内有污垢引起摩擦阻力增大 ②整流子表面有一层氧化物,甚至烧成凹凸不平或电刷与整流子外沿不吻合使转速下降 ③用万用表检查转子线圈中有某匝线圈短路或断路	①清洗及加润滑油,或更换轴承 ②清理整流子及电刷,使其接触良好,或者更换 ③重新绕制线圈
转头的损坏	转头可因金属疲劳、超速、过应力、化学腐蚀、选择不当、使用中转头不平衡及温度失控等原因而导致离心管破裂,样品渗漏转头损坏	正确选用合适的离心管和离心转头,在转头的安全系数及保证期内使用
冷冻机不能启动及制冷效果差	①电源不通,保险丝熔断,或电源线、插头插座接触不良 ②电压过低,安全装置动作使冷冻机不能启动。可能是电网电压低,或配电板配线过多 ③通风性能不好,散热效果差,或散热器盖满灰尘,影响制冷效果	①重新接线,或更换插头插座 ②恢复电网电压,或减少配电板的配线 ③改善散热器的通风,或清理
机体震动剧烈、响声异常	①离心管重量不平衡,放置不对称 ②转头孔内有异物,负荷不平衡 ③转轴上端固定螺帽松动,转轴摩擦或弯曲	①正确操作 ②清除孔内异物 ③拧紧转轴上端螺帽,或更换转轴

七、离心机的临床应用

（一）常用离心机的临床应用

1. **低速离心机**　是临床实验室常规使用的一类离心机。主要用作血浆、血清的分离及脑脊液、胸腹水、尿液等有形成分的分离。

2. **高速离心机**　主要用于临床实验室分子生物学中的 DNA、RNA 的分离和基础实验室对各种生物细胞、无机物溶液、悬浮液及胶体溶液的分离、浓缩、提纯样品等。可进行微生物菌体、细胞碎片、大细胞器、硫酸铵沉淀和免疫沉淀物等的分离纯化工作,但不能有效地沉降病毒、小细胞器(如核糖体)或单个分子。

3. **超速离心机**　主要用于科研,它能使过去仅仅在电子显微镜观察到的亚细胞器得到分级分离,还可以分离病毒、核酸、蛋白质和多糖等。

（二）专用离心机的临床应用

1. **免疫血液离心机**　在临床血液实验室可用于白细胞抗原检测的淋巴细胞的分离、洗涤及细胞染色体制作的细胞分离;血小板的分离、凝血酶的处理离心;抗人球蛋白实验;洗涤红细胞及血浆的分离等。

2. **微量毛细管离心机**　专用于血比容实验,微量血细胞比容值的测定及放射性核素微量标记物的测定等。

3. **尿沉渣分离离心机**　临床实验室专用于尿液常规有形成分的分析,通常与尿液工作站及尿沉渣流式细胞分析仪配套使用。

4. **细胞涂片离心机**　主要用于临床和基础实验室中分泌物、脑脊液、胸腹水等标本的脱落细胞的检查。

知识链接

分析超速离心机

分析超速离心机是用监测系统对试样沉降行为进行测量和分析的超速离心机,可以认为是制备离心机和光学检测系统的结合。目前在科研和生物制药研究领域的应用日趋广泛。分析超速离心机可以测定样品的纯度、分析各分子或颗粒的结构和分子量、分析聚合体形成以及分子间相互作用等信息。其优点是能在沉降过程中对样品进行实时监测,并能够特别精确的测定样品的流体动力学和热力学参数,从而鉴定样品的物理化学性质。

（张　琳）

第四节　生物安全柜

生物安全柜(biological safety cabinet,BSC)是能防止实验操作处理过程中,某些含有危险性或未知性的生物微粒发生气溶胶散逸的箱型空气净化负压安全装置,是防止实验室获得性感染的主要设备之一。

生物安全柜外观图(图片)

一、生物安全柜的工作原理

生物安全柜的工作原理,主要是将柜内空气向外抽吸,使柜内保持负压状态,通过垂直气流来保护工作人员;外界空气经高效空气过滤器(high-efficiency particulate air filter,HEPA 过滤器)过滤后进入安全柜内,以避免处理样品被污染;柜内的空气也需经过 HEPA 过滤器过滤后,再排放到大气中,以保护环境。

二、生物安全柜的分级

世界卫生组织(WHO)制定的《实验室生物安全手册》(第 3 版),根据感染性微生物的相对危害程度,制定了危险度等级的划分标准,该危险度等级的划分仅适用于实验室工作。根据此标准,感染性微生物的危险性等级分为4个等级。危险度1级(无或极低的个体和群体危险)指不太可能引起人或动物致病的微生物;危险度2级(个体危险中等,群体危险低)指病原体能够对人或动物致病,但对实验室工作人员、社区、牲畜或环境不易导致严重危害,实验室暴露也许会引起严重感染,但对感染有有效的预防和治疗措施,并且疾病传播的危险有限;危险度3级(个体危险高,群体危险低)指病原体通常能引起人或动物的严重疾病,但一般不会发生感染个体向其他个体的传播,并且对感染有有效的预防和治疗措施;危险度4级(个体和群体的危险均高)指病原体通常能引起人或动物的严重疾病,并且很容易发生个体之间的直接或间接传播,对感染一般没有有效的预防和治疗措施。

2006年,《中华人民共和国医药行业标准:生物安全柜》(YY0569-2005)正式实施。该标准积极吸收采纳了欧盟标准化委员会于2000年颁布的欧洲标准(EN12469:2000)和美国国家标准学会于2002年认可的美国国家卫生基金会的第49号标准(NSF49)中的重要部分,并对其中部分内容做了修改和提高。YY0569-2005标准的实施,结束了我国长期以来在生物安全柜领域缺乏统一标准的局面。根据此标准,将生物安全柜分为Ⅰ、Ⅱ、Ⅲ级,可适用于不同危险度等级媒质的操作。

(一)Ⅰ级生物安全柜

是设计简单、最基本的一类生物安全柜。空气的流动为单向、非循环式,空气流经前窗进入柜内,通过工作台面后又被过滤,经排气口排出。微生物操作时产生的气溶胶混合外界空气进入安全柜,经过滤系统将粉尘颗粒或感染因子过滤,最后将干净无污染的气体排到外界环境中。过滤系统通常包含预过滤器和HEPA过滤器。虽然Ⅰ级生物安全柜能够确保操作人员和环境免受生物危害,但是它不能确保实验中使用的样品不会被实验室内的空气所污染,也不能完全排除样品间交叉感染的可能性。因此,Ⅰ级生物安全柜的使用范围极为有限,而且此类生物安全柜已经落后于现代生物安全水平的防护需要(图2-14)。

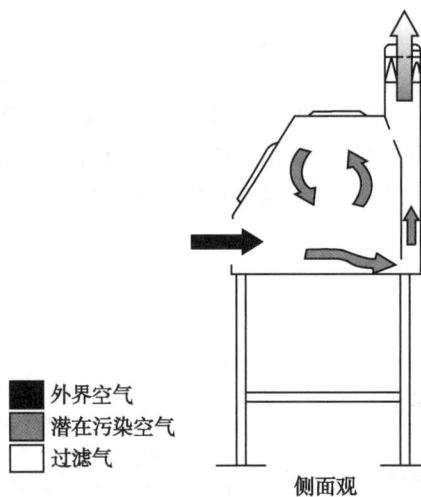

外界空气
潜在污染空气
过滤气

侧面观

图2-14 Ⅰ级生物安全柜工作原理示意图

(二)Ⅱ级生物安全柜

为临床中处理高浓度或大容量感染性材料时,使用最普遍、应用最广泛的一类生物安全柜。Ⅱ级生物安全柜在工作时,既能够保护操作人员和实验室环境免受危害又能够保护实验样品在操作过程中免受污染。其设计的关键是操作窗口内侧的下沉气流和外部吸入气流交汇点的平衡。下沉气流或外部吸入气流过强,就会造成柜内含有微生物的空气逸出或未经过滤的气流污染操作平台。Ⅱ级生物安全柜可用于操作感染度等级为2级和3级的感染性物质,在使用正压防护服的条件下,Ⅱ级生物安全柜也可用于操作生物危险度为4级的感染性物质。

按照YY 0569-2005标准,一般将Ⅱ级生物安全柜划分为A1、A2、B1、B2四种类型。不同型号的Ⅱ级生物安全柜的主要区别在于:排气的比例以及气体经过空气高压再循环的比例不同。另外,不同的Ⅱ级生物安全柜具有不同的排气方式:有的安全柜将空气过滤后直接排到室内,有的是通过连接到专用通风管道上的套管或通过建筑物的排风系统排到建筑物外面。

1. **A1型** 吸入安全柜进风格栅的平均空气流速不低于0.4m/s。经HEPA过滤器过滤的下沉气流是由静压箱送出的垂直气流和吸入气流混合后的一部分:即柜内70%气体通过HEPA过滤器再循环至工作区;30%的气体通过排气口HEPA过滤器过滤排出。进入柜内的气流在工作台表面分为两部分,一部分通过前方的回风格栅,另外一部分通过后方的回风格栅把在工作台面上形成的所有气溶胶通过气流经过风道带入静压箱。该型生物安全柜允许经排出口HEPA过滤器过滤后的气流返回实验室,允许有正压的污染风道和静压箱(图2-15)。因此,Ⅱ级A1型生物安全柜不能用于挥发性的有毒化学物质和挥发性放射性物质的实验。

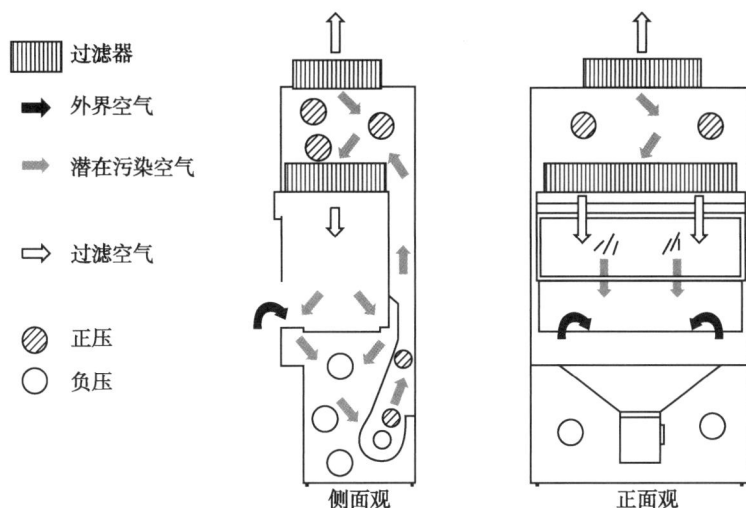

图 2-15　Ⅱ级 A1 型生物安全柜工作原理示意图

2. **A2 型**　吸入安全柜进风格栅的平均空气流速至少为 0.50m/s。经 HEPA 过滤器过滤的下沉气流是由静压箱送出的垂直气流和吸入气流混合后的一部分:即柜内 70% 气体通过 HEPA 过滤器再循环至工作区,30% 的气体通过排气口 HEPA 过滤器过滤后经外排设备排到室外,不可进入生物安全柜再循环或返回实验室。所有污染风道和静压箱应保持负压或被负压包围(图 2-16)。因此,Ⅱ级 A2 型生物安全柜可用于少量挥发性有毒化学物质和挥发性放射性物质的实验。

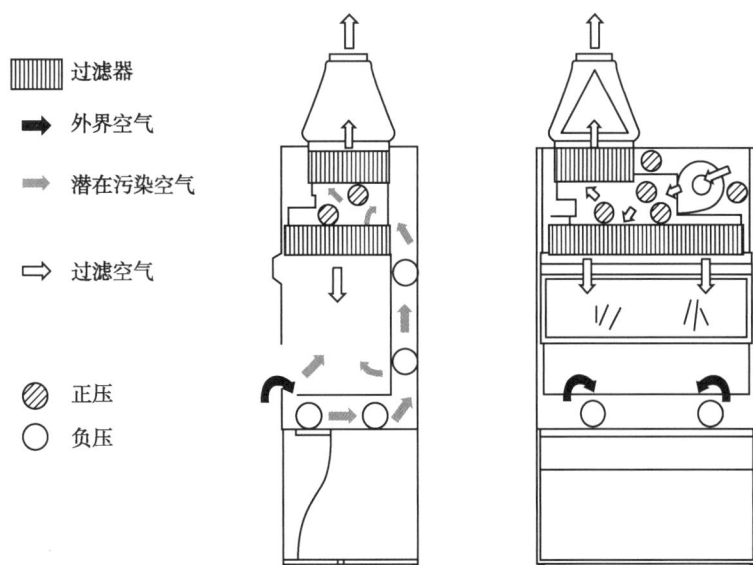

图 2-16　Ⅱ级 A2 型生物安全柜工作原理示意图

3. **B1 型**　吸入安全柜进风格栅的平均空气流速不小于 0.50m/s。经 HEPA 过滤器过滤的下沉气流中绝大部分是由未污染的吸入气流,即柜内气体 30% 是通过供气口 HEPA 过滤器再循环至工作区,70% 通过排气口 HEPA 过滤器过滤后,通过专用风道过滤后排入大气,所有污染风道和静压箱应保持负压或被负压包围。此型生物安全柜排气导管的风机连接紧急供应电源,其目的是在断电的情况下仍可保持负压,避免危险气体泄漏到实验室(图 2-17)。因此,Ⅱ级 B1 型生物安全柜可用于挥发性有毒化学物质和挥发性放射性物质的实验。

4. **B2 型(全排型)**　吸入安全柜进风格栅的平均空气流速不小于 0.50m/s。经 HEPA 过滤器过

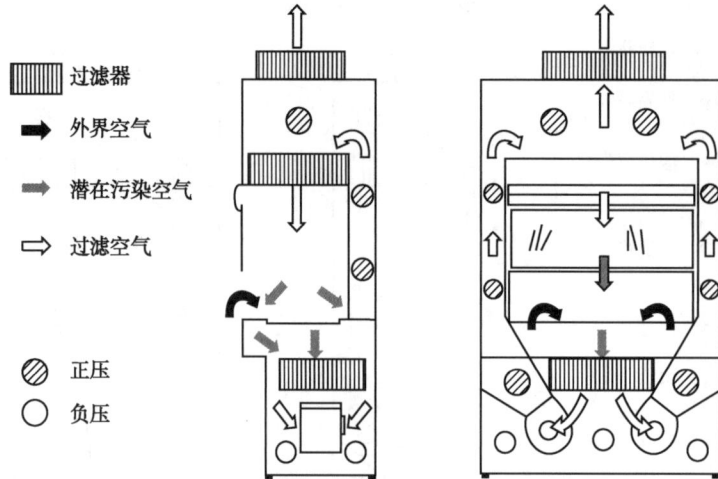

图 2-17　Ⅱ级 B1 型生物安全柜工作原理示意图

滤的下沉气流中全部来自于实验室内或者室外,即安全柜内的排出气体不进入垂直气流的循环过程,而是经过 HEPA 过滤器过滤后,通过专用风道排入大气。所有污染风道和静压箱应保持负压或被负压包围。此型生物安全柜排气导管的风机连接紧急供应电源,其目的是在断电的情况下仍可保持负压,避免危险气体泄漏到实验室(图 2-18)。因此,Ⅱ级 B2 型生物安全柜适用于处理感染性样品、挥发性有毒化学物质和挥发性放射性物质的实验。

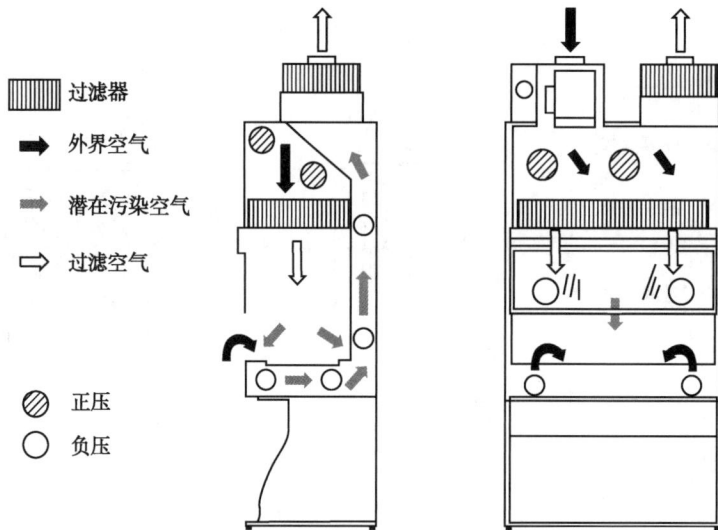

图 2-18　Ⅱ级 B2 型生物安全柜工作原理示意图

(三)Ⅲ级生物安全柜

提供Ⅰ级、Ⅱ级安全柜无法提供的绝对安全保障。Ⅲ级生物安全柜是焊接金属构造,并采用完全密闭设计,实验操作通过前窗的手套进行。实验所需的物品通过安置在安全柜侧面的隔离通道送进柜内。在日常操作过程中,安全柜内部将一直保持至少 120Pa 的负压状态。Ⅲ级生物安全柜的进入气流是经数个 HEPA 过滤器过滤后的无涡流单向流的洁净空气,为实验物品提供保护,并且防止样品交叉污染的情况出现(图 2-19)。废气通常应经双层 HEPA 过滤器过滤或通过 HEPA 过滤器过滤和焚烧来处理。Ⅲ级生物安全柜可用于操作生物危险度等级为 4 级的微生物材料,也适用于在实验中需要添加有毒化学品的微生物操作,尤其适用于产生致命因子的生物试验。

各级生物安全柜的差异见表 2-8。

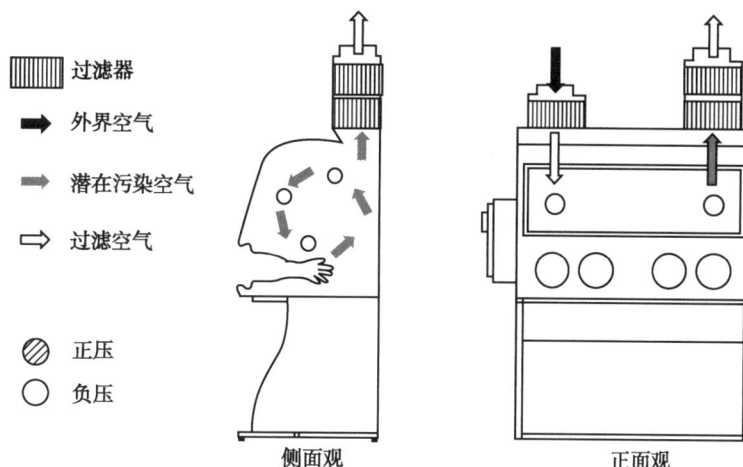

图 2-19 Ⅲ 级生物安全柜工作原理示意图

表 2-8 各级生物安全柜的差异

生物安全柜	气流流速（m/s）	再循环气流比例（%）	外排气流特点	非挥发性有毒化学物质及放射性物质操作	挥发性有毒化学物质及放射性物质操作
Ⅰ级	0.38	0	100%气体经过滤后外排至实验室内或室外	可（微量）	否
Ⅱ级 A1 型	0.38~0.51	70	30%气体经过滤后外排至实验室内或室外	可（微量）	否
Ⅱ级 A2 型	0.51	70	30%气体经过滤后外排至实验室外,气体循环通道、排气管及柜内工作区为负压	可	可（微量）
Ⅱ级 B1 型	0.51	30	70%气体经过滤后通过专用风道排至室外	可	可（微量）
Ⅱ级 B2 型	0.51	0	100%气体经过滤后通过专用风道排至室外	可	可（微量）
Ⅲ级	NA	0	100%气体经双层 HEPA 过滤器过滤或通过 HEPA 过滤器过滤和焚烧来处理	可	可（微量）

三、生物安全柜的结构

生物安全柜一般由箱体和支架两部分组成(图 2-20)。箱体部分主要包括以下结构：

1. **空气过滤系统** 空气过滤系统是保证本设备性能最主要的系统,它由驱动风机、风道、循环空气过滤器和外排空气过滤器组成。其最主要的功能是不断地使洁净空气进入工作室,使工作区的下沉气流(垂直气流)流速不小于 0.3m/s,保证工作区内的洁净度达到 100 级。同时使外排气流也被净化,防止污染环境。

该系统的核心部件为 HEPA 过滤器,其采用特殊防火材料为框架,框内用波纹状的铝片分隔成栅状,里面填充乳化玻璃纤维亚微粒,其过滤效率可达到 99.99%~100%。进风口的预过滤罩或预过滤器,使空气预过滤净化后再进入 HEPA 过滤器中,可延长 HEPA 过滤器的使用寿命。

2. **外排风箱系统** 外排风箱系统由外排风箱壳体、风机和排风管道组成。外排风机提供排气的动力,将工作室内不洁净的空气抽出,并由外排过滤器净化而起到保护样品和柜内实验物品的作用。由于外排作用,工作室内为负压,防止工作区空气外逸,起到保护操作者的目的。

3. **滑动前窗驱动系统** 滑动前窗驱动系统由前玻璃门、门电机、牵引机构、传动轴和限位开关等

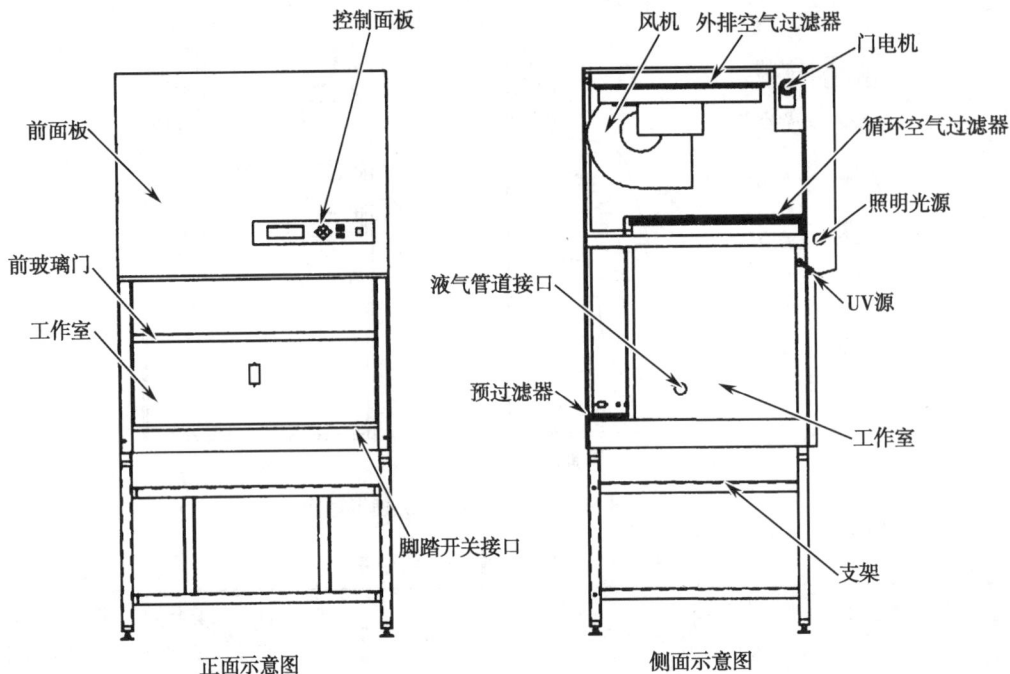

图 2-20 生物安全柜结构示意图

组成,主要作用是驱动或牵引各个门轴,使设备在运行过程中,前玻璃门处于正常位置。

4. **照明光源和紫外光源** 位于玻璃门内侧,以保证工作室内有一定的亮度和用于工作室内的台面及空气的消毒。

5. **控制面板** 控制面板上有电源、紫外线灯、照明灯、风机开关、控制前玻璃门移动等装置,主要作用是设定及显示系统状态。

四、生物安全柜的使用、维护与常见故障处理

(一)生物安全柜的使用及注意事项

1. **生物安全柜的使用** 生物安全柜种类繁多,不同仪器的具体操作略有不同,但其基本的操作流程大致相同(图 2-21)。

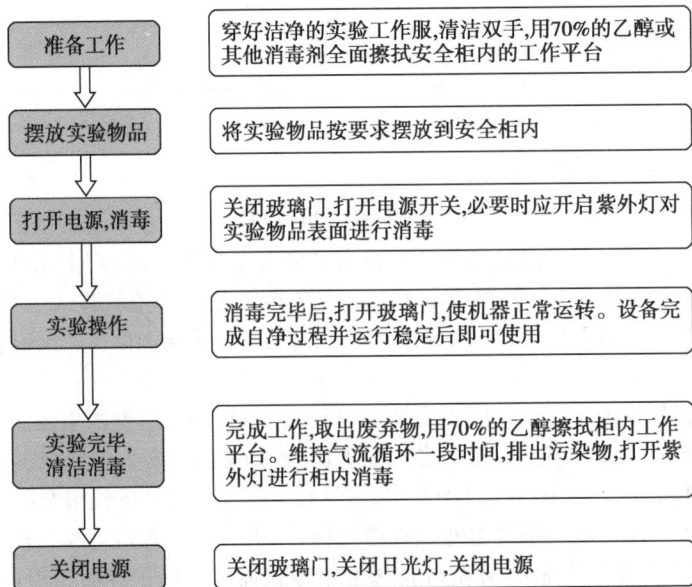

准备工作	穿好洁净的实验工作服,清洁双手,用70%的乙醇或其他消毒剂全面擦拭安全柜内的工作平台
摆放实验物品	将实验物品按要求摆放到安全柜内
打开电源,消毒	关闭玻璃门,打开电源开关,必要时应开启紫外灯对实验物品表面进行消毒
实验操作	消毒完毕后,打开玻璃门,使机器正常运转。设备完成自净过程并运行稳定后即可使用
实验完毕,清洁消毒	完成工作,取出废弃物,用70%的乙醇擦拭柜内工作平台。维持气流循环一段时间,排出污染物,打开紫外灯进行柜内消毒
关闭电源	关闭玻璃门,关闭日光灯,关闭电源

图 2-21 生物安全柜基本操作流程图

生物安全柜的使用(视频)

2. 注意事项

（1）为了避免物品间的交叉污染，整个工作过程中，所需要的物品应在工作开始前一字排开放置在安全柜中，以便在工作完成前没有任何物品需要经过空气流隔层拿出或放入。特别注意：前排和后排的回风格栅上不能放置物品，以防止堵塞回风格栅，影响气流循环。

（2）在开始工作前及完成工作后，需维持气流循环一段时间，完成安全柜的自净过程，每次试验结束应对柜内进行清洁和消毒。

（3）操作过程中，尽量减少双臂进出次数，双臂进出安全柜时动作应该缓慢，避免影响正常的气流平衡。

（4）柜内物品移动应按低污染向高污染移动原则，柜内实验操作应按从清洁区到污染区的方向进行。操作前可用消毒剂浸湿的毛巾垫底，以便吸收可能溅出的液滴。

（5）尽量避免将离心机、振荡器等仪器安置在安全柜内，以免仪器震动时滤膜上的颗粒物质抖落，导致柜内洁净度下降；同时这些仪器散热排风口气流可能影响柜内的气流平衡。

（6）安全柜内不能使用明火，防止燃烧过程中产生的高温细小颗粒杂质带入滤膜而损伤滤膜。

（二）生物安全柜的维护

为了保障生物安全柜的安全性，应定期对安全柜进行维护和保养：

1. 每次使用前后应对安全柜工作区进行清洁和消毒。

2. HEPA 过滤器的使用寿命到期后，应由接受过生物安全柜专门培训的专业人员更换。

3. 根据《中华人民共和国医药行业标准：生物安全柜》（YY0569-2005）的要求，有下列情况之一者，应对生物安全柜进行安全检测：①安装完毕投入使用前；②每年一次的常规检测；③当安全柜移位后；④更换 HEPA 过滤器和内部部件维修后。安全检测包括以下几个方面：

（1）进气流流向和风速检测：进气流流向采用发烟法或丝线法在工作断面检测，检测位置包括工作窗口的四周边缘和中间区域；进气流风速采用风速计测量工作窗口断面风速。

（2）下沉气流风速和均匀度检测：采用风速仪均匀布点测量截面风速。

（3）工作区洁净度检测：采用尘埃粒子计数器在工作区检测。

（4）噪声检测：生物安全柜前面板水平中心向外 300mm，且高于工作台面 380mm 处用声级计测量噪声。

（5）光照度检测：沿工作台面长度方向中心线每隔 30cm 设置一个测量点。

（6）箱体漏泄检测：给安全柜密封并增压到 500Pa，30min 后，在测试区连接压力计或压力传感器系统，用压力衰减法或肥皂泡法进行检测。

（三）生物安全柜的常见故障处理

表 2-9 列出了一些使用中可能出现的故障、原因及建议处理方法，如果仍然不能解决，应与仪器生产厂家联系进行检查维修。

表 2-9 生物安全柜常见故障原因及处理方法

故 障 名 称	故 障 原 因	处 理 方 法
风机指示灯点亮但风机不运行	线路故障 风机过热 前玻璃门关闭	检查风机连接是否正常 设备停止使用一段时间 打开前玻璃门
照明光源或紫外灯无法点亮	线路故障 镇流器失效 灯管坏	检查线路 更换镇流器 更换灯管
蜂鸣器连续报警、报警灯常亮	过滤器失效 玻璃门不在安全位置 传感器异常 管道阻塞	更换过滤器 移动玻璃门到安全位置 更换传感器 疏通管道

五、生物安全柜的临床应用

生物安全柜广泛应用于微生物、生物工程及其他对操作环境有苛刻要求的场所。可为临床医疗、检

拓展阅读：
生物安全柜
内可使用的
无明火灭菌
器

笔记

验、制药、科研等领域提供无菌、无尘、安全的工作环境。不同级别生物安全实验室对生物安全柜的级别要求不同。我国的《实验室-生物安全通用要求》(GB 19489-2008)根据对所操作生物因子采取的防护措施，将实验室生物安全防护水平分为一级、二级、三级和四级，生物安全防护水平为一级的实验室，适用于操作在通常情况下不会引起人类或动物疾病的微生物；二级实验室适用于操作能够引起人类或动物疾病，但一般情况下对人和动物不构成严重危害、传播风险有限、实验室感染后很少引起严重疾病，并且具有有效治疗和预防措施的微生物；三级实验室适用于操作能引起严重疾病，比较容易直接或间接在人与人、动物与人、动物与动物之间传播的微生物；四级实验室适用于操作能引起人或动物非常严重疾病的微生物，以及我国尚未发现或者已经消灭的微生物。不同级别的实验室选用不同的生物安全柜的原则见表2-10。

表2-10 生物安全实验室选用生物安全柜的原则

实验室生物安全防护级别	生物安全柜选用原则
一级	一般无须使用生物安全柜，或使用Ⅰ级生物安全柜
二级	当可能产生微生物气溶胶或出现溅出的操作时，可使用Ⅰ级生物安全柜；当处理感染性材料时，应使用部分或全部排风的Ⅱ级生物安全柜；若涉及处理化学致癌剂、放射性物质和挥发性溶媒，则只能使用Ⅱ-B全排风(B2型)生物安全柜
三级	应使用Ⅱ级或Ⅲ级生物安全柜；所有涉及感染材料的操作，应使用全排风型Ⅱ-B级(B2型)或Ⅲ级生物安全柜
四级	应使用Ⅲ级全排风生物安全柜。当人员穿着正压防护服时，可使用Ⅱ-B级生物安全柜

知识链接

细胞毒素安全柜

细胞毒性药物是指在生物学方面具有危害性影响的药品，可通过皮肤接触或吸入等方式造成包括生殖系统、泌尿、肝肾系统的毒害，还能致畸或损害生育功能，例如一些化学疗法药物及各类癌症治疗药物。与微生物污染不同的是，这些药物的粉尘污染无法被过氧化氢或甲醛等普通的消毒方式处理，所以必须考虑到药物分析制备相关工作人员的安全。细胞毒素安全柜就是专门为保护高毒性细胞毒素类药物的实验操作人员和设备维护人员的安全设计的。其主要特点是可以在风机运行时更换高效空气过滤器，这样负压可以保持，确保了工作人员的安全。

（张 琳）

本章小结

本章介绍了以显微镜、移液器、离心机、生物安全柜为代表的临床常用医学检验基础设备。用来研究微观世界的有力工具是显微镜，其可将肉眼无法分辨的微小物质放大到肉眼可辨物像；临床实验室较为常用的是光学显微镜，可用于各种细胞、微生物、有形成分的观察鉴别。移液器是将液体从原容器内转移至另一容器内的一种计量工具，临床较为常用的是微量移液器，专门用来量取少量或微量液体，其工作原理包括使用空气垫加样和无空气垫的活塞正移动加样两种。离心机是利用离心力，分离液体与固体颗粒或液体与液体的混合物中各组分的仪器；根据离心原理，使用时的实际工作的需要，对不同样品的分离选择不同的离心方法。生物安全柜是防止操作者和环境暴露于实验过程中产生的生物气溶胶的负压过滤排风柜，按照我国医药行业标准(YY0569-2005)，生物安全柜可分为Ⅰ、Ⅱ、Ⅲ级，适用于不同生物安全等级媒质的操作，使用时应按照生物防护级别选择合适的生物安全柜。临床对于光学显微镜、微量移液器、离心机、生物安全柜的使用及维护要按照仪器说明书进行，并制定相应的维护制度。

笔记

（蔡群芳 张琳）

扫一扫,测一测

思考题

1. 简述光学显微镜只能看清楚 $0.2\mu m$ 以上物体的原因。

2. 某实验中需要移取 $225\mu l$ 的双蒸水,请问该如何选择微量移液器?

3. 低速离心机和高速离心机在基本结构上有哪些不同?

4. 根据防护程度的不同,通常将生物安全柜分为几级? 各级生物安全柜的特点是什么?

第三章　临床血液与体液检验常用仪器

03章 PPT

1. 掌握：血细胞分析仪、血液凝固分析仪、红细胞沉降率测定仪、尿液化学分析仪、尿沉渣分析仪、全自动粪便分析仪及精子分析仪等临床血液与体液检验常用仪器的工作原理和基本结构。
2. 熟悉：血细胞分析仪、血液凝固分析仪、红细胞沉降率测定仪、尿液化学分析仪、尿沉渣分析仪、全自动粪便分析仪及精子分析仪等临床血液与体液检验常用仪器的使用方法与日常维护。
3. 了解：血细胞分析仪、血液凝固分析仪、红细胞沉降率测定仪、尿液化学分析仪、尿沉渣分析仪、全自动粪便分析仪及精子分析仪等临床血液与体液检验常用仪器的常见故障、处理方法和临床应用。
4. 能够指认临床血液与体液检验常用仪器的基本结构；初步学会其基本操作流程和维护方法。
5. 能对临床血液与体液检验常用仪器的常见故障做出正确的判断，并进行初步的排除。

　　临床血液与体液检验是医学检验中最基本、最常用的一类检验项目，具有取材相对容易，检测便捷等优点，对疾病的诊断起到初筛作用，同时也为治疗效果评价及健康评估提供重要依据。临床血液与体液检验的仪器较多，本章重点介绍血液分析仪、血液凝固分析仪、红细胞沉降率测定仪、尿液化学分析仪、尿沉渣分析仪、粪便自动分析仪和精子分析仪等最常用的检验设备。

第一节　血细胞分析仪

　　血细胞分析仪（blood cell analyzer，BCA）是临床检测最常用的检测仪器之一，指对一定体积的全血内血细胞进行自动分析的常规检验仪器，又被称为血细胞自动计数仪（automated blood cell counter，AB-CC）、自动血液分析仪（automated hematology analyzer，AHA）等。其主要功能是白细胞计数及白细胞分类计数、红细胞计数、血小板计数、血红蛋白浓度测定和其他相关参数计算等。

知识链接

血细胞分析仪发展史

　　20 世纪 40 年代末，美国人 W. H. Coulter 提出了电阻抗原理（又称库尔特原理），并将此原理应用到血液细胞计数上。1953 年，成功设计并制造出第一台电子血细胞计数仪，开创了血细胞计数新纪元。此后，随着基础医学和科学技术的不断提高，其检测原理和检测技术不断完善和提高，检测的参数越来越多，检测结果准确性也越来越高。

笔记

一、血细胞分析仪的类型

血细胞分析仪的类型很多,一般有以下三种分类方法:

1. 按照仪器检测原理分类 可分为电阻抗型、电容型、光电型、激光型、联合检测型、干式离心分层型、无创型。目前国内最常用的是电阻抗型和联合检测型。

2. 按照仪器自动化程度分类 可分为半自动血细胞分析仪、全自动血细胞分析仪、血细胞分析流水线。半自动血细胞分析仪为手工进样和稀释,报告参数少、测试速度慢;全自动血细胞分析仪为仪器自动进样和自动稀释、报告参数多、测试速度快;血细胞分析流水线是由全自动血细胞分析仪+推片机+标本传送轨道+血细胞形态学分析仪+计算机控制系统组成,是目前比较先进的仪器。

3. 按照白细胞分类水平分类 可分为二分群、三分群、五分类、五分类+网织红计数的血细胞分析仪。其中,二分群的仪器已经淘汰,五分类+网织红的自动血液分析仪结构较复杂,虽然功能多,但价格昂贵,普及程度不高。五分类全自动血细胞分析仪在目前临床应用最为广泛。

二、血细胞分析仪的工作原理

(一)电阻抗法检测血细胞原理

电阻抗原理又称库尔特原理。血细胞与等渗稀释液相比具有相对非导电的特性,电阻值比等渗稀释液大;检测器的小孔管有内外两个电极,在两个电极之间注入等渗缓冲液并加载恒定低频直流电后,内、外电极与缓冲液之间即构成电流回路。当血细胞悬液经负压吸引通过检测器的计数微孔时,由于血细胞具有相对非导电的特性,使电路中小孔感应区内的电阻值瞬间增大,引起瞬间电压变化而产生一个脉冲信号,脉冲信号的多少反映细胞的数量,脉冲信号的强弱反映细胞体积的大小,计算机根据产生脉冲信号的数量和强度计算出血细胞的数量和大小,从而计数出红细胞、白细胞和血小板及相关参数(图 3-1)。

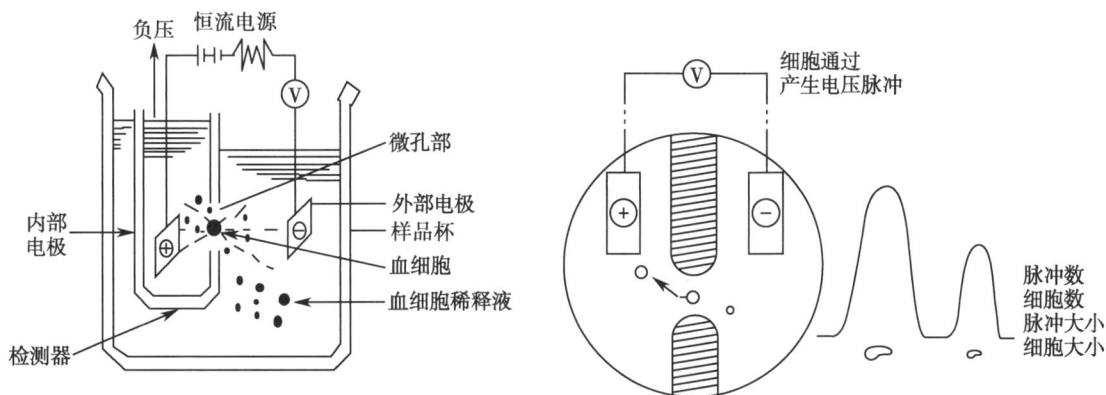

图 3-1 电阻抗法血细胞计数原理示意图

1. 白细胞的检测 白细胞检测由一个单独检测通道(白细胞通道)进行,在白细胞计数前,向血细胞混悬液中加入溶血素,破坏红细胞和血小板,此后混悬液中只留下白细胞,该白细胞不同于外周血中白细胞形态(白细胞的细胞质渗出,使细胞脱水,细胞膜皱缩,包裹在细胞核和胞质颗粒周围)。皱缩白细胞通过计数小孔产生脉冲信号的大小由胞体内有形物质的多少所决定的。仪器将白细胞体积从 30~450fl(随仪器厂家设计不同有差异)分为 256 个通道,每个通道 1.64fl,计算机依据脱水后细胞体积大小分别将其放在不同的通道中,得到白细胞体积分布图(图 3-2)。横轴代表细胞体积大小,纵轴代表一定体积相对细胞频数。从图 3-4 中可以看出白细胞大概分为三个群:其中第一群为小细胞区,主要是淋巴细胞,体积在 35~90fl;第二群为单个核细胞区,也称为中间细胞群(MID),包括单核细胞、嗜酸性粒细胞、嗜碱性粒细胞、核左移白细胞、原始或幼稚阶段白细胞,体积在 90~160fl;第三群为大细胞区,主要是中性粒细胞,它分叶多,颗粒多,体积可达 160fl 以上。电阻抗法白细胞分类是较粗略的筛选方法,只能实现三分群。

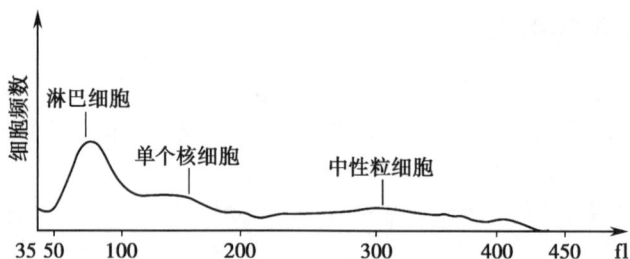

图 3-2 电阻抗法血细胞分析仪白细胞体积分布示意图

2. **红细胞和血小板的检测** 红细胞与血小板共用一个检测通道。正常人红细胞体积和血小板体积相差较大,有一个明显界限,因此血小板和红细胞计数准确容易。当在某些病理情况下(如小红细胞或大血小板出现时),不容易划分界限。为使血小板计数有较高的准确度,计算机对血小板和红细胞分布图进行判断,将血小板计数的上限阈值判定线放在红细胞和血小板分布图交叉部分的最低处计数,即浮动界标技术(图 3-3)。

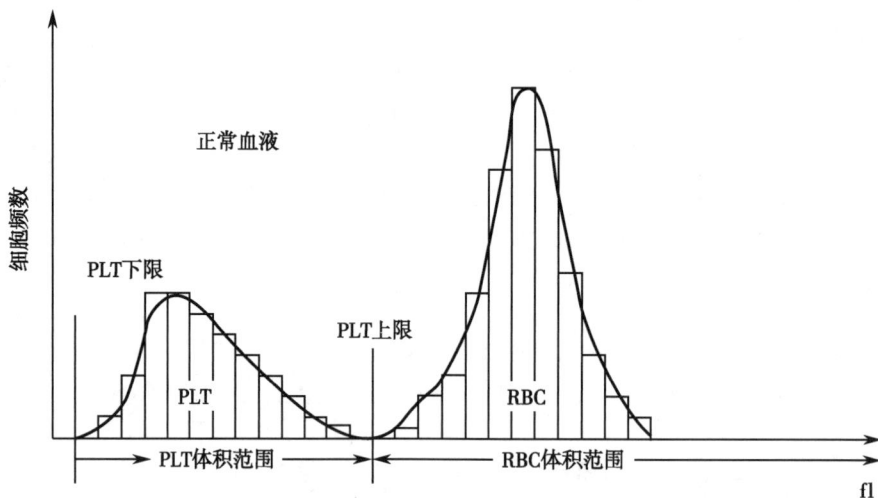

图 3-3 血小板与红细胞分布示意图

(二)联合检测型血细胞分析仪检测原理

联合检测技术是联合使用多项技术(流式、激光、射频、电导、电阻抗、细胞化学染色)同时分析一个细胞,综合分析实验数据,从而得出较为准确的白细胞五分类结果。联合检测型血细胞分析仪主要体现在白细胞分类部分的改进。

1. **电容、电导、光散射联合检测技术** 简称 VCS(volume conductivity light scatter,VCS)检测技术,是三种物理学检测技术结合对白细胞进行多参数分析的经典分析技术。体积(volume,V)表示应用电阻抗原理测定的白细胞体积,可有效区分体积大小差异显著的淋巴细胞和单核细胞;电导性(conductivity,C)是根据细胞壁能产生高频电流的性能,采用高频电磁探针,测量细胞内部结构、细胞内核质比例、细胞内颗粒的大小和密度,从而区别体积相同而性质不同的细胞,例如可将相同大小体积的淋巴细胞和嗜碱性粒细胞区分开来;光散射(scatter,S)是对细胞颗粒的构型和颗粒质量的鉴别能力。细胞内粗颗粒的光散射强度比细颗粒更强,通过测定单个细胞的散射光强度,可以将中性粒细胞、嗜碱性粒细胞、嗜酸性粒细胞区分开。每个白细胞通过检测区时,都接受三维分析,仪器根据白细胞体积、电导性和光散射的不同,综合分析三种检测方法的测定数据,定位到三维散点图的相应位置,被检细胞在散点图上形成了不同的细胞群落(图 3-4),从而计算出各个群落所代表的白细胞在计数的白细胞总数中所占的百分比。

2. **多角度偏振光散射技术(multi-angle polarized scatter separation MAPSS)和电阻抗联合检测技术** 多角度偏振光散射技术是通过测定同一白细胞在激光照射后从多个角度测量各自散射光的强

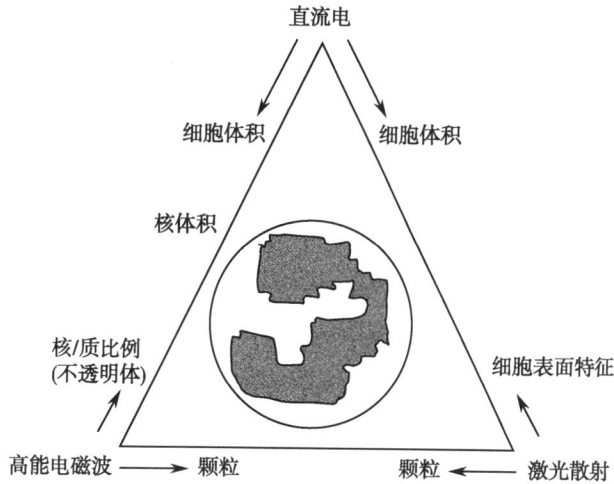

图 3-4 VCS 技术检测原理示意图

度,将白细胞进行分类;用电阻抗法计数红细胞和血小板。白细胞经激光照射后会产生散射光,散射光的强度受血细胞的大小、折射率、核形、核浆比例和细胞内颗粒的性质等影响,计算机用特定程序综合分析同一细胞在不同角度下的散射光强度,并将其定位于细胞散射点图上,对血液中五种白细胞进行较为准确的分类(图 3-5)。MAPSS 一般通过四个角度测定散射光强度:①前向角(0°左右)光散射强度:反映细胞的大小和数量;②小角度(10°左右)光散射强度:反映细胞结构和核质复杂性的相对特征;③垂直角度(90°左右)光散射强度:反映细胞内颗粒和分叶情况;④垂直角度(90°D)消偏振光散射强度:基于嗜酸性颗粒可以将垂直角度的偏振光消偏振的特性,将嗜酸性粒细胞从其他细胞中区分开。计算机通过组合不同角度光散射强度,进行综合分析后,可以将白细胞分为淋巴细胞、单核细胞、嗜碱性粒细胞、中性粒细胞和嗜酸性粒细胞。例如,用小角度和垂直角度光散射强度白细胞分为单个核(淋巴、单核、嗜碱性粒细胞)和多个核(嗜中性和嗜酸性粒细胞)细胞群;用垂直角度和垂直角度消偏振光散射强度,将嗜酸性粒细胞和中性粒细胞进行区分;用前向角和小角度光散射强度,将单个核细胞群分为体积小、核浆比大的淋巴细胞,体积大、核浆比中等的单核细胞,体积中等、有颗粒、核浆比小的嗜碱性粒细胞。

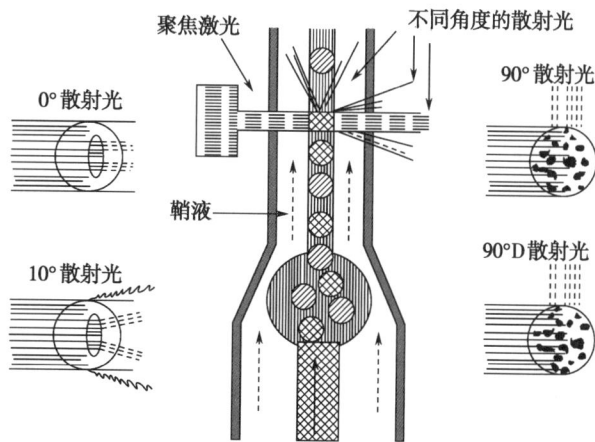

图 3-5 鞘流与多角度偏振光散射技术示意图

3. 光散射与细胞化学染色联合检测技术 是应用激光散射与细胞化学染色技术对白细胞进行分类计数。测定原理是利用不同白细胞的细胞体积、细胞核大小、核形、胞质中颗粒等等的不同,在激光照射下所产生的散射光强度不同,再结合 5 种白细胞中过氧化物酶活性的差异(嗜酸性粒细胞>中性粒细胞>单核细胞,淋巴细胞和嗜碱性粒细胞无此酶)(图 3-6)。经计算机对所测数据综合分析后,能够较准确地将中性粒细胞、淋巴细胞(含嗜碱性粒细胞)、单核细胞、嗜酸性粒细胞进行分类计数,再结合嗜碱性粒细胞计数通道结果,计算出白细胞总数和分类计数的结果。另外,使用该技术的仪器还能同时提供异型淋巴细胞、幼稚细胞的比例及网织红细胞的分类。

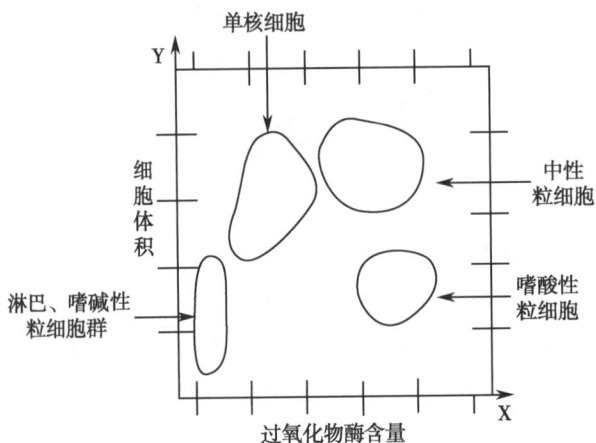

图 3-6　光散射与细胞化学染色联合检测白细胞分布图

4. 电阻抗、射频与细胞化学染色联合检测技术　是利用电阻抗、射频细胞计数技术结合细胞化学染色技术,通过 4 个不同的检测系统对白细胞、幼稚细胞进行计数和分类计数。

(1) 嗜酸性粒细胞检测系统:血液和特殊溶血剂混合,使除嗜酸性粒细胞以外的所有血细胞都被溶解或萎缩,嗜酸性粒细胞形态保持完好,通过检测微孔时以电阻抗原理进行嗜酸性粒细胞计数。

(2) 嗜碱性粒细胞检测系统:血液和特殊溶血剂混合,使除嗜碱性粒细胞以外的所有血细胞都被溶解,通过检测微孔以电阻抗原理进行嗜碱性粒细胞计数。

(3) 淋巴细胞、单核细胞和粒细胞(中性、嗜酸和嗜碱性粒细胞)检测系统:该系统采用电阻抗和射频联合检测。测定时使用温和溶血剂,对白细胞形态影响不大,在小孔内外有直流和高频两个发射器,小孔周围有直流和射频两种电流。直流电测定细胞的大小和数量,射频测量核的大小和颗粒的多少,细胞通过小孔产生两个不同的脉冲信号,分别代表细胞的大小(DC)和核内颗粒的密度(RF)。由于淋巴细胞、单核细胞和粒细胞的大小、细胞质的含量、核形与密度等均有较大差异,通过计算机处理后结合嗜酸和嗜碱性粒细胞检测系统综合分析可以得出五分类的结果。

(4) 幼稚细胞检测系统:由于幼稚细胞膜上脂质比成熟细胞少,在细胞悬液中加入硫化氨基酸后,幼稚细胞因结合较多硫化氨基酸而不被溶血剂破坏,仍保持细胞形态完整,仪器通过电阻抗原理对其进行计数。

(三) 网织红细胞检测原理

网织红细胞检测采用激光流式细胞分析技术与细胞化学荧光染色技术联合检测原理。即利用网织红细胞中残存的嗜碱性物质 RNA 在活体状态下与特殊的荧光染料结合;由激光激发产生荧光,荧光强度与 RNA 的含量成正比,由于网织红细胞内 RNA 含量不同,产生的荧光强度有差异,可分为弱荧光强度网织红细胞区、中荧光强度网织红细胞区和强荧光强度网织红细胞区(图 3-7);由计算机数据处理系统综合分析检测数据,得出网织红细胞计数及其他相关参数。

(四) 血红蛋白测定原理

除干式、无创型血细胞分析仪外,血红蛋白的测定都采用光电比色原理。血细胞悬液中加入溶血剂后,红细胞溶解释放出血红蛋白,血红蛋白与溶血剂中的有关成分结合形成血红蛋白衍生物,在血红蛋白测定系统中进行光电比色,在 540nm(530nm~550nm)波长下有最大吸收峰,吸光度值与血红蛋白的浓度成正比,经仪器计算后得出血红蛋白的浓度值。

不同品牌的血细胞分析仪使用的溶血剂成分不同,形成的血红蛋白衍生物也不同,吸收光谱也略有差异,但最大吸收峰都接近 540nm,主要是因为国际血液学标准化委员会(ICSH)推荐的氰化高铁(HiCN)法的最大吸收峰在 540nm,血红蛋白浓度的校正必须以 HiCN 法的测量值为标准。

血细胞分析
仪的结构和
原理(视频)

笔记

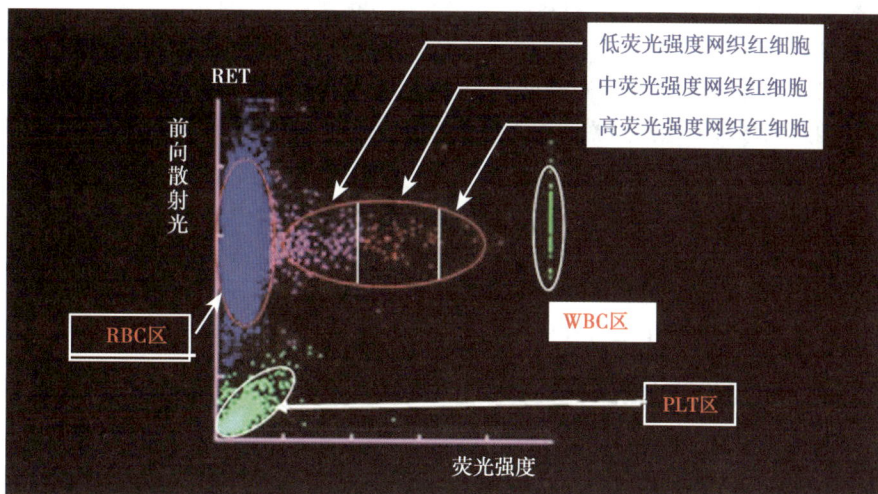

图 3-7 自动网织红细胞分析计数分布示意图

三、血细胞分析仪的基本结构

血细胞分析仪的种类较多,不同类型血细胞分析仪的原理、结构、功能均有所不同,但其基本结构相似。主要由机械系统、电子系统、血细胞检测系统、血红蛋白测定系统、计算机和键盘控制系统等以不同形式组合而构成。

1. **机械系统** 全自动血细胞分析仪的机械系统主要由机械装置和真空泵组成。机械装置主要包括:进样针、分血器、稀释器、混匀器、定量装置、进出样轨道等,其作用是对样本的定量吸取、稀释、混匀之后,将该混悬液移入各种通道的检测区。此外,机械系统还兼有排除废液和清洗管道的功能。

2. **电子系统** 全自动血细胞分析仪的电子系统主要包括主电源、电子元器件、控温装置、自动真空泵电子控制系统以及仪器的自动监控、故障报警和排除等组成。

3. **血细胞检测系统** 血细胞检测系统主要作用是进行血细胞计数和白细胞分类计数。目前,常用的血细胞分析仪检测系统主要有电阻抗检测系统和流式光散射检测系统两大类。

(1)电阻抗检测系统:由检测器、放大器、甄别器和阈值调节器、检测计数系统和自动补偿装置组成。白细胞"两分群"和"三分群"的血细胞分析仪主要运用该检测系统。目前,"两分群"血细胞分析仪已基本淘汰,"三分群"血细胞分析仪也逐步被五分类血细胞分析仪所取代。

1)检测器:由测样杯小孔管和内、外部电极等组成。仪器配有两个小孔管,一个小孔管用来测定红细胞和血小板,微孔直径约为 $80\mu m$;另一个小孔管用来测定白细胞总数及分类计数,微孔直径约为 $100\mu m$。外部电极上安装有热敏电阻,用来监视补偿稀释液的温度,温度高时会使其导电性增加,从而发出的脉冲信号变小。

2)放大器:将血细胞通过微孔产生的微伏(μV)级脉冲电信号进行放大,以便触发下一级电路。

3)甄别器和阈值调节器:甄别器也可称为脉冲幅度处理器,其作用是将初步检测的脉冲信号进行幅度甄别和整形,根据阈值调节器设定的不同细胞的参考脉冲幅度值范围,将脉冲信号接收到各自相应的计数系统中,从而计算出白细胞、红细胞、血小板的数量。

4)检测计数系统:对经过放大、甄别、整形后的血细胞检测脉冲讯号进行计数,并根据信号大小与体积的关系进行白细胞分群。

5)自动补偿装置:理想的计数通道是血细胞逐个通过相应的计数小孔,一个细胞产生一个脉冲信号。但在实际测定中,常有两个或多个细胞重叠同时进入小孔内感应区,仪器仅能探测到一个脉冲信号,会造成一个或多个脉冲信号丢失,使计数比实际结果偏低,这种现象叫复合通道丢失。补偿装置能起到对重叠的自动校正,以保证测定结果的准确性。

(2)流式光散射检测系统:由激光光源、检测装置、检测器、放大器、甄别器、阈值调节器、检测计数系统和自动补偿装置组成。主要应用于白细胞五分类和网织红细胞计数的血细胞分析仪中。

1）激光光源：提供单色光，多采用氩离子激光器、半导体激光器。

2）检测装置：采用鞘流形式的装置，有效的保证细胞悬液中形成单个排列的细胞流通过检测。

3）检测器：分为散射光和荧光检测器两种。散射光检测器使用光电二极管，用以收集激光照射细胞后产生的散射光信号；荧光检测器使用光电倍增管，用以接收激光照射荧光染色后的细胞所产生的荧光信号。

4. 血红蛋白测定系统 血红蛋白测定主要应用光电比色原理。由光源、透镜、滤光片、流动比色池和光电检测器等组成。

5. 计算机和键盘控制系统 计算机和键盘控制系统主要是对血细胞分析仪测定数据的采集、分析和处理，以及对血细胞分析仪下达各种操作指令。

四、血细胞分析仪的检测流程

各种型号血细胞分析仪的检测流程大致相同，通过仪器各部件的有机配合，完成血细胞计数、白细胞分类计数以及血红蛋白浓度的测定（图3-8）。

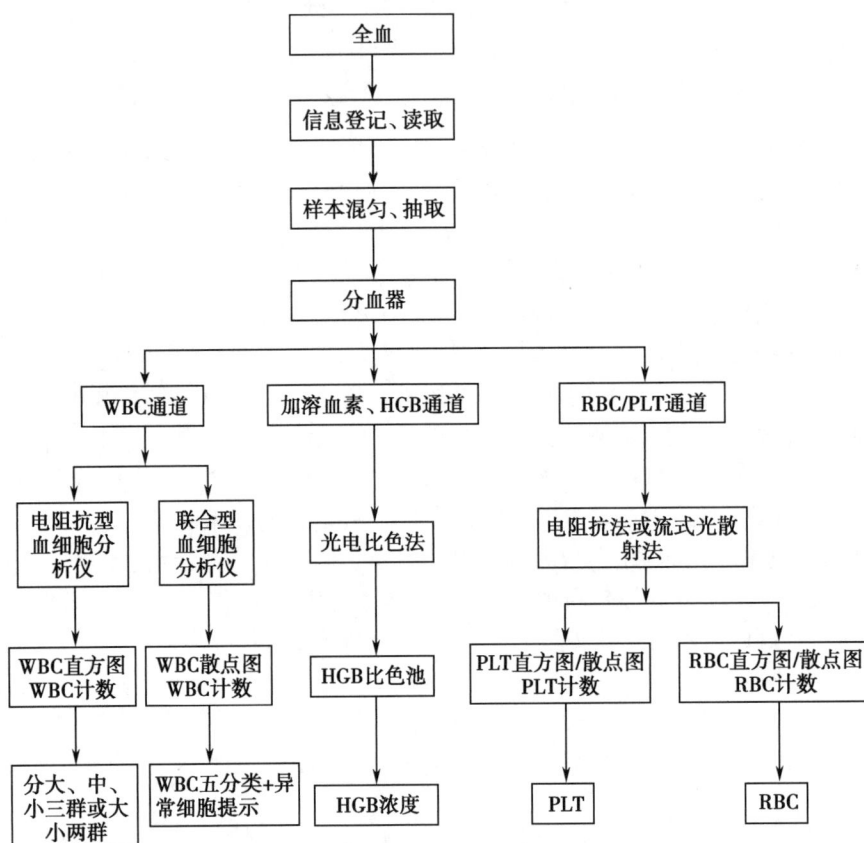

图 3-8 血细胞分析仪的检测流程图

五、血细胞分析仪的操作与参数

（一）血细胞分析仪的安装

血细胞分析仪是精密的电子仪器，在安装使用仪器之前应仔细阅读说明书，确保仪器正常运行。在安装使用过程中，应特别注意以下几点：

1. 实验室应通风良好、避免阳光直射、防尘和温、湿度适宜。

2. 仪器安放的台面要避免震动，且要有充足的空间，便于仪器操作运行和检修保养。

3. 仪器的运行要有稳定的电压，并连接符合标准的专用地线。

4. 为避免电磁干扰，不宜与其他仪器混放在一起。

（二）血细胞分析仪的校准

为了保证检验质量,血细胞分析仪在使用前、维修后、长时间停用后或者是每使用半年后应进行仪器校准。血细胞分析仪最好使用可溯源的国际公认参考方法标定的健康人群新鲜血液,或者按照说明书要求用厂家的配套校准物进行校准。详细校准方法请参考中华人民共和国卫生行业标准 WS/T 347-2011《血细胞分析的校准指南》进行校准。

（三）血细胞分析仪的使用

不同系列不同型号的血细胞分析仪操作流程基本一致(图 3-9)。

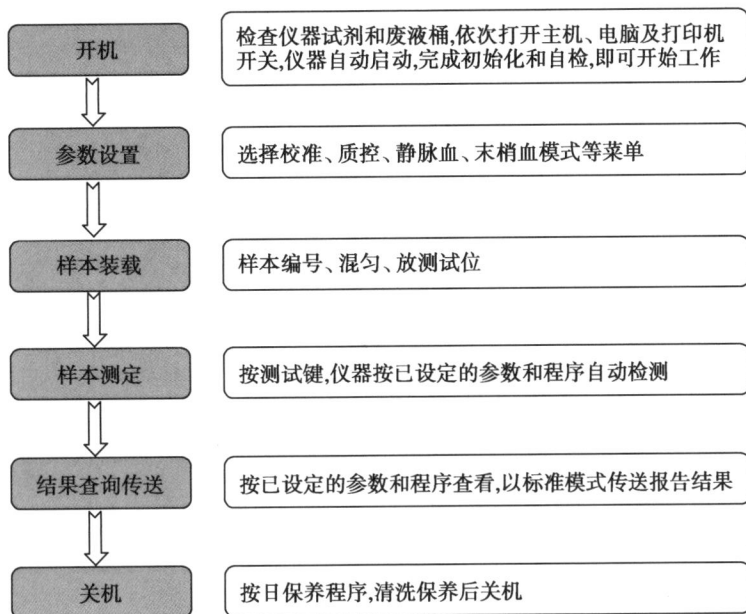

血细胞分析仪的使用与维护(视频)

开机	检查仪器试剂和废液桶,依次打开主机、电脑及打印机开关,仪器自动启动,完成初始化和自检,即可开始工作
参数设置	选择校准、质控、静脉血、末梢血模式等菜单
样本装载	样本编号、混匀、放测试位
样本测定	按测试键,仪器按已设定的参数和程序自动检测
结果查询传送	按已设定的参数和程序查看,以标准模式传送报告结果
关机	按日保养程序,清洗保养后关机

图 3-9 血细胞分析仪基本操作流程示意图

（四）血细胞分析仪的性能指标及评价

1. **仪器性能指标** 主要包括测试参数、细胞形态学分析、测试速度、样本量、示值范围等指标。

（1）测试参数:不同型号的血细胞分析仪提供的检测参数不完全相同,自动化程度低的仪器报告参数少,自动化程度高的仪器报告参数多,有 16~46 个不等。主要包括红细胞、白细胞、血小板及相关参数(表 3-1)。

（2）细胞形态学分析:三分群血细胞分析仪可以进行白细胞三分群计数和绘制红细胞、白细胞、血小板直方图;五分类血细胞分析仪能进行白细胞五分类计数并绘制血细胞的直方图和散点图,并对幼稚血细胞进行提示,带网织红细胞计数的五分类血细胞分析仪,在上述功能基础上还能对网织红细胞进行计数和分析。但必须要注意的是,迄今为止,所有的血细胞分析仪对血细胞形态的识别只是一种过筛手段,发现血细胞计数、分类异常或者是有必要时,必须进行人工涂片镜检复查。

（3）测试速度:一般在(40~150)个/h/台,如组装血细胞分析仪流水线,测试速度视组合分析仪的台数而成倍增长。

（4）样本量:一般在 20~250μl,与仪器设计有关。为适应不同患者的需求,血细胞分析仪除能做静脉抗凝血测试外,还能做末梢血计数。

（5）示值范围:WBC$(0~250)\times10^9$/L;RBC$(0~7.7)\times10^{12}$/L;HGB$(0~230)$g/L;PLT$(0~2000)\times10^9$/L。

2. **仪器性能评价** 包括精密度、准确度、携带污染率、线性范围等指标。

（1）精密度:包括批内精密度和批间精密度。评价时应选用高、中、低值新鲜全血,对不同浓度的各个标本至少测定 10 次,同一批次的测定结果应相似,最后对结果进行统计分析,常用不精密度即标准差(S)或变异系数(CV)来表示。

表 3-1 血细胞分析仪测试主要参数

类型	主要测试参数	
	基本参数	相关参数
红细胞	红细胞计数(RBC)	平均红细胞体积(MCV)
	血红蛋白定量(HGB)	平均红细胞血红蛋白含量(MCH)
	血细胞比容(HCT)	平均红细胞血红蛋白浓度(MCHC)
		红细胞体积分布宽度(RDW)
		红细胞血红蛋白分布宽度(HDW)
		未成熟网织红细胞比率(IRF)
		有核红细胞计数(NRBC)
		网织红细胞计数(RET)
白细胞	白细胞计数(WBC)	
	中性粒细胞数(NEUT#)	中性粒细胞百分率(NEUT%)
	淋巴细胞数(LYMPH#)	淋巴细胞百分率(LYMPH%)
	单核细胞数(MONO#)	单核细胞百分率(MONO%)
	嗜酸性粒细胞数(EO#)	嗜酸性粒细胞百分率(EO%)
	嗜碱性粒细胞数(BASO#)	嗜碱性粒细胞百分率(BASO%#)
		未成熟粒细胞(IG)
		造血祖细胞(HPC)
血小板	血小板计数(PLT)	平均血小板体积(MPV)
		血小板比容(PCT)
		血小板体积分布宽度(PDW)
		未成熟血小板比率(IPF)

（2）准确度：是指仪器检测结果与真值的接近程度。反映血细胞分析仪检测结果与其他仪器检测结果的一致性。

（3）携带污染率：是指仪器测定的前一个标本（高浓度）对下一个标本（低浓度）检测结果的影响。

（4）线性范围：范围越广越好，至少应包括正常范围和常见的病理范围。

（5）空白检测限：是由于噪声作用被仪器检测出的数据。仪器的空白检测限应越低越好。

（6）模式不同下的比较：血细胞分析仪有全血和稀释血等检测模式，原则上应使用静脉血进行检测。如采用其他模式，应将检测结果与静脉血比较，评价其可靠性。

（7）白细胞分类的评价：包括分类重复性、与显微镜下分类结果的相关程度以及对异常细胞的灵敏度等。

六、血细胞分析仪的维护与常见故障处理

（一）血细胞分析仪的维护

血细胞分析仪结构复杂，易受多种因素干扰。为确保仪器正常运行，使用前认真阅读仪器操作说明书，使用过程中严格按照说明书进行操作，加强日常维护和保养。血细胞分析仪的保养有日保养、周保养、月保养；维护主要是对检测器、液路和机械传动部件的维护。

1. **仪器的保养** 包括日保养、周保养、月保养。

（1）日保养：每天开机后，都需要对血细胞分析仪进行清洗，全自动血液分析仪可以通过设置自

动进行清洗,设置流程为:设置→自动清洗设备→设置清洗频率,每当血细胞分析仪检测到所设置的样本数量时就会自动清洗设备;每天关机前,还应检查废液桶中的液体,排空废液桶;然后用专用关机清洗剂执行关机前的清洗,关机程序结束后,关闭电源开关。

(2)周保养:在血细胞分析仪工作一周后,在准备状态下进入保养程序菜单,需要对设备用清洗浸泡液进行清洗,清洗的部位要包括细胞池以及 DIFF 池等。同时,查看废液桶,将废液桶中的废液全部倒出,清洗废液桶;若有问题,应及时更换新的废液桶。

(3)月保养:在准备状态下进入保养程序菜单,对检测器和废液容器进行彻底清洗,同时清洗进样池、分析通道、进样架等,用蘸有酒精的棉签对采样针以及拭子上的污渍进行擦拭。如果血液的采集为真空采血管,样本在测试时采样针穿透管盖时碎的皮塞会出现管道堵塞,因此要清洗反冲配合灼烧防止堵孔故障。

2. 仪器的维护　包括检测器、液路和机械传动部件等维护。

(1)检测器维护:检测器的微孔为血细胞计数的重要装置,是仪器故障常发部位,在日常工作中应重点做好检测器微孔的维护。全自动血细胞分析仪只需在管理菜单中执行保养程序即可完成仪器的自动保养(很多机型会自动进行);另外,还要在光学检测部件中清除流动室气泡和清洗流动室。半自动血细胞分析仪则需按照仪器说明书手工进行保养,任何时候都要保证小孔管浸泡于新的稀释液中;每日工作完毕,需用清洗剂清洗检测器至少 3 次,且把检测器浸泡在清洗剂中;定期卸下检测器,用3%~5%次氯酸钠溶液浸泡清洗。

(2)液路维护:目的是保持液路内部的清洁,防止细微杂质引起的计数误差(图 3-10)。清洗时在样品杯中加 20ml 机器专用清洗液,按动几次计数键,使比色池和定量装置及管路内充满清洗液,然后直接关闭仪器电源开关,浸泡一夜;第二天开机,仪器执行自动冲洗后,再用稀释液反复冲洗后使用。仪器长期不用时,应将稀释液导管、清洗剂导管、溶血剂导管等置于去离子水或纯水中,按数次计数键,冲洗掉液体管道内的稀释液,充满去离子水后关机。

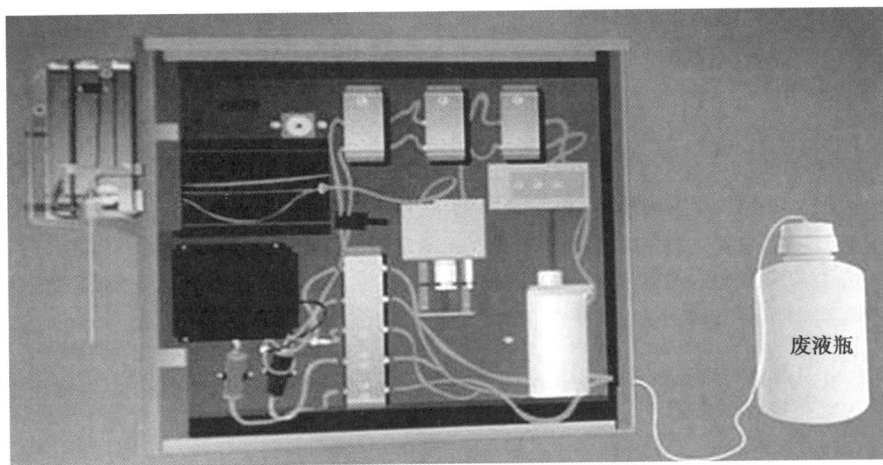

图 3-10　血细胞分析仪的管路示意图

(3)机械传动部件维护:打开机箱将机械传动装置周围的灰尘和污物去除,再按要求加润滑油,减轻机械磨损(图 3-11)。

(4)其他:每天分析结束后,检查进样槽、清洗杯,去除污物或阻塞物:①清洗进样槽:如果穿刺针托盘中累积有盐分或污垢,应关闭主机电源后,用流水冲洗进样槽,确保清洗干净后擦干;②清洁清洗杯:当有血液黏附在手动进样清洗杯上或发现阻塞时,应关闭主机电源后取下清洗杯,用轻柔的流水进行洗涤;③如果分析标本数达万次时,应按照要求清洗标本旋转阀。

(二)血细胞分析仪的常见故障处理

现在的血细胞分析仪,一般都有自我诊断和人机对话功能。当有故障发生时,内置计算机的错误检查功能显示"错误信息",并发出警报声,可通过"错误信息"提示进行故障处理。若故障比较复杂或者是硬件问题,应联系厂家工程师进行维修。

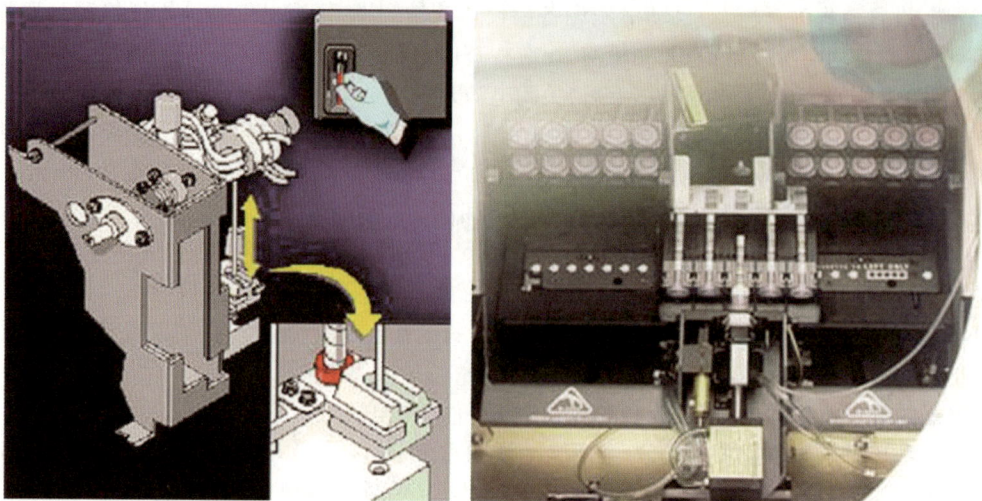

图3-11 血细胞分析仪机械转动部位示意图

1. **开机时常见故障** 一般有以下4种常见情况：

（1）开机指示灯及显示屏不亮：一般见于电源出现问题，应检查电源插座是否插好、电源引线是否完好、保险丝是否熔断。

（2）"WBC"或"RBC"吸液错误：①检查稀释液量，量不足应及时更换稀释液；②检查进液管位置：正确连接进液管。

（3）"WBC"或"RBC"电路错误：多为计数电路中的故障，参照使用说明书检查内部电路，必要时联系厂家工程师更换电路板。

（4）"测试条件需设置"：一般为备用电池没电或电路断电，导致系统储存的数据丢失时有该信息提示。应更换电池，重新设置定标系数或其他条件。

2. **测试过程中常见的错误信息** 一般有以下几种常见情况（表3-2）：

表3-2 血细胞分析仪的常见故障及处理

常见故障	故障原因	处理方法
堵孔（包括完全堵孔和不完全堵孔）	①仪器长时间不用，试剂中的水分蒸发、盐类结晶导致堵孔 ②末梢采血、静脉采血不顺或抗凝剂量与全血不匹配，有小凝块 ③小孔管微孔蛋白沉积多 ④样品杯未盖好，空气中的灰尘落入杯中造成堵塞	①用去离子水浸泡，待结晶完全溶解后，按"CLEAN"键进行清洗 ②其他原因的堵孔一般按"CLEAN"键进行清洗即可 ③若以上方法不行，需小心卸下检测器进行进一步的清理：用专用小毛刷轻轻反复刷洗微孔去除堵塞物；将检测器加水后用洗耳球从其顶端加压，从而将堵塞物冲走。若无效，应先用粗细合适的细丝对着微孔来回穿入拉出几次，再用洗耳球加压冲出堵塞物；若以上两种方法均不行，需用3%~5%的次氯酸钠溶液清洗，将检测器内装入该溶液浸泡5~10min，取出，再用洗耳球从其顶端加压去除堵塞物，最后用蒸馏水将检测器冲洗干净，小心装上，按"CLEAN"键清洗 ④若以上三种方法均无效，说明"堵孔"是由泵管损坏造成，应联系厂家工程师进行更换
气泡	多为压力计中出现气泡	按"CLEAN"键进行清洗
噪音	多为周围环境中有噪音干扰、接地线不良、泵管或小孔管较脏引起	与其他噪音大的仪器设备分开、确认接地线良好、清洗泵管或者是小孔管
温度异常	多为仪器所在环境温度不合适	将房间温度设定在18~25℃，若仍然不能解决，可咨询仪器维修工程师

常见故障	故障原因	处理方法
试剂错误	一般由于试剂不足造成	补足试剂
进样错误	一般由于标本操作中血量太少未被吸入造成	重新采集足量标本
溶血剂错误	一般为溶血剂与样本未充分混合造成	重新测定新的样本,或检查溶血剂的剩余量是否充足,补足溶血剂
样本分析错误	①包括流动比色池错误、血红蛋白测定重现性差、细胞计数重复性差等,比色池错误和血红蛋白测定重现性差错误都因血红蛋白比色池脏所致 ②细胞计数重复性差多为小孔管脏或环境噪音大造成	①清洗比色池 ②同"堵孔"和"噪音"的方法处理

七、血细胞分析仪的临床应用

血细胞分析仪对生理状态下的血液细胞常规检测,包括白细胞分类,具备高度的检验精确性和准确性;在病理情况下,可提示异常信息及出现异常散点图等。现代血细胞分析仪可提供多种检测参数,其功能还扩展到对体液细胞的计数和分类,在疾病的诊断、鉴别诊断、疗效和预后的判中具有重要临床意义。

1. **红细胞及其系列参数** 临床通过各种红细胞参数检验,用于贫血和某些疾病的诊断或鉴别诊断。如根据 MCV、MCH、MCHC 可对贫血类型进行初步分类;RDW 是反映红细胞体积异质性的参数,与 MCV 结合,可以较好的对贫血进行分类诊断和鉴别诊断;HDW 反映红细胞内血红蛋白含量异质性的参数,对镰状细胞贫血、轻度 β-珠蛋白生成障碍性贫血的诊断有一定的临床意义,遗传性球形红细胞增多症时 RDW 和 HDW 可明显增高;NRBC 可用于溶血性贫血和骨髓增生性疾病的诊断;IRF 是评价红系增生活跃程度的指标,可提供骨髓增生状态的信息,对鉴别贫血的类型有一定的作用,在放疗、化疗时是反映骨髓抑制或恢复较敏感的指标。

2. **白细胞及系列参数** 包括 WBC 及分类计数、IG 等。主要用于感染、炎症、组织损伤坏死、中毒、结缔组织病、骨髓抑制、恶性肿瘤、白血病、骨髓增生性疾病、淋巴组织增生性疾病等的辅助诊断,尤其是对恶性血液病进行初步诊断和评估疗效的基本指标。IG 的检出可以有效减少早期白血病的漏检,IG 超过 3%,对提示败血症较为特异,有助于微生物检测的评价。

3. **血小板及系列参数** 包括 PLT、MPV、PDW、IPF 等。对血小板相关疾病诊断及止血与凝血检查具有重要意义。如 MPV 可用于鉴别 PLT 减少的病因,评估骨髓造血功能恢复情况;IPF 可反映骨髓增生状态、血小板更新速度和细胞动力学变化,对血小板减少症的鉴别诊断具有重要的意义,也有助于监测血小板疾病的治疗效果;PDW 则反映血小板平均体积的大小,特发性血小板减少性紫癜时 MPV、P-LCR(大血小板比率)和 PDW 高于再生障碍性贫血,灵敏度和特异性较高;P-LCR 和 PDW 对于诊断免疫性血小板非常可靠。

随着多种高新技术的不断应用,血细胞分析仪的自动化程度、功能和设计都会更加先进,必将提供更多的检测参数,其临床应用也更加广泛。

(谭晓彬)

第二节 血液凝固分析仪

血液凝固分析仪(automated coagulation analyzer,ACA),简称血凝仪。是血栓与止血分析的专用仪器,可检测多种血栓与止血指标,广泛应用于凝血障碍性疾病、血栓栓塞性疾病的诊断及溶栓治疗监测等方面。是目前血栓与止血实验室中广泛使用的设备。

血液凝固分析仪(组图)

一、血液凝固分析仪的分类与特点

临床常用的血凝仪根据自动化程度可分为半自动、全自动血凝仪及全自动血凝检测流水线。按检测原理又可分为光学法、磁珠法、超声波法血凝仪。

1. 半自动血凝仪　需要手工加样加试剂,应用检测项目少,价格便宜,速度慢,检测精度好于手工法,但低于全自动,主要检测一些常规凝血项目。

2. 全自动血凝仪　自动化程度高、检测项目多、通道多、速度快。项目可任意组合,测量精度好、易于质控和标准化、智能化程度高,但是价格较高,对操作人员的素质要求高,除对常规凝血、抗凝、纤维蛋白溶解系统等项目进行全面的检测外,还能对抗凝、溶栓治疗等进行实验室监测。

3. 全自动血凝检测流水线　由一台或多台全自动血凝仪和离心机通过轨道传递系统连接,在计算机控制系统的指令下,可进行样本自动识别和接收、自动离心、自动放置、自动分析、自动进行分析后样本的管理等。该系统还可与其他实验室自动化系统相连接,以实现全实验室自动化。

二、血液凝固分析仪的工作原理

血凝仪使用的检验技术主要有凝固法、产色底物法、免疫法、干化学法等。凝固法是血栓/止血试验中最基本、最常用的方法。半自动血凝仪基本上以凝固法检测为主,全自动血凝仪除了使用凝固法外,还使用了产色底物法和免疫法等其他分析方法。

(一)凝固法

凝固法是通过检测血浆在凝血激活剂作用下的一系列物理量(光、电、超声、机械运动等)的变化,再由计算机分析所得数据并将之换算成最终结果,故也称生物物理法。按具体检测手段可分为电流法、超声分析法、光学法和磁珠法等。

1. 电流法　早期仪器采用模拟手工的方法钩丝,根据凝血过程中无导电性的纤维蛋白原转化为有导电性的纤维蛋白丝的特性,通过电流的变化来判定凝固终点。由于该法终点判断的不可靠性,很快被更灵敏、更易扩展的方法所取代。

2. 超声分析法　根据凝血过程中血浆的超声波衰减程度来判断终点。本法应用项目较少,主要用于凝血酶原时间(PT)、活化部分凝血活酶时间(APTT)和血浆纤维蛋白原(FIB)测定,现在已较少使用。

3. 光学法(比浊法)　根据血浆凝固过程中浊度的变化导致光强度变化的原理来测定相关因子。根据不同的光学测量原理,又可分为散射比浊法和透射比浊法两类。

(1)透射比浊法原理:根据血浆在凝固过程中黏度逐渐增大,标本吸光度逐渐增强,来确定检测终点。在该方法中光源和样本与接收器呈直线排列,和普通光电比色计相仿,接收器得到的是很强的透射光和较弱的散射光,进行信号校正后得到透射光强度。

(2)散射比浊法原理:根据血浆在凝固过程中黏度逐渐增大,标本散射光强度逐步增强,来确定检测终点。该方法中光源和样本与接收器呈直角排列,接收器得到的完全是浊度测量所需的散射光。因此,散射比浊法略优于透射比浊法。

测试时,当向样品中加入凝血激活剂后,随样品中纤维蛋白凝块的增加,样品的散射光强度逐步增加;当样品完全凝固后,散射光强度不再变化。通常把凝固的起始点作为0%,凝固终点作为100%,把50%作为凝固时间,因为50%的部位单位时间内散射光量的变化最为显著,纤维蛋白单体的聚合速度最快,通常把这种方法称为"百分比终点法"。光探测器接收这一光学的变化,将其转化为电信号,仪器内微机据此绘制出凝固曲线。

光学法凝血测试的优点是灵敏度高、仪器结构简单、易于自动化。缺点是样本的光学异常、测试杯的光洁度、加样中的气泡等会成为测量的干扰因素。

4. 磁珠法　是根据磁珠运动的幅度随血浆凝固过程中黏度的增加而减小来测量凝血功能的方法。根据仪器对磁珠运动测量原理的不同,又可分为光电探测法和电磁探测法。

(1)光电探测法测试原理:测试时,测试杯下面的永久磁铁旋转,带动测试杯中磁珠沿杯壁旋转;测试杯的侧壁外安装有红外反射式光电元件监测磁珠运动变化;根据运动力学原理,旋转的磁珠依血

笔记

浆黏度增大渐向测试杯中心靠拢,光电元件检测不到磁珠时测量结束。在该法中光电探测器的作用与前述的光学法中不同,它只测量血浆凝固过程中磁珠的运动规律,与血浆的浊度无关。

（2）电磁探测法测试原理:电磁探测法又可称为双磁路磁珠法,其中一对磁路产生恒定的交替电磁场,使测试杯内磁珠保持等幅振荡运动;另一对磁路利用测试杯内磁珠摆动过程中对磁力线的切割所产生的电信号,监测磁珠摆动幅度的变化,当磁珠摆动幅度衰减到50%时,判定为血浆凝固终点(图3-12)。

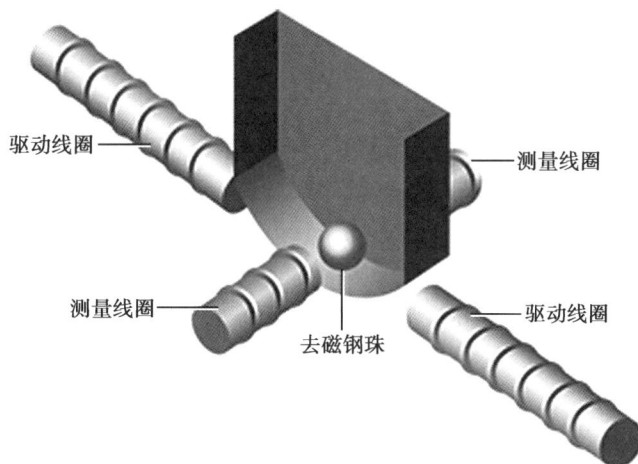

驱动线圈　　测量线圈　　测量线圈　　驱动线圈　　去磁钢珠

图3-12　双磁路磁珠法检测原理示意图

磁珠法凝血测定的优点是:不受溶血、黄疸、高脂血症标本等特异血浆及加样中微量气泡的干扰,试剂用量少,有利于血浆和试剂的充分混匀;缺点:磁珠的质量、杯壁的光滑程度等,均会对测量结果造成影响。

（二）产色底物法

通过测定产色底物的吸光度变化来推测所测物质的含量和活性,故也称生物化学法。其实质是光电比色原理,通过人工合成,与天然凝血因子氨基酸序列相似,并且有特定作用位点的多肽;该作用位点与产色的化学基团相连;测定时由于凝血因子具有蛋白水解酶的活性,作用于人工合成的肽段底物,从而释放出产色基团,使溶液呈色;呈色深浅与凝血因子活性呈比例关系,故可对凝血因子进行精确定量。

目前人工合成的多肽底物有几十种,而最常用的是对硝基苯胺(PNA),呈黄色,可用405nm波长进行测定。该法灵敏度高、精密度好,易于自动化,为血栓/止血检测开辟了新途径。

（三）免疫学法

以纯化的被检物质为抗原,制备相应的抗体,被检物(抗原)与其相应抗体混合形成复合物,从而产生足够大的沉淀颗粒,导致浊度发生变化来对被检物进行定性或定量测定。实验室使用的免疫学方法有:免疫扩散法、火箭电泳法、双向免疫电泳法、酶标法、免疫比浊法等。血凝仪主要使用便于自动化的免疫比浊法(透射比浊或散射比浊)进行测定。

（四）干化学技术

干化学技术主要应用于床旁即时检测的便携式血凝仪。干化学技术是将惰性顺磁铁氧化颗粒加入凝固反应或纤溶反应的干试剂中,在固定垂直磁场的作用下使颗粒来回移动。当加入血液样本后,血液进入反应层,使干试剂溶解,发生凝固反应或纤溶反应,试剂中的颗粒震动幅度发生改变,检测器记录这些变化并计算得到检测结果。

三、血液凝固分析仪的基本结构

（一）半自动血凝仪的基本结构

主要由样品和试剂预温槽、加样器、检测系统（光学、磁场）及微机组成。部分半自动仪器还配备了产色底物法检测通道,使该类仪器同时具备了检测抗凝及纤维蛋白溶解系统活性的功能。

针对半自动血凝仪易受人为因素影响、重复性较差等缺陷,部分仪器配有自动计时装置,以告知

磁珠法凝血测定原理（动画）

预温时间和最佳试剂添加时间;也有些仪器在测试位添加试剂感应器,在移液器枪头滴下试剂后,感应器立即启动混匀装置,使血浆与试剂得以很好地混合;还有的仪器在测试杯顶部安装了移液器导板,在添加试剂时由导板来固定移液器针头,从而保证了每次均可以在固定的最佳角度添加试剂并可以防止气泡产生。这一系列改进有利于提高半自动血凝仪检测的准确性。

(二)全自动血凝仪的基本结构

全自动血凝仪的结构包括样本传送及处理装置、试剂冷藏位、样本及试剂分配系统、检测系统、计算机控制系统及附件等(图3-13)。

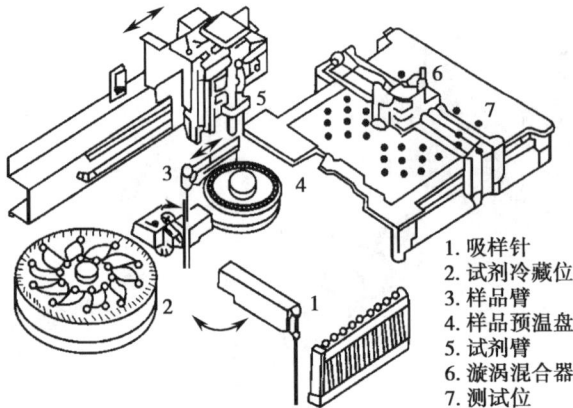

1. 吸样针
2. 试剂冷藏位
3. 样品臂
4. 样品预温盘
5. 试剂臂
6. 漩涡混合器
7. 测试位

图3-13　全自动血凝仪结构示意图

1. 样本传送及处理装置　血浆样本由传送装置依次向吸样针位置移动,多数仪器还设置了急诊位置,使急诊样本优先测定。样本处理装置由预温盘及吸样针构成,前者可以放置几十份血浆样本,吸样针吸取血浆并将其注入预温盘的测试杯中,供重复测试、自动再稀释和连锁测试用。

2. 试剂冷藏位　可以同时放置几十种试剂进行冷藏,以避免试剂变质。

3. 样本及试剂分配系统　包括样本臂、试剂臂、自动混合器等。样本臂会自动提起样本盘中的测试杯,将其置于样本预温槽中进行预温。然后试剂臂将试剂注入测试杯中(为避免凝血酶对其他检测试剂的污染,性能优越的全自动血凝仪有独立的凝血酶吸样针),由自动混合器将试剂与样本充分混合后送至测试位,已检测过的测试杯被自动丢弃于特设的废物箱中。

4. 检测系统　是仪器的关键部件。通过前述的凝固法、产色底物法、免疫学方法等多种检测原理对血浆凝固过程进行检测。

5. 计算机控制系统　根据设定的程序控制血凝仪进行工作并将检测得到的数据进行分析处理,最终得到测试结果。还可对患者的检验结果进行储存、质控统计、存储操作过程中的各种失误、报警等工作。通过计算机屏幕或打印机输出测试结果,也可很方便地与LIS和HIS系统连接并传输及存储测试结果。

6. 附件　主要由系统附件、带盖穿刺吸样系统、条码扫描器等组成。

四、血液凝固分析仪的性能评价

选择高质量的血凝仪,对于保证血栓与止血检验的质量至关重要。对血凝仪的性能评价可参考《临床血液学检验常规项目分析质量要求》(WS/T 406-2012)中凝血试验的分析质量要求及验证方法,精密度、正确度、线性范围、携带污染率及抗干扰性等。

(一)测量重复性或精密度

采用血凝仪配套的试剂、校准品及相应的测定程序,对质控血浆或患者新鲜血浆在相同或不同时间内进行重复性测定。评价时最好采用高、中、低值三个水平(正常、中度异常和高度异常)的样本(或质控品)进行批内、批间及总重复性测定。每个项目重复测定11次,计算后10次检测结果的算术平均值、标准差和变异系数。重复性要求见表3-3。

表3-3　常用凝血试验项目测定的批内精密度检测要求

检测项目	变异系数(≤CV%)	
	正常样本	异常样本
PT	3.0	8.0
APTT	4.0	8.0
FIB	6.0	12.0

（二）正确度

至少使用 10 份检测结果在参考区间范围内的临床样本，每份样本检测两次，计算 20 次以上检测结果的均值，以校准实验室的定值或临床实验室内部规范操作检测系统（Clauss 法）的测定均值为标准，计算偏倚。

正确度验证结果以偏倚为评价指标，FIB 的偏倚应≤10%。

（三）线性范围

观察已知定值的质控物、定标物或新鲜混合血浆，在不同稀释度（4~5 个浓度）时的各个相关分析参数，是否随血浆被稀释而发生相应变化。理想结果是不同程度稀释后，稀释度与其相应结果在直角坐标纸上应呈一条通过原点的直线。

（四）携带污染率

即评价不同样本对测定结果的影响。可采用 Bioughton 法测定，常用凝血试验项目的携带污染率的要求见表 3-4。

表 3-4　常用凝血试验项目的携带污染率的要求

项目	携带污染率（≤%）
PT	5
APTT	5
FIB	10

（五）抗干扰性

指血凝仪在样本异常或有干扰物存在时的抗干扰能力。如高黄疸、乳糜、溶血样本及临床肝素治疗的血样本，对试验结果有无影响。

五、血液凝固分析仪的使用与维护

（一）血凝仪的操作

1. **半自动血凝仪**　具有结构简单、价格低廉、方便快速、适于小样本量医院的使用等优点，其操作过程如图 3-14 所示。

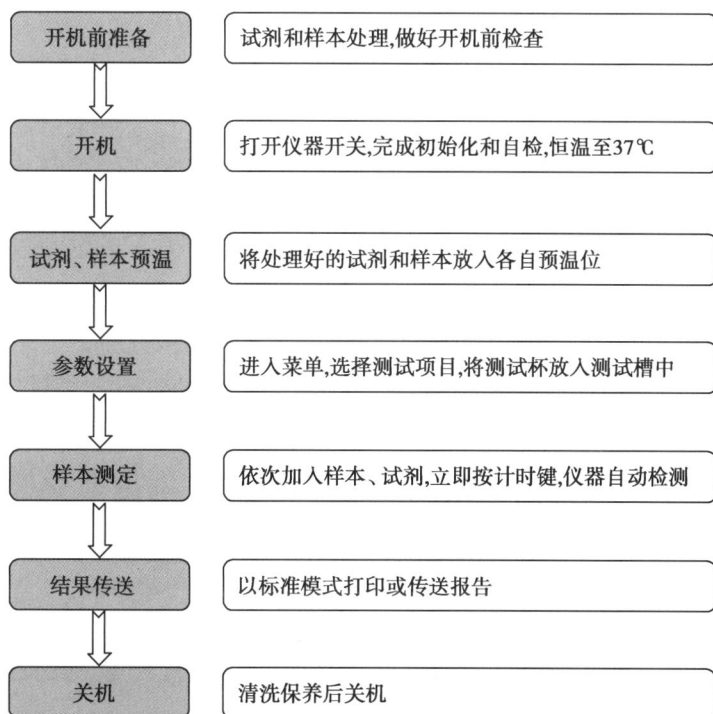

| 开机前准备 | 试剂和样本处理，做好开机前检查 |

| 开机 | 打开仪器开关，完成初始化和自检，恒温至37℃ |

| 试剂、样本预温 | 将处理好的试剂和样本放入各自预温位 |

| 参数设置 | 进入菜单，选择测试项目，将测试杯放入测试槽中 |

| 样本测定 | 依次加入样本、试剂，立即按计时键，仪器自动检测 |

| 结果传送 | 以标准模式打印或传送报告 |

| 关机 | 清洗保养后关机 |

图 3-14　半自动血凝仪操作步骤

2. 全自动血凝仪 结构复杂、价格昂贵、精度高、结果准确,操作较半自动血凝仪烦琐,对操作者的要求较高。操作一般有以下几个关键的步骤:

(1) 开机:①检查蒸馏水量、废液量;②依次打开稳压电源、打印机电源、仪器电源、主机电源、终端计算机电源;③仪器自检通过后,进入升温状态;④达到温度后,仪器提示可以进行工作。

(2) 测试前准备:①试剂准备:按照测试的检验项目做好试剂准备;严格按试剂说明书的要求进行溶解或稀释,溶解后室温放置 10~15min,之后,将各种试剂放置于设置好的试剂盘相应位置;②选择测试项目,从仪器菜单选择要测试的检验项目;③检查标准曲线:观察定标曲线的线性、回归性等指标。

(3) 测试:①测试各项目质控品,按要求记录并进行结果分析;②患者标本准备,按要求编号、分离血浆、放置于样本托架上;③检测信息录入,扫码或手工输入样本编号,选择要检测的项目;④样本检测,再次确认试剂位置、试剂量及标本位置后,按"开始"进行检测。

(4) 结果输出:①设置好自动传输模式后,检测结果将自动传输到终端计算机上;②结果经审核确认后,发布检验报告。

(5) 关机:①收回试剂:试验完毕后,将试剂瓶盖盖好,将试剂盘与试剂一同放入冰箱 2~8℃储存;②清洗保养:按清洗保养键,仪器自动灌注;等待 15min,按"ESC"退出菜单;③关机:关闭主机电源、仪器电源、终端计算机电源、打印机电源等。

(二) 血凝仪的维护

1. 半自动血凝仪的维护 做好日常的维护是仪器正常运行的基本保证,包括:①电源电压为 220V±10%,最好使用稳压器;②避免阳光直晒和远离强热物体,保持仪器温度恒定在 37.0℃±0.2℃;③防止受潮和腐蚀;④保持测试槽清洁,严禁有异物进入;⑤若为磁珠型血凝仪,仪器和加珠器都必须远离强电磁场干扰源,并使用一次性测试杯及钢珠,以保证测量精度。

2. 全自动血凝仪的维护 一般性维护包括:①定期清洗或更换空气过滤器;②定期检查及清洁反应槽;③定期清洗洗针池及通针;④经常检查冷却剂液面水平;⑤定期清洁机械运动导杆和转动部分并加润滑油;⑥及时保养定量装置;⑦定期更换样品及试剂针;⑧定期数据备份及恢复等。

(三) 血凝仪使用的注意事项

1. 购置仪器后应按说明书标出的仪器能达到的性能参数对仪器进行评价,发现问题及时与厂家联系。

2. 在检测过程中使用的加样器应进行校准,保证试剂稀释和加样量的准确。

3. 有定标血浆的检测项目,可用定标血浆建立标准曲线,在更换试剂批号或种类时均应用定标血浆重新建立标准曲线。

4. 检测标本时一定要做室内质量控制,半自动仪器的检测应作双份测定。

5. 做好分析前的质量控制非常重要,标本的采集和存储应严格按有关要求进行。

6. 试剂在预温槽内的放置时间应严格按试剂说明书的要求进行限定,放置时间延长会影响测定结果的准确性。

7. 鉴于目前凝血试验标准化工作还有待完善,不同检测系统(仪器、试剂、定标血浆)测出同一标本的结果有差异,为此在更换试剂种类甚至批号时有必要重新建立参考区间。

8. 光学法凝血测试的优点是灵敏度高、仪器结构简单、易于自动化;缺点是样品的光学异常、测试杯的光洁度、样品溶血、高脂血症或乳糜微粒、浑浊、加样中的气泡等都会成为测量的干扰因素。

六、血液凝固分析仪的临床应用

血凝仪可使用多种方法进行凝血、抗凝、纤溶系统功能以及用药的监测等多个项目的检测。

1. 凝血系统的检测 常规筛查试验:如 PT、APTT、TT 测定;单个凝血因子含量或活性的测定:如 FIB、凝血因子 Ⅱ、Ⅴ、Ⅶ、Ⅷ、Ⅸ、Ⅹ、Ⅺ、Ⅻ。

2. 抗凝系统的检测 抗凝血酶 Ⅲ(AT-Ⅲ)、蛋白 C(PC)、蛋白 S(PS)、活化蛋白抵抗(APCR)、狼疮抗凝物质(LA)等测定。

3. 纤维蛋白溶解系统的检测 血浆纤溶酶原(PLG)、α_2-抗纤溶酶(α_2-AP)、纤维蛋白降解产物

（FDP）、D-二聚体（D-Dimer）等。

4. 临床用药的监测　当临床应用普通肝素、低分子肝素（LMWH）及口服抗凝剂（如华法林）时，常用血凝仪对相关指标进行监测，以保证用药安全。

（王连明）

第三节　红细胞沉降率测定仪

红细胞沉降率（erythrocyte sedimentation rate，ESR）简称血沉，是指红细胞在一定条件下的沉降速度，是常用于临床诊断和观察某些疾病活动情况的一项重要参数，其结果对许多疾病的活动、复发、发展有监测作用，有较高的临床参考价值。同时它与血液流变学中许多指标之间存在着相关性，常作为红细胞聚集、红细胞表面电荷、红细胞电泳的通用指标。

红细胞沉降率的传统测定方法为魏氏（westergren）法。该方法测试周期长、费力、影响因素多、不易于标准化，且不适宜大批量检测。自 20 世纪 80 年代以来，随着光电技术与计算机技术在传统方法上的成功运用，诞生了自动红细胞沉降率测定仪，其测试时间短，结果与魏氏法的相关性好，结构简单，成本低廉，操作简便，检验准确，省时省力，自动化程度高，可实现血沉的动态结果自动分析，可避免人为和外界温度因素的影响，现逐步在各级医院推广应用。

一、红细胞沉降率测定仪的工作原理

所有自动红细胞沉降率测定仪的原理和方法都是建立在魏氏法的基础上，利用光学阻挡原理进行测量。红细胞下沉过程中血浆浊度发生改变，采用红外线探测技术或其他光电技术动态记录血沉管内血液对光的吸收变化全过程，数据经计算机处理后得出检测结果。红细胞沉降前，血沉管内血液呈均匀红色，可吸收红外线，血细胞沉降过程中，血液慢慢分层，上层为血浆，可透过部分红外线，下层血细胞呈暗红色，可吸收红外线，在一定的时间内动态记录血细胞沉降过程中吸光度的变化，通过计算得到红细胞沉降率（图 3-15）。

二、红细胞沉降率测定仪的基本结构

自动红细胞沉降率测定仪由光源、血沉管、检测系统、数据处理系统四个部分组成。

1. **光源**　采用红外光源或激光。
2. **血沉管**　为透明的硬质玻璃管或塑料管（图 3-16）。

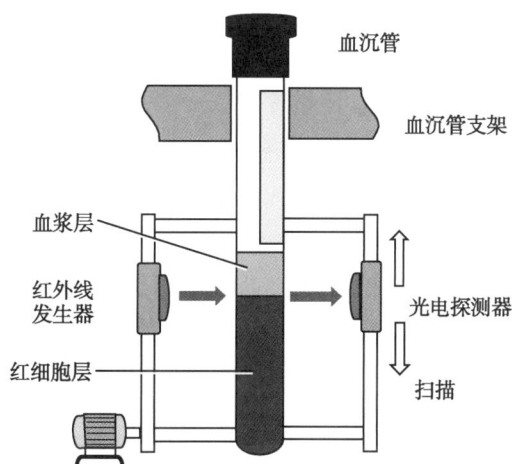

图 3-15　自动血沉仪检测原理图

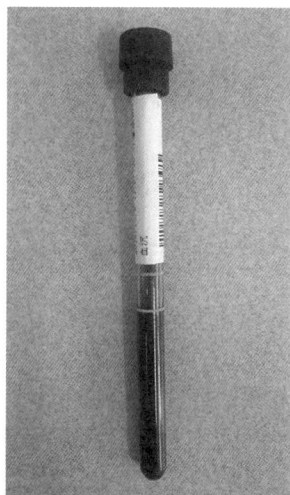

图 3-16　自动血沉仪配套使用的血沉管

3. **检测系统**　一般仪器采用光电阵列二极管，其作用是进行光电转换，把光信号转变成电信号。
4. **数据处理系统**　由放大电路、数据采集处理系统和打印机组成。其作用是将检测系统检测到

自动红细胞沉降率测定仪（图片）

血沉仪的结构（视频）

的信号,经计算机的处理计算出实验结果,然后打印出结果。数据采集处理软件设计了数据采集、数据分析、数据库、打印等模块。

三、红细胞沉降率测定仪的使用、维护与常见故障处理

1. 红细胞沉降率测定仪的使用　红细胞沉降率测定仪的操作较为简单。

（1）开机:打开机器电源开关,仪器完成初始化和自检,即可开始工作。

（2）仪器预热:仪器启动后,预热15min后,再进行样本检测。

（3）放入样本:将样本编号并混匀后,立即插入相应的样本位。

（4）样本检测:在仪器对样本进行检测的过程中,严禁拔出血沉管。

（5）显示结果:仪器自动将检测温度（15~32℃）下的结果修正至18℃的血沉值,并显示结果。

（6）关机:检测全部结束后,关闭电源。

2. 仪器的维护　严格按照仪器使用说明书进行日常保养和维护。①将仪器安装在稳定的水平实验台上,避免潮湿、高温,远离高频电磁波干扰源;②使用过程中,要避免强光的照射,否则会引起检测器疲劳,计算机采不到数据;③使用前要按程序清洗仪器,同时要定期彻底清洗并进行定期校验;④当设备不使用时需用防尘罩盖好设备,避免灰尘和其他物体落入检测孔;⑤不能用水或潮湿的布清洗设备,水或固体物质进入孔中会对设备造成相当大的危害。

3. 仪器常见故障的处理　见表3-5。

表3-5　红细胞沉降率测定仪的常见故障和处理

故障名称	故障原因	处理方法
放入血沉测试管时仪器一个测试周期后显示"×"	血沉管血液液面高出仪器测量范围或有其他不透光物体插入	需调整血液液面高度或去除阻挡物
电机在测量时转不停,出现电机抖动冲击声	检测板的红外检测器故障	需立即关机,报请厂家工程师进行维修
测量臂上下不间断的移动	强光照射或者因挡光片松动致计算机采集不到数据	①若是因强光照射引起的,需避光②若因挡光片松动,加固挡光片
未插入血沉管,但仪器显示有试管插入	检测板的红外检测器有故障或有较厚的灰尘、油污等附着于检测器表面	报请厂家工程师进行维修
仪器自检出错,显示"ERR1",不能继续运行	检测板的红外检测器有故障	报请厂家工程师进行维修
仪器通电后无显示	①检查电源是否正常②仪器保险丝熔断	①检查、更换保险丝②若不是保险丝出现问题,需报请厂家工程师进行维修

四、红细胞沉降率测定仪使用的注意事项

1. 验收评价　仪器安装好后对照说明书标出的仪器应能达到的性能参数对仪器进行评价,发现问题及时与工程师联系。

2. 样本的准备　在血沉管上有两条标志线。抽血时,控制血液液面高度达到血沉管上两条标志线之间,然后把血沉管上下慢慢颠倒5~7次,使抗凝剂和血液充分混匀,混匀过程中避免有气泡产生。

3. 样本检测　①有血凝块或脂血的样品不能测试;②ESR超过140mm/h时将仅显示>140mm/h。

4. 电器设备　在有电源状态下,严禁拆开、搬动设备,防止电击。

五、红细胞沉降率测定仪的临床应用

红细胞沉降率是临床疾病诊断过程中的常用指标,虽然诊断没有特异性,但是对很多疾病的发展

具有一定的监测作用。如主要用来反映急慢性炎症、活动性结核、风湿热活动期、自身免疫性疾病、恶性肿瘤的预后及治疗效果检测,也可作为鉴别某些功能性疾病及器质性疾病的参考指标之一。自动血沉分析仪可以同时测定数十个样本,而且整个测量过程完全自动化,其结果与国际血液学标准化委员会推荐的魏氏法测定结果具有良好的相关性,因此得到广泛运用。自动血沉分析仪对红细胞沉降过程进行动态的监测,为研究红细胞沉降的机制提供了新的数据。

(谭晓彬)

第四节 尿液化学分析仪

尿液化学分析仪(urine chemistry analyzer)是测定尿中某些化学成分的自动化仪器,它是临床实验室尿液自动化检查的重要工具,具有操作简单、快速等优点。仪器在计算机控制下通过收集、分析尿干化学试带上各种试剂块的颜色信息,并经过一系列信号转化,最后输出测定的尿液中化学成分含量。

我国的尿液化学分析仪的研制虽然起步较晚,但在1990年尿液化学分析仪就已达到国产化。尿液化学分析仪的问世标志着尿液分析由传统的手工操作向快速、自动化转变,提高了实验室尿液分析工作的效率和检测质量。

一、尿液化学分析仪的分类

(一)按工作方式分类

可分为湿式尿液化学分析仪和干式尿液化学分析仪。其中干式尿液化学分析仪因其结构简单、使用方便,目前临床普遍使用。

(二)按测试项目分类

1. 8项尿液化学分析仪 检测项目包括尿蛋白(PRO)、尿糖(GLU)、尿pH、尿酮体(KET)、尿胆红素(BIL)、尿胆原(URO)、尿潜血(BLD)和尿亚硝酸盐(NIT)。

2. 9项尿液化学分析仪 8项+尿白细胞(LEU)。

3. 10项尿液化学分析仪 9项+尿比重(SG)。

4. 11项尿液化学分析仪 10项+维生素C。

5. 12项尿液化学分析仪 11项+颜色或浊度。

(三)按自动化程度分类

可分为半自动尿液化学分析仪和全自动尿液化学分析仪。半自动尿液化学分析仪需要手工加样,手工摆放尿干化学试带。全自动尿液化学分析仪则为自动加样,自动取尿干化学试带,自动清洗和自动排放废液。

尿液自动化学分析仪(组图)

知识链接

尿液干化学分析仪的发展

尿液干化学分析仪诞生于1956年,最早的尿液试带仅有一个检测项目即尿液葡萄糖检测,采用了葡萄糖氧化酶法,使尿液样品检出的敏感性和特异性大幅度提高,具有快速、便捷等优点。1957年利用"蛋白质误差"原理推出了单项尿蛋白测定试带,1958年推出测定尿葡萄糖和尿蛋白的二联试带,1959年推出测定尿pH、尿葡萄糖和尿蛋白的三联试带,目前已发展为八联、九联、十联、十一联、十二联试带。

二、尿液化学分析仪的工作原理

尿液化学分析仪实际上就是一台检查尿干化学试带上干化学反应的反射式光度计。与尿液反应后的尿干化学试带颜色深浅与尿液样品中特定化学成分的浓度成正比。在微电脑控制下,光学系统对尿干化学试带上的颜色变化进行扫描。尿干化学试带上模块颜色越深,吸收光量值越大,反射光量值越小,则反射率越小;反之,颜色越浅,吸收光量值越小,反射光量值越大,则反射率也越大。仪器根据与标准带的比较自动判断结果。

三、尿液化学分析仪的结构与功能

尿液化学分析仪一般由尿干化学试带、机械系统、光学系统、电路系统、输入输出系统等部分组成。

(一)尿干化学试带

尿干化学试带(urine dry chemical reagent strip,简称尿试带)是按固定位置黏附有相应化学成分检验试剂块的塑料条,又称尿试纸条。

1. **尿试带组成**　尿试带由塑料条、试剂模块、空白块、位置参考块组成。塑料条为支持体;试剂模块含有检验试剂,完成相关项目检测;空白块是为了消除尿液本身的颜色所产生的测试误差;位置参考块是为了消除每次测定时试剂块的位置不同产生的测试误差。

2. **尿试带的结构及作用**　尿试带上有数个含有各种试剂的试剂垫,各试剂垫与尿中的相应成分进行独立反应后可呈现不同颜色,颜色的深浅与尿液中待测成分呈比例关系。不同型号的尿液干化学分析仪使用配套的专用试带,且试剂膜块的排列顺序也不尽相同。尿试带采用多层膜结构,该结构及作用如表3-6所示。

表3-6　尿液干化学多联试带结构及作用

膜结构	主　要　作　用
第一层尼龙膜层	对试带起保护和过滤作用,防止大分子物质对反应的污染,保证尿试带的完整性
第二层绒制层	包括过碘酸盐区(有些试剂模块含有此区)和试剂区,过碘酸盐区可破坏维生素 C 的干扰,试剂区含有试剂成分,主要与尿液待测成分发生化学变化,产生颜色变化
第三层吸水层	可使尿液均匀快速地渗入,并能抑制尿液流到相邻反应区
第四层支持层	由塑料片制成,起支持作用

多联尿试带结构见图3-17。

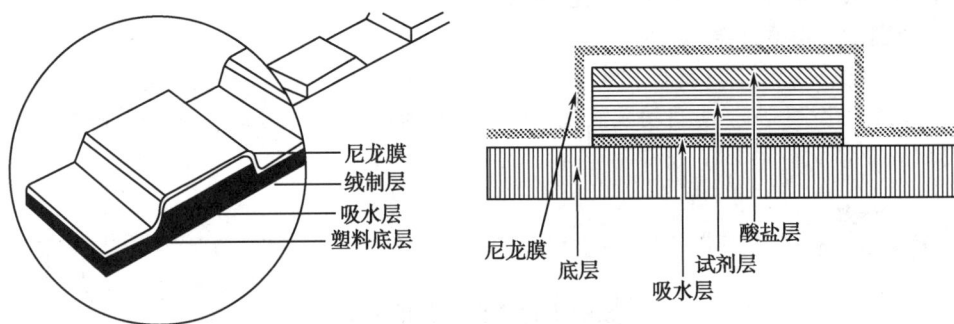

图3-17　多联尿干化学试带结构图

(二)机械系统

机械系统主要功能是将待检的尿试带和待检标本传送到检测区,分析仪检测后将尿试带传送到废物盒。不同型号的仪器采取不同的机械装置,如齿轮组合、传输胶带、机械臂、吸样针、样本混匀器等。

半自动尿液化学分析仪机械系统比较简单,主要有两类:一类是试带架式,将手工加样后的尿试带放入试带架的沟槽内,仪器移动沟槽将干化学试带置于光学系统进行检测或移动光学系统至尿试带上方进行检测,检测完毕后沟槽或光学系统自动复位,此类分析仪测试速度缓慢;另一类是试带传送带式,将手工加样后的尿试带放入试带架内,传送装置或机械手将干化学试带传送到光学系统进行检测,检测完毕送到废料箱,此类分析仪测试速度较快。

自动尿液化学分析仪机械系统比较复杂,主要有两类:一类是浸式加样,由尿试带传送装置、采样装置和测量装置组成。这类分析仪首先由机械手或滚轮取出尿试带后,将尿试带侵入尿液中,再放入测量系统进行检测。此类分析仪需要足够量的尿液,要保证尿试带上的每个模块都与尿液反应。另一类是点式加样,由尿试带传送装置、采样装置、加样装置和测量测试装置组成。这类分析仪首先有加样装置(吸样针)吸取尿液标本的同时,尿试带传送装置将尿试带送入测量系统,加样装置将尿液加到尿试带上的每个反应模块,再进行光学系统检测。此类分析仪只需 2ml 的尿液。仪器除了能自动将检测完毕的干化学试带送到废料箱外,还具有自动清洗系统,随时保持检测区清洁。同时由于仪器自动加样,减少了工作人员与尿标本接触,降低了操作人员受到标本污染的危险性。

(三)光学系统

光学系统即仪器的光学检测系统,通常包括光源、单色处理器、光电转换器三部分。仪器光源发出光线照射到干化学试带模块的反应区表面产生反射光,反射光的强度与各个项目的反应颜色成正比。不同强度的反射光再经光电转换器件转换为电信号进行处理。不同生产厂家,尿液化学分析仪的光学系统不尽相同。目前通常有两种:

1. 发光二极管系统(LED 系统) 采用了可发射特定波长的发光二极管(LED)作为检测光源,两个检测头上都有三个不同波长的光电二极管,对应于试带上特定的检测项目分别为红、橙、绿单色光(波长分别为 660nm、620nm、555nm),它们相对于检测面以 60° 角照射在反应区上。作为光电转换器件的光电二极管垂直安装在反应区的上方,在检测光照射的同时接收反射光。由于距离近,不需要光路传导,所以无信号衰减,这使得用光强度较小的 LED,也能得到较强的反射光信号(图 3-18)。以 LED 作为光源,具有单色性好,灵敏度高的优点,目前大部分仪器均采用此类检测器。

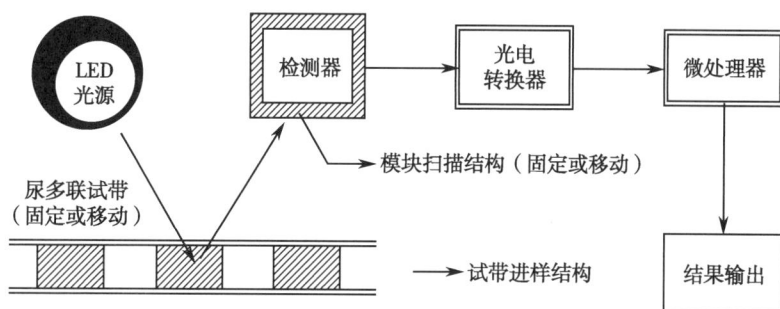

图 3-18 尿液化学分析仪 LED 系统结构图

2. 电荷耦合器件(CCD)系统 该系统的光源,通常采用高压氙灯或发光二极管,它的特点:发光光源接近日光;放电通路窄,可形成线状光源或点光源;发光效率高。它采用电荷耦合器件技术进行光电转换,把反射光分解为红绿蓝(RGB:610nm、540nm、460nm)三原色,又将三原色中的每一种颜色分为 2592 色素,这样整个反射光分为 7776 色素,可精确分辨颜色由浅到深的各种微小变化。CCD 器件具有良好的光电转换特性,光电转换因子可达 99.7%。其光谱响应范围为 0.4~1.1μm,即从可见光到近红外光。CCD 系统检测的灵敏度较 LED 系统高 2000 倍,但此系统价格昂贵、且维修复杂,一般用于高档全自动仪器(图 3-19)。

(四)电路系统

由仪器电源、光电转换系统、I/V 转换器(电流/电压转换器)、CPU(中央处理器)等部件构成。尿液干化学分析仪先将光学系统测得的光信号经电流/电压转换器转换后得到电信号放大,再经模/数转换后送 CPU 处理,计算出最终检测结果,将结果输出到屏幕显示并送打印机打印。其中 CPU 不但负责检测数据的处理,而且控制了整个机械、光学系统的运作,实现多种功能。

(五)输入输出系统

由显示器、面板、打印机等部件组成。用于操作者输入标本信息、观察仪器工作状态、打印报告单等功能。

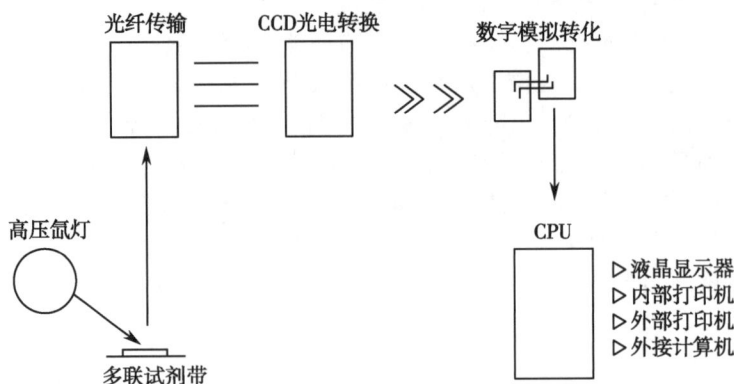

图 3-19　尿液化学分析仪 CCD 系统结构图

四、尿液化学分析仪的安装与调校

（一）安装

在安装尿液化学分析仪前,应该对尿液化学分析仪的安装指南和仪器安装所需的条件作全面了解,仔细阅读分析仪操作手册。一般尿液化学分析仪的安装都比较简单,严格按照说明书安装即可,但对于全自动尿液化学分析仪,应该由公司的技术人员进行安装,以免失误导致不必要的损失。仪器安装所需的条件要求如下:

1. 安装在清洁、通风处,最好有空调装置(室内温度应在 10～30℃,相对湿度应≤80%)的地方。避免安装在潮湿的地方。

2. 安装在稳定的水平实验台上;禁止安装在高温、阳光直接照射处;远离高频、电磁波干扰源、热源及有煤气产生的地方。

3. 应安装在大小适宜、有足够空间便于操作的地方。

4. 要求仪器接地良好,电源电压稳定。

（二）调校

新仪器安装后,或大的维修之后,必须对仪器技术性能进行调校、评价。这对保证检验的质量起着重要作用。

1. 首先应该对尿液化学分析仪进行校正,使用厂商提供标准的校正带对仪器的光路、状态进行校正,只有在校正通过时才能进行试验。

2. 应该对尿液化学分析仪及试带的准确度进行评价。使用一定浓度的标准品,在仪器上严格按说明书操作,每份标准物测定 3 次,看测定结果是否与标准物浓度相符合。

3. 用传统的方法与尿液化学分析仪测定作对比分析,对尿液化学分析仪的敏感性和特异性进行评价。与传统湿化学法对比分析时,应注意两种方法测试原理不同带来的实验误差,如磺基水杨酸法蛋白定性可测白蛋白、球蛋白两种蛋白质成分,而干化学法只能检测白蛋白。

4. 了解仪器对每项检测指标的测试范围,并建立该仪器的正常人的参考区间。

五、尿液化学分析仪的使用方法及注意事项

（一）使用方法

仪器的使用方法因生产厂家不同其具体使用方法也不尽相同,工作人员操作前必须经过严格的培训,仔细阅读仪器使用说明书,了解该仪器的工作原理、操作规程、校正方法及保养要求。现以半自动尿液干化学分析仪为例介绍(图 3-20)。

（二）注意事项

1. 保持仪器的清洁,并保证使用干净的取样杯。

2. 使用新鲜的混合尿液,标本留取后,一般应在 2h 内进行检验。

3. 不同类型的尿液化学分析仪使用不同的尿试带,在试带从冷藏温度变成室温时,不要打开盛装

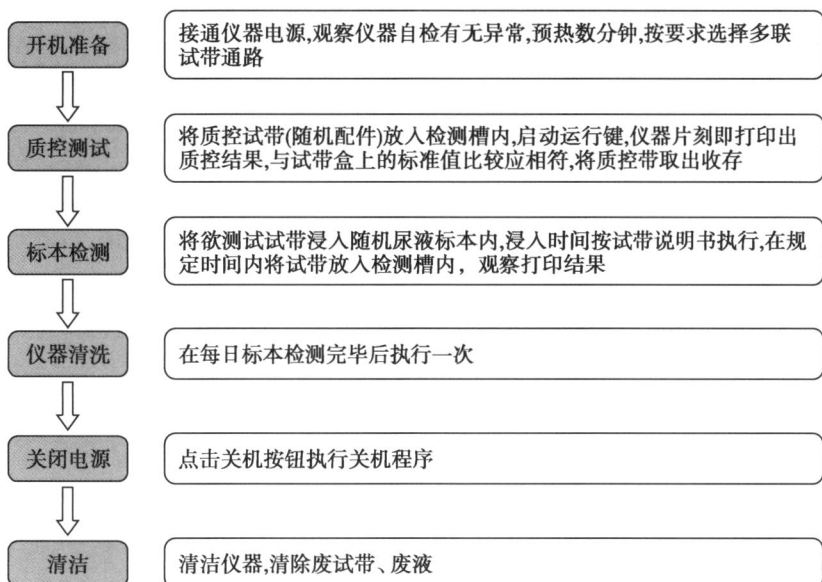

图 3-20　尿液干化学分析仪操作流程图

试带的瓶盖。每次取用后应立即盖上瓶盖,防止试带受潮变质。

4. 试带浸入尿样的时间为 2s,过多的尿液标本应用滤纸吸走,所有试剂块包括空白块在内都要全部浸入尿液中。

5. 仪器使用最佳温度应是室温 20~25℃,尿液标本和试带最好也维持在这个温度范围内。

6. 在报告检测结果时,由于各类尿液化学分析仪设计的结果档次差异较大,不能单独以符号代码结果来解释,要结合半定量值进行分析,以免因定性结果的报告方式不够妥当,给临床解释带来混乱。

7. 试带应贮存在干燥、不透明、有盖的容器中,放置在阴凉干燥的地方保存,禁止放入冰箱或暴露于挥发性烟雾中。

六、尿液化学分析仪的维护与保养

尿液化学分析仪是一种精密的电子光学仪器,必须精心维护,细心保养,仪器应避免阳光长时间的照射及温度过高、湿度过大。不规范地操作仪器,会扰乱仪器的正常工作,引起不良结果。

（一）日常维护

1. 操作前,应仔细阅读尿液化学分析仪说明书及尿试带说明书;每台尿液化学分析仪应建立操作程序,并按其规定进行操作。

2. 要有专人负责并建立专用的仪器登记本,对每天仪器操作的情况、出现的问题以及维护、维修情况逐项登记。

3. 每天检测前,要对仪器进行全面检查(各种装置及废液装置、打印纸情况以及仪器是否需要校正等),确认无误后才能开机。检测完毕,要对仪器进行全面清理、保养。

（二）保养

1. **每日保养**　仪器表面应用清水或中性清洗剂擦拭干净;每日测定完毕,试带托盘应使用无腐蚀性的洗涤剂清洗,也可用清水或中性清洗剂擦拭干净,有些仪器的试带托盘是一次性的,应注意更换;不要使用有机溶剂清洗传送带,清洗时勿使水滴入仪器内;试带托架下方的吸水孔要保持畅通。废物(废水、废试带)装置,每日应清除干净,并用水清洗干净。

2. **每周或每月保养**　各类尿液化学分析仪要根据仪器的具体情况进行每周或每月保养。

七、尿液化学分析仪的主要技术指标及性能参数

尿液化学分析仪主要技术指标及性能参数见表 3-7。

表 3-7　尿液化学分析仪主要技术指标及性能参数

技术指标	性　能　参　数
测定原理	超高亮度 LED 冷光源或 CCD 光源
波长精度	±1nm
测试速度	能连续测试 500 个标本/h
工作方式	单独测试或连续测试
存储功能	能存储 2000 个以上检测结果,有断电数据保护功能
试纸条选择	8、9、10、11 项开放试纸条
联机操作	RS232C 标准数据线输出端口可与电脑联网,进行数据管理
条码扫描仪	标准 RS232C 输出端口可与条码扫描仪连接(选配件)
打印	定性指标、定量数据结果显示、打印,内置热敏打印机,配有外置打印机接口
校准	自动进行
电源电压	110V~250V
电源频率	50Hz~60Hz
功率	35W
工作环境	温度:0~40℃,湿度:30%~85%

八、尿液化学分析仪的常见故障及处理

仪器的故障分为必然性故障和偶然性故障。必然性故障是各种元器件、零部件经长期使用后,性能和结构发生老化,导致仪器无法进行正常的工作;偶然性故障是指各种元器件、结构等因受外界条件的影响,出现突发性质变,使仪器不能进行正常的工作(表 3-8)。

表 3-8　尿液化学分析仪常见故障及处理

故障名称	故 障 处 理	
	故 障 原 因	处 　 理
Power 灯不亮	保险丝断裂	更换保险丝
检测结果无法打印	①热敏打印纸位置不对;②打印机开关没有打开;③打印环境设置为"关"状态	①更换或重新定位热敏打印纸;②打开打印机开关;③设置打印环境为"开"状态
打印字体不清楚	①打印机状态不良;②没使用标准打印纸	①更换打印机;②更换打印纸
只能打印部分结果	打印机热敏传导部分局部受损	报销售商,由维修人员维修检测
结果远离靶值	①试带变质;②项目与定标项目不一样;③试带与定标试带批号不同;④定标试带污染或蒸馏水变质	①更换试带;②确认检测批号与项目的一致性后重新定标;③用质控品检测,重新定标
检测结果不准确	①使用因潮湿或被阳光直接照射而变质的试带;②试带被污染;③试带上残留尿液过多	①更换试带,重新定标;②清除试带托架上污染物;③彻底清洗试带托架;④用软纸吸干多余尿液后测定
试带在测定位卡住	①试带状态不良,如弯曲等;②试带在平台上位置不当	①更换试带;②放好试带后重新测定
校正失败	①试带被污染;②试带弯曲或倒置,试带位置不当;③光纤受损,照明灯受损	①更换试带后重新测定;②确认试带位置后重新测定;③报销售商,由维修人员维修

在仪器本身故障以外,试带各反应模块检测过程中易受到其他各种干扰因素影响,从而导致结果不准确。在检测过程中务必留意(表 3-9)。

表 3-9　尿液化学分析仪检查项目及主要干扰因素

检测项目	灵敏度	干扰因素	
		假阳性	假阴性
酸碱度(pH)	4.5~9.0	标本久置后,细菌繁殖或 CO_2 丢失,pH↑	试带浸尿时间过长,pH↓
蛋白(PRO)	对白蛋白敏感(70~100mg/L),对球蛋白、黏蛋白、本周蛋白敏感性差	pH>8,奎宁、磺胺嘧啶、聚维酮等药物,季铵类消毒剂	pH<3,高浓度青霉素,高盐,球蛋白、本周蛋白等非电解质蛋白
葡萄糖(GLU)	250mg/L	过氧化物、强氧化剂污染	高 VitC、乙酰乙酸,L-多巴代谢物,高比密低 pH 尿
酮体(KET)	乙酰乙酸:50~100mg/L;丙酮:400~700mg/L;与 β-羟丁酸不反应	苯丙酮、L-多巴代谢物	酮体以 β-羟丁酸为主、陈旧尿
隐血(BLD)	Hb 0.3~0.5mg/L;RBC<10/μL	肌红蛋白、易热性触酶、氧化剂和菌尿	VitC、蛋白尿、糖尿
胆红素(BIL)	5mg/L	吩噻嗪类药物	VitC、亚硝酸盐、光照
尿胆原(UBG)	10mg/L	吩噻嗪类药物、胆色素原、胆红素、吲哚	亚硝酸盐、光照、重氮药物
亚硝酸盐(NIT)	0.5~0.6mg/L	陈旧尿、亚硝酸盐或偶氮试剂污染、食物硝酸盐含量丰富	pH<5、尿量过多、食物硝酸盐含量过低、尿在膀胱内停留<4h、非含硝酸盐还原酶细菌感染、VitC、亚硝酸盐
白细胞(LEU/WBC)	25/μL	甲醛、氧化剂、胆红素、呋喃类药	以淋巴或单核细胞为主、蛋白、庆大霉素
比密(SG)	1.010~1.030	电解质性尿蛋白致 SG↑	碱性尿致 SG↓
维生素 C(VitC)	50mg/L	巯基化合物、胱氨酸、内源性酚	碱性尿

九、尿液化学分析仪的临床应用

尿液分析仪是目前各医院检验实验室最常规的检验仪器之一,对于疾病的诊疗起着十分重要的作用。通过尿液检查可以了解泌尿系统的生理功能、病理变化,可间接反映全身多脏器及系统的功能,在临床上主要用于:泌尿系统疾病的诊断与疗效观察:如炎症、结核、结石、肿瘤;协助其他系统疾病的诊断;安全用药监护;产科及妇科疾病的诊断等。

(李亚辉)

第五节　尿沉渣分析仪

尿液有形成分是尿液中以固体有形状态出现的物质总称,又称尿沉渣(urinary sediment)。在尿沉渣检查中能够看到的有形成分为红细胞、白细胞、上皮细胞、管型、巨噬细胞、肿瘤细胞、细菌、精子以及由尿液中沉析出来的各种结晶(包括药物结晶)等,对这些沉渣进行分析的仪器称为尿沉渣分析仪。这些检查对肾和尿路疾患的诊断、鉴别诊断以及疾病的严重程度和预后的判断,都有着重要的意义。随着现代医学科学技术的发展,电子技术及计算机的应用,特别是各类尿沉渣全自动分析仪的相继问世,对尿沉渣检查的自动化提供了可靠的手段。

尿沉渣分析仪大致有两类,一类以流式细胞术为基础,联合多种检测技术进行尿沉渣自动分析的流式细胞式尿沉渣分析仪;另一类是通过尿沉渣直接镜检,再进行显微影像分析,进而得出相应的检测指标与实验结果的影像式尿沉渣自动分析仪。

一、流式细胞式尿沉渣分析仪

（一）流式细胞式尿沉渣分析仪工作原理

以流式细胞术为基础,综合光学及电阻抗信号,通过计算机处理,得出细胞的形态、细胞横截面积、染色片段的长度、细胞容积等信息,并绘出直方图和散射图。通过软件分析每个细胞信号波形的特性来对其进行分类。

（二）流式细胞式尿沉渣分析仪的结构

流式细胞式全自动尿沉渣分析仪包括光学系统、液压系统、电阻抗检测系统和电路系统(图 3-21)。

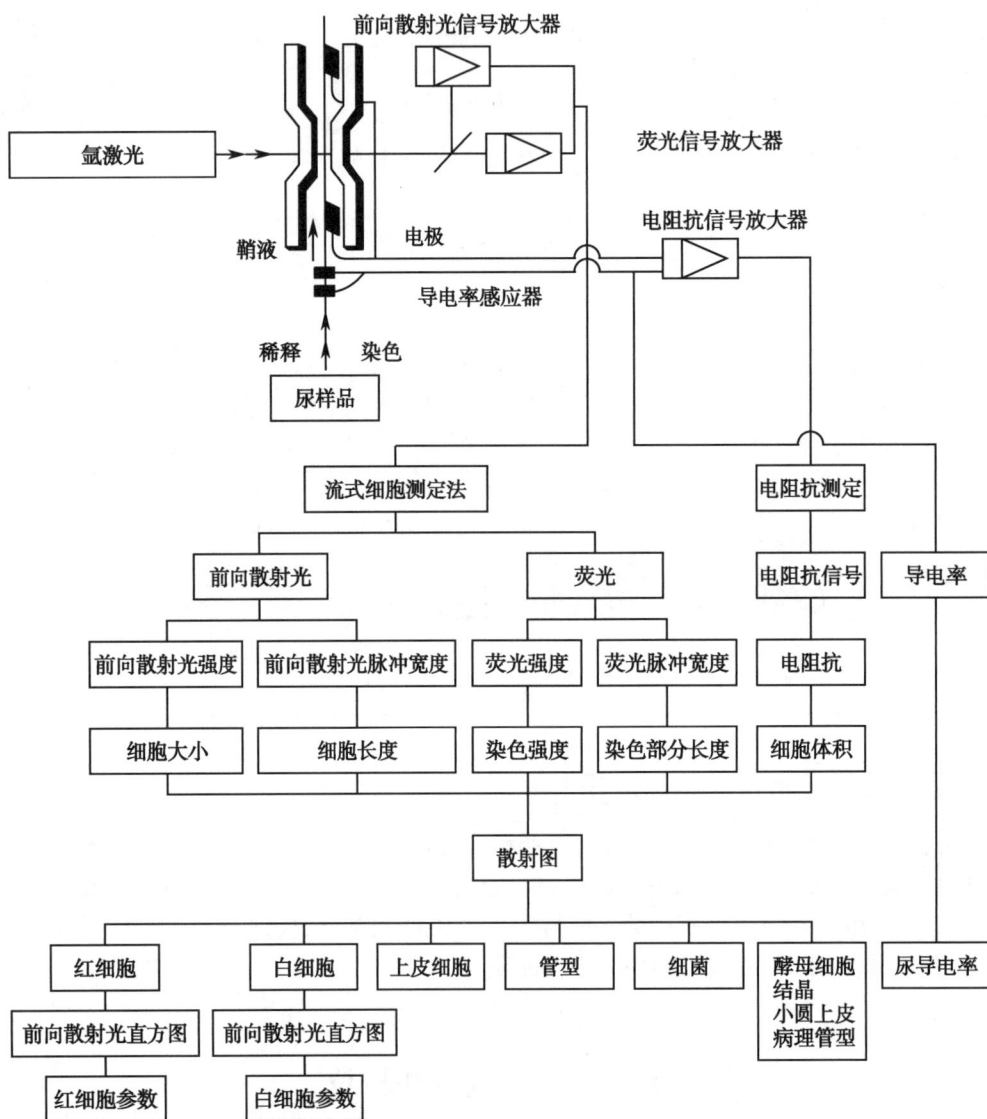

图 3-21　流式细胞式尿沉渣分析仪测定原理流程图

1. 光学系统　光学系统由氩激光(波长 488nm)、激光反射系统、流动池、前向光采集器和前向光检测器组成。

激光作为光源用于流式细胞分析系统,每个细胞被激光光束照射,产生前向散射光和前向荧光的光信号,由双色过滤器区分。在分析尿液标本时,由于细胞的种类不同和分布不均,光的反射和散射主要取决于细胞表面,所以仪器可以从散射光的强度得出测定细胞大小的资料。荧光通过滤光片滤过,将一定波长的荧光输送到光电倍增管,将光信号放大再转变成电信号,输送到计算机系统处理。

流式细胞式全自动尿沉渣分析仪常使用两种荧光染料:一种为菲啶染料,主要染细胞的核酸成分,可被 480nm 光波照射激发,产生 610nm 的橙黄色光波,用于区别有核的细胞和无核的细胞(如白细胞与红细胞、病理管型与透明管型的区别);另一种为羧花氰染料,它穿透能力较强,与细胞质膜(细胞膜、核膜和线粒体)的脂层成分发生结合,可被 460nm 的光波照射激发,产生 505nm 的绿色光波,主要用于区别细胞的大小(如上皮细胞与白细胞的区别)。这些染料具有下列特性:①反应快速;②背景荧光低;③从细胞发生的荧光与染料和细胞的结合程度成比例。

2. 液压(鞘液流动)系统　反应池染色标本随着真空作用吸入到鞘液流动池。为了使尿液细胞进入流动池不凝固成团,而是逐个地通过加压的鞘液输送到流动池,使染色的样品通过流动池的中央。鞘液在压力作用下形成一股液涡流,使尿液细胞排成单个的纵列。这两种液体不相混合,保证尿液细胞永远在鞘液中心通过。鞘液流动机制提高了细胞计数的准确性和重复性,防止错误的脉冲,减少流动池被尿液标本污染的可能。

3. 电阻抗检测系统　电阻抗检测系统包括测定细胞体积的电阻抗系统和测定尿液导电率传导系统。

阻抗系统测定细胞体积的功能原理详见上一节流式细胞仪。测量尿液的导电率的功能是采用电极法。样品进入流动池之前,在样品两侧各有一个传导性感受器,用以接收尿液样品的导电率电信号,并将其放大直接送计算机系统处理。导电率与临床使用的渗透量密切相关。

部分尿液标本可在低温时产生某些结晶,从而影响电阻抗测定的敏感性,使分析结果不准确。为了保证尿液标本导电率测定的准确度,可采用下列措施:①用 URINOPACK 稀释液稀释尿液标本,可除去尿中所含的非晶型磷酸盐结晶;②在染色过程中由仪器将尿液和稀释液混合液加热到 35℃ ,可溶解尿液标本中的尿酸盐结晶,减少在电阻抗测定过程中通过检测器所引起的误差。

4. 电路系统　计算机系统通过软件控制电路系统决定样品检测速度。检测器从样品中得到的电阻抗信号和传导信号被感受器接收后,由电路系统放大,输送给计算机系统处理,得出每种细胞的直方图和散射图,通过计算得出各种细胞数量和细胞形态。

(三)检测项目和相应的参数

流式细胞式尿沉渣分析仪可定量报告红细胞、白细胞、上皮细胞、管型、细菌、电导率,还可以对某些成分进行提示性报告和给出定量结果,如病理管型、小圆上皮细胞、酵母细胞、结晶、精子等。

1. 红细胞　红细胞出现在第一个和第二个散射图的左侧。由于红细胞在尿液中直径大约是 8.0μm,没有细胞核和线粒体,所以荧光强度很弱,红细胞在尿液标本中大小不均,且部分溶解成小红细胞碎片,或者在肾脏疾患时排出的红细胞也大小不等,因此红细胞前向散射光强度差异较大。

仪器除给出尿红细胞数量(每微升的细胞数和每高倍视野的平均红细胞数)参数外,还可报告尿红细胞其他参数,如均一性红细胞的百分比、非均一性红细胞的百分比、非溶血性红细胞的数量和百分比、平均红细胞前向荧光强度、平均红细胞前向散射光强度和红细胞荧光强度分布宽度。

2. 白细胞　白细胞在尿液的分布直径大约为 10μm,比红细胞稍大,前向散射光强度也比红细胞稍大一些,但白细胞含有细胞核而红细胞无细胞核,因此它有高强度的前向荧光,能将白细胞与红细胞区别开来,白细胞出现在散射图的正中央。白细胞也像红细胞那样有很多形状。当白细胞存活时,白细胞会呈现前向散射光强和前向荧光弱;当白细胞受损害或死亡时,会呈现前向散射光弱和前向荧光强。

仪器除可给出白细胞定量(每微升的细胞数和每高倍视野的平均细胞数)参数外,还可测出尿液中白细胞的平均白细胞前向散射光强度。

3. 上皮细胞　上皮细胞体积大,散射光强,且都含有细胞核、线粒体等,荧光强度也比较强。一般来说,大的鳞状上皮细胞和移行上皮细胞分布在第二个散射图的右侧。除可给出上皮细胞数量参数外,还能标出小圆上皮细胞,并在第二个屏幕上显示出每微升小圆上皮细胞数。小圆上皮细胞是指细胞大小与白细胞相似或略大,形态较圆的上皮细胞,它包括肾小管上皮细胞、中层和底层移行上皮细胞。但这些细胞散射光、荧光及电阻的信号变化较大,仪器不能完全区分出哪一类细胞。因此当仪器标出这类细胞的细胞数到达一定浓度时,还需通过离心染色镜检才能得出准确的结果。

4. 管型　管型种类较多,且形态各不相同,仪器不能完全区分开这些管型性质,只能检测出透明管型和标出有病理管型的存在。

透明管型由于管型体积大和无内含物,有极高的前向散射光脉冲宽度和微弱的荧光脉冲宽度,出现在第二个散射图的中下区域。而病理管型(包括细胞管型),由于它们的体积与透明管型相等,但有内含物(如线粒体、细胞核等),所以有极高的前向散射光脉冲宽度和荧光脉冲宽度,出现在第二个散射图的中上区域,借助于荧光脉冲宽度,即可区分出透明管型和病理管型。当仪器标明有病理管型时,由于仪器只能起过筛作用,不能完全判定就是病理管型,只有通过离心镜检,才能确认是哪一类管型,这对疾病的诊断才会有真正的帮助。

5. 细菌　细菌由于体积小并含有 DNA 和 RNA,所以前向散射光强度要比红、白细胞弱,但荧光强度要比红细胞强,又比白细胞弱,因此细菌分布在第一个散射图红细胞和白细胞之间的下方区域。细菌检查的临床意义主要用于对泌尿系统细菌感染的诊断。

6. 其他检测　全自动尿沉渣分析仪除检测上述参数外,还能标记出酵母细胞、精子细胞、结晶,并能够给出定量值。当尿酸盐浓度增多时,部分结晶会对红细胞计数产生影响。因此,当仪器对酵母细胞、精子细胞和结晶有标记时,都应离心镜检,才能真正区分。

7. 导电率的测定　导电率与渗量有密切的关系。导电率代表溶液中溶质的质点电荷,与质点的种类、大小无关;而渗量代表溶液中溶质的质点(渗透活力粒子)数量,与质点的种类、大小及所带的电荷无关,所以导电率与渗量又有差异。如溶液中含有葡萄糖时,由于葡萄糖是无机物,没有电荷,与导电无关,但与渗量有关。

（四）流式细胞式尿沉渣分析仪操作流程

1. **开机前检查**　包括试剂检查、电源稳定性检查及废液处理。

2. **开机**　顺次打开打印机、变压器、激光电源、压缩机、主机,激光稳定后开始检测本底。

3. **质控**　根据实验室操作规程,按说明书要求,执行质控,分析完成后确认符合检测条件。

4. **样品分析**　当仪器准备完毕后,在进样界面输入样品号、试管架编号及试管位置编号并按确定键检测。

5. **结果输出**　分析结束后,结果将显示在主机屏幕上,若设置自动打印功能,将自动从打印机输出结果。

6. **关机**　按说明书要求,将清洗剂放在进样口下,按开始键进行清洗,清洗结束后按顺序关闭主机电源、激光电源、变压器、打印机。

二、影像式尿沉渣自动分析仪

影像式尿沉渣自动分析仪是以影像系统配合计算机技术的尿沉渣自动分析仪。主要由检测系统和电脑控制一体的操作系统组成。工作原理是将混匀的尿液经染色后导入专用尿分析定量板,当尿液中的有形成分通过显微镜视野时,其检测系统的两个快速移动的 CCD 摄像镜头对样本计数池扫描,其镜头的放大倍数一个为 100 倍(低倍视野),另一个为 400 倍(高倍视野),每确定一个焦距,镜头所得影像数据化,并取 6 个平衡数据。计算机对电视图像中的扫描形态与已存在的管型、上皮细胞、红细胞和白细胞的形态资料进行对比、识别和分类,计算出各自的浓度。

（一）影像式尿沉渣自动分析仪操作方法

取随机新鲜尿液标本 10ml 于离心管,使用 1500r/min(相对离心力为 400×g,有效离心半径 15cm)离心 5min,弃去上清液,留取沉渣 0.5ml。加入 50μl 染液染色 5min,然后摇匀。细胞计数板(样品板)可放置 10 个经预处理已离心染色的样品,将计数板插入槽架,自动传入扫描平台,仪器便自动扫描。

自动扫描功能在显微镜观察镜下图像时,检测者只要操作专用控制面板或鼠标,显微镜下的视野可以按照设定的路径精确地移动,低倍和高倍视野也可以通过自动控制物镜的转换来实现。自动显微平台的水平扫描精度可达 1μm。在系统的实际操作中,自动扫描包括以下两个主要步骤:

第一步:低倍 1μl 快速浏览,加样后,系统用低倍镜进行 1μl 自动扫描,检测者只需在系统的屏幕上进行浏览,可以方便地观察管型、上皮细胞等尺寸较大的沉淀物。

第二步:高倍约定路径快速扫描观察,如果需要进一步进行各种细胞的观察,检测者可以选择自动进入高倍约定路径快速扫描观察:这时候系统自动将物镜从低倍转换为高倍,然后根据检测者事先设置的方式进行快速扫描观察。

影像式尿沉渣自动分析仪能观测的有形成分包括:红细胞、白细胞、上皮细胞、管型、酵母菌、细菌和结晶等。其自动化的检测能避免人工显微镜检查由于个体差异所产生的误差,且直观、快速。经染色后,屏幕显示的沉渣成分形态清晰,贮存的图像便于核查,也可方便教学。

（二）注意事项

1. 仪器需放在清洁、无强电场干扰的工作场所,检查工作台及周围环境以保证仪器的运行和操作不受妨碍。

2. 仪器应避免放在阳光直射以及潮湿的地方。

3. 220V 交流电源系统必须有可靠的接地措施,电压允许波动范围±10%。

4. 设备运行时禁止搬动仪器,以免结构部件损伤。

5. 在使用操作仪器时,禁止更改仪器配置和添加无关软件,以免影响程序运行。

6. 当采图不清时应重设初始坐标。

7. 工作过程中要插入急诊时,应转入图像窗口操作。

8. 若遇到系统出错自动退出时,重进系统要反复进入两次,使平台初始化后焦距准确。

三、尿沉渣分析工作站

尿沉渣分析工作站的结构包括标本处理系统、双通道光学计数池、显微摄像系统、计算机及打印输出系统、尿干化学分析仪等。

（一）尿沉渣分析工作站工作原理

尿标本经离心沉淀浓缩、染色后,由微电脑控制,利用动力管道产生吸引力的原理,蠕动泵自动把已染色的尿沉渣吸入,并悬浮在一个透明、清晰、带有标准刻度的光学流动计数池,通过显微镜摄像装置,操作者可在显示器屏幕上获得清晰的彩色尿沉渣图像,按规定范围内识别、计数。通过电脑计算出每微升尿沉渣中有形成分的数量。尿沉渣定量分析工作站进行尿液分析,使用光学流动计数池,体积准确恒定,视野清晰,人工识别容易。由于是密闭的管道,标本不污染工作环境,安全性好。该法仍需人工离心沉淀,但有利于尿沉渣定量分析标准化和规范化。近几年国内又推出了尿液标本前处理+尿干化学自动分析+尿沉渣自动分析的尿液分析流水线,实现了尿液分析的自动化,同时利用计算机技术实现了部分尿有形成分的智能识别,目前国内已推广应用。

（二）尿沉渣分析工作站仪器结构与功能

1. **标本处理系统**　内置定量染色装置,在计算机指令下自动提取样本,完成二次定量、染色、混匀、冲池、稀释、清洗等主要工作步骤。

2. **双通道光学计数池**　计数池由高性能光学玻璃经特殊工艺制造,池内腔高度为 0.1mm,池底部刻有标准计数格。

3. **显微摄像系统**　标准配置:光学显微镜加专业摄像头接口加摄像头,用途是将采集的沉渣图像的光学信号,转换为电子信号输入计算机进行图像处理。

4. **计算机及打印输出系统**　软件对主机及摄像系统进行控制,并编辑出检测报告模式。系统软件包括主机控制软件、尿沉渣图像采集处理软件、病例图文数据库管理软件、尿液综合检验图文报告软件、干化学分析数据通信接口软件、医院局域网图文数据传输处理软件等。

5. **尿干化学分析仪**　尿液分析仪对尿样进行干化学分析,尿干化学分析的结果传送到计算机中,再对离心后的尿沉渣用显微镜进行检查,显微镜的图像传送到计算机中,在屏幕上显示出来。只要识别出尿沉渣成分,输入相应的数目,标准单位下的结果就会自动换算出来。

（三）尿沉渣分析工作站仪器特点

1. **定量准确**　微升级定量结构,实现准确定量,具有极高的重复性。

2. **全程自动**　自动采集、进样、染色、稀释和排液、数据采集等,系统自动化染色、自动计数、定量染色,克服不染色尿沉渣镜检误认、漏检的缺点,提高检出率。

3. **快捷高效**　交替使用的双通道计数池省却了清洗被污染计数池所占用的检测时间。

4. **消耗低**　包括定量管、染色液、清洗液、打印纸、油墨全部内置,每人份消耗成本低。

5. **安全洁净**　全过程液体均在封闭管路中,不污染操作人员,智能控制功能强大,提供友好界面和操作信息,实现人机对话。

6. **功能齐全**　选择待测样品、自动清洗,稀释、强制清洗、自动关闭电源。

7. **方式灵活**　实现任选式自动控制操作:不染色、染色、不清洗、清洗、强制清洗,检验顺序灵活控制。

8. **使用方便**　只需将试管放入试管架上,仪器即可完成全部工作。

9. **宜于观察**　采用精制、专用的尿分析定量板,光学性能好,可长期使用。

四、尿沉渣自动分析仪的安装及使用

1. **安装**　全自动尿沉渣分析仪是一种较精密的电子仪器,应由仪器制造公司的技术人员进行安装。①仪器必须安装在通风好,远离电磁干扰源、热源,防止阳光直接照射、防潮的稳定水平实验台上;②仪器两侧至少应有 0.5m 空间,后面最少应有 0.2m 空间;③要求室内温度为 15~30℃,最适温度为 25℃,相对湿度应为 30%~85%,使用空调设备保证温度、湿度恒定。

2. **调试**　使用安装新仪器时或每次仪器大维修之后,必须对仪器技术性能进行调试,其鉴定必须由仪器制造公司的工程师进行,这对保证检验质量起着重要的作用。

3. **自检**　应严格按说明书进行操作。每天在开机之前,操作者要对仪器的试剂、打印机、配件、取样器和废液装置等状态进行全面检查,确认无误后方可开机。开机时仪器先进行自检,自检通过后,仪器再进行自动冲洗并检查本底。本底检测通过后,还要进行仪器质控检查。自检通过后,方可进行样品检测。

4. **检测**　①按操作要求,对待检样本进行前处理;②按系统程序输入样本号,确定后进行尿沉渣分析,实时显示显微视野尿沉渣图像;③根据自动分析及实时图像检查结果,在相应项目下输入数据;④完成后保存数据及尿沉渣图像,输出结果至打印机。

5. **注意事项**　标本出现下列情况时禁止上机检测:①尿液标本中血细胞数>2000/μl 时,会影响下一个标本的测定结果;②尿液标本使用了有颜色的防腐剂或荧光素,可降低分析结果的可靠性;③尿液标本中有较大颗粒的污染物,可能引起仪器阻塞。

五、尿沉渣分析仪的保养维护

(一)仪器的每日保养

全自动尿沉渣分析仪的许多功能都是自动设置的,只需按照操作程序执行即可。每天工作完毕,应作如下养护:

1. 应用清水或中性清洗剂擦拭干净仪器表面。

2. 倒净废液并用水清洗干净废液装置。

3. 关机前或连续使用时,每 24h 应用清洗剂清洗仪器(清洗剂为 5%过滤次氯酸钠溶液,是一种强碱性溶液,使用时必须小心)。

4. 应检查仪器真空泵中蓄水池内的液体水平,如果有液体存在,应排空。

(二)仪器的每月保养

仪器在每月工作之后或在连续进行 9000 次测试循环之后,应清洗标本转动阀、漂洗池,由于其存在生物危害可能性,在清洗过程中须戴手套,可由仪器制造公司专业人员进行清洗。

(三)仪器的每年保养

根据仪器生产厂商的要求,每年要对仪器的激光设备、光学系统进行检查,以保证仪器的准确性。

六、尿沉渣分析仪的常见故障及处理

尿沉渣分析仪的常见故障及处理见表 3-10。

表 3-10　尿沉渣分析仪的常见故障及处理

故障名称	故 障 处 理	
	故障原因	处理方法
质控时细菌和总数结果偏高	管道等试剂流经的部分有碎屑或气泡	清洗至结果到正常范围
开机后提示温度错误	温度超出仪器所需的温度范围	①使环境保持一定的温度(25℃),一定的湿度(65%);②开机 30min 后,还未稳定到仪器所需的温度范围则找工程师维修
鞘液温度错误	开机鞘液温度高	让代理商调整电路板
压力和负压错误	仪器压力超出所要求的范围	按[more]键,再按[Status]键,显示压力、负压读数。如其读数偏低,松开主机左侧负压调节的螺帽,顺时针慢慢转动调节器直到负压达到所要求的范围,反之,向逆时针调节。调节好后,拧紧锁定螺帽
管架操作错误	①样本架放置不正确;②试管架送入感应器受污染;③试管架送入槽内有异物或移动轴移动不顺畅	①重新放架子,重新检测标本;②用无水酒精清洗试管架送入感应器;③用软刷清除移动轴上灰尘,再用机油润滑移动轴
激光错误	电压低或高于仪器要求范围、部件损坏、激光振幅不正常	①打开激光电源、安装稳压装置;②部件损坏找代理商解决
分析错误	噪声灵敏度异常,在灵敏度感应器中有气泡、灵敏度感应器线未被连接	按[more]、再按[A.Rinse]键,检查灵敏度感应器线是否已连接上
空白错误	试剂管道中有空气泡、试剂被污染或失效	按[more]、再按[A.Rinse]键以便排除试剂管道中有空气泡,按[Rep.Reag]更换试剂
进样错误	标本混浊、标本留置时间过长,结晶析出	重做或重新留标本
HC 通信错误	电脑开关被切断、电脑未连接或连接不当	先检查电脑电源和系统状态、检查主机与电脑之间的连线有无差错;在主菜单中按[Stored],按"∧、∨"挑选所需的编号,按[Mark]进入标记界面、再按[output]、[Marked]进入输出界面,最后按[HC],传递完毕,返回主菜单
RBC、WBC、EC、CAST、BACT 显示"??"	①结果异常;②进样阀堵塞;③流动池污染	①重新检测标本或重留标本;②新生儿标本电导率过低,UF 往往不能提供正常测定状态的结果;③清除堵塞物,用 Cellclean 泡进样阀;④清洗流动池;按[More],按[Maint]键,选[Clean Flow Cell]完成清洗

七、尿沉渣分析仪的临床应用

随着医学技术、计算机技术和自动化技术的高速发展,尿沉渣检查已经由传统的显微镜检查向自动尿沉渣分析方向发展,综合能力更强的尿沉渣分析工作站和尿液分析流水线也已经投入临床应用,为临床常见的泌尿系统的炎症、肿瘤、结石等疾病的诊断、治疗及预后判定提供了大量有价值的信息。

随着计算机信息管理技术在临床实验室信息管理系统中的应用,实验室将尿液有形成分检查的结果、尿干化学分析仪检查的结果等信息综合起来,方便数据查询,同时与医院的信息管理系统连接,实现了资源共享,更有利于临床疾病的诊断和治疗。

知识链接

尿沉渣分析仪发展简史

1988年,美国研制生产了世界上第一台高速摄影机式的尿沉渣自动分析仪,这种仪器是将标本的粒子影像展示在计算机的屏幕上,由检验人员加以鉴别。1990年,日本与美国合作,生产出改进后影像流式细胞术的尿沉渣自动分析仪(UA-1000型、UA-2000型),主要由连续高速流动位点摄影系统组成。但由于此类尿沉渣自动分析仪对图像粒子测绘不十分满意,处理能力低、重复性差、管型分辨不清、价格较昂贵等原因而未能普及。

1995年,日本将流式细胞术和电阻抗技术结合,研制生产出新一代流式细胞式全自动尿沉渣分析仪(UF-100型)。该仪器具有快速、操作方便、可同时给出尿有形成分的定量结果和有形成分的分布直方图和散点图。1996年,德国生产出SEDTRON以影像系统配合计算机技术的尿沉渣自动分析仪。2000年,美国生产出DiaSys R/S Corporation尿液分析系统工作站。2000年前后,我国国产尿沉渣分析仪也得到了快速发展。目前尿沉渣分析仪大致有两类,一类是尿沉渣影像式自动分析;另一类是流式细胞术分析。

(李亚辉)

第六节 全自动粪便分析仪

粪便检验是临床检验的常规项目,包括一般外观性状检查、形态学检查、化学及免疫学检查等。粪便检查在研究人类疾病,特别是消化系统疾病,如消化道炎症、出血、寄生虫感染、恶性肿瘤以及消化道传染病的诊断、疗效观察、健康筛查、流行病学调查等具有重要诊断价值。

全自动粪便分析仪(automated feces formed elements analyzer)是模拟传统的人工检验操作方法,由设备自动完成进样、采样、制片,通过光学技术、数码摄像技术、图像处理和自动识别技术等,一站式完成粪便的理学检查、化学检查及有形成分检查,并形成图文报告,其工作流程见图3-22。

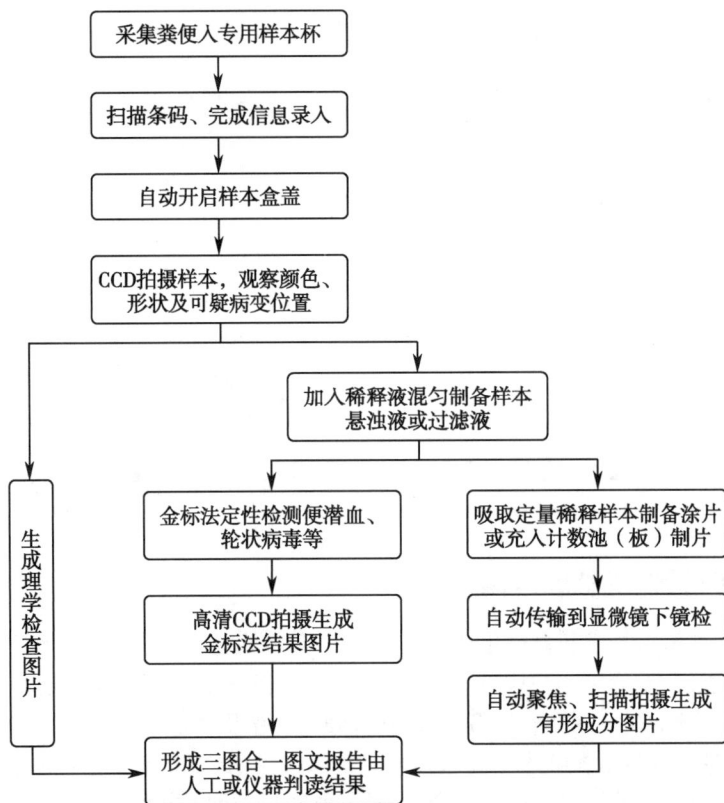

全自动粪便分析仪检测流程(视频)

图3-22 全自动粪便分析仪基本工作流程

粪便自动化分析仪的发展

　　20世纪80年代末期,日本公司推出了自动便潜血测定仪;1998年美国 Diasys Corpotation 公司推出了 DiaSys FE-2 粪便分析工作站,主要用于粪便中肠道寄生虫的筛查。2009—2010年国内企业相继推出了自动粪便分析前处理系统及半自动粪便分析仪;2013年又推出了集合标本处理、形态学镜检、免疫学检测的多功能粪便分析工作站;2014年后,国内多个企业推出了全自动粪便分析仪,部分企业开始研究粪便形态学自动识别功能并得到应用。

一、全自动粪便分析仪的工作原理

　　目前,国内使用的粪便自动化分析仪器,从检测原理上大致分为两种,一种为仿手工加样粪便分析工作站,另一种为过滤悬浮式粪便分析工作站。仿手工加样粪便分析工作站顾名思义就是用机械臂代替手工,类似于生化分析仪,检测过程与手工镜检相同;过滤悬浮式粪便分析工作站是先对标本自动定量稀释,然后混匀,过滤,灌注计数池镜检。

　　由于各生产企业的研发能力及对于一些关键性技术(如聚焦、识别等)掌握程度不同,因此,市场各类自动粪便分析仪的自动化程度、检测效果(检出率、准确度)、设备稳定性等方面也各不相同。主要包括样本处理、显微镜成像、免疫化学检测等技术。

　　1. 样本处理技术　样本处理的目的,是将固态粪便标本处理成液态,满足后续的检测需要。一般包含加稀释液、混匀标本、过滤分离等步骤(个别仪器采用不过滤技术)。目前市场上的粪便分析仪所采用的标本处理技术各不相同,可分为全过滤分离法、搅拌混匀测滤法、仪器直接涂片法、穿刺抽滤法等;穿刺抽滤法又分为顶部穿刺抽滤法、底部抽滤法、中心抽滤法等。

　　2. 显微镜成像技术　通过观察粪便中的颗粒形态图像,找出并鉴别有临床意义的成分。模拟粪便检查的人工操作,将自动稀释后的样本采用玻片法、流动计数池法、一次性计数池法进行制片,然后采用带有图像传输系统的自动显微镜进行镜检。再通过高清数码摄像机自动取图,获得有关粪便样本颜色、性状及可疑病变位置的理学图片、便潜血试验等化学成分检查结果的图片以及有形成分的镜检图片,保存在图片库中,供人工判读或计算机系统与数据库比对自动判读。

　　3. 免疫化学检测技术　粪便的免疫化学检测主要指便潜血的半定量或定量检测,也可根据临床需要进行幽门螺杆菌、轮状病毒等病原微生物以及转铁蛋白等的定性检测。采用的主要原理是抗原抗体反应及胶体金免疫标记技术,大部分开发成一步法胶体金快速检测试纸条(简称金标法)。胶体金试纸条由样本垫、胶体金结合垫、层析膜(如硝酸纤维素膜)及吸水材料组成,通过 PVC 胶板固定制成卡盒或条带结构。

　　潜血试验时,先将粪便样本适当稀释,将稀释样本滴加在样本垫处,或将试纸条插入稀释样本中,利用了硝酸纤维素膜的毛细管作用,液体慢慢向层析膜渗移。到达胶体金结合垫时,如果样本中含有血红蛋白,会与胶体金试剂中的相应抗体结合,形成抗原抗体复合物,利用胶体金的呈色反应,在检测线 T 线处显色,说明潜血试验为阳性;如果样本中不含血红蛋白,检测线 T 线处不显色,试验为阴性。为保证测试结果的准确性,胶体金试剂条还设置了质控线 C 线,即无论样本结果阴性还是阳性,质控线均需显色,若质控线不显色,说明结果无效。粪便胶体金法潜血纸条及结果示意图,如图3-23所示。

二、全自动粪便分析仪的基本结构

　　全自动粪便分析仪由仪器主机部分以及与仪器配套使用的附件组成,仪器主机一般由自动送样、样本前处理、化学及免疫学检测、显微摄像及数据分析处理器等部分构成。仪器配套使用的附件主要由一次性计数板或玻片板、粪便标本采集处理杯(采样杯)等。现有的全自动粪便分析仪多采用的是平行的多通道直行结构或盘式结构。

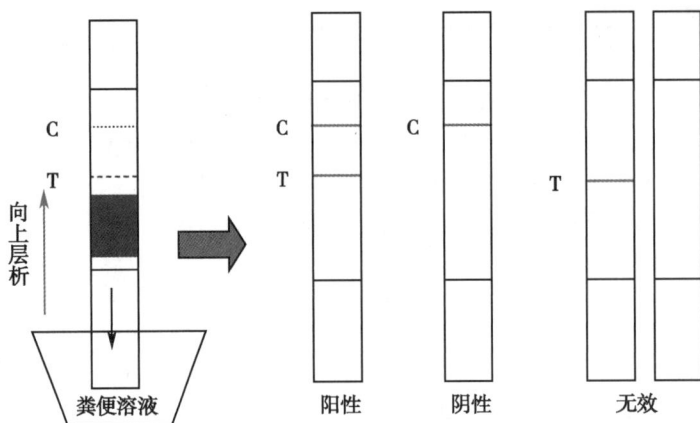

图 3-23 粪便胶体金法潜血试剂条及结果示意图

（一）多通道直行结构粪便分析仪

多通道直行结构粪便分析仪主要包括自动送样模块，计数板分送模块，样本自动稀释、搅拌、过滤模块，自动吸样、自动清洗模块，粪便化学及免疫学检测控制模块，显微摄像模块，数据分析处理器等。

1. 自动送样模块 自动送样模块位于仪器前端，仪器开始检测时，自动送样模块将样本架上的粪便采样杯自动送至吸样位置，取样针对采样杯进行穿刺并注入一定量的稀释液，通过取样针与粪便采样杯的配合，对样本进行充分混匀并过滤回收，待成分沉淀后，取样针吸取一定量的样本液进行点样。待整个样本架上的样本管依次检测完后再将样本架推到已检区。自动送样模块待检区可一次放置 4 个样本架，每个样本架上可安放 10 个粪便标本采集处理杯。

2. 计数板分送模块 将计数板储存盒中的计数板分发并送到加样位置，待取样部件加完样后，再将其送到自动显微摄像模块的载物台上，待自动显微摄像模块进行采图，采图完毕后再将其推入计数板废料盒中。采用一次性计数板，解决携带污染以及因堵管堵计数池带来的设备故障风险。

3. 样本自动稀释、搅拌、过滤模块 对粪便采样杯进行穿刺并加注稀释液，然后进行搅拌、充分混匀，并自动过滤。由于临床粪便样本性状不一，有硬便、软便、稀便、水样便等，有些仪器可实现智能搅拌，即根据临床样本性状不同，自动调整搅拌的速度和时间，既能确保搅拌均匀，使病理成分能得以充分释放，达到提高检出率的目的，又能避免过度搅拌影响显微镜镜检。

4. 自动吸样、自动清洗模块 待样本稀释、搅拌、并过滤后，仪器自动吸取一定量的样本对计数板或者检测卡进行滴注加样，之后再对管路进行自动清洗。

5. 粪便化学及免疫学检测控制模块 该模块用来控制隐血、病毒学、细菌学等胶体金法干化学项目检测卡的分发及运送。根据检测的需要，将检测卡分发送至点样位置，待加样并反应完成后，送到相应的 CCD 摄像机下进行图像采集并传输。

6. 显微摄像模块 该模块主要包括显微镜控制处理器单元、显微镜、CCD 摄像机、电机。显微镜控制处理单元是显微镜系统的控制处理中心，可控制安装在显微镜上的电机及其传动机构，实现显微镜的载物台调节、焦距调节以及高低倍物镜切换等动作。显微镜对计数板中的有形成分进行显微放大，CCD 摄像机对分布在视域内的成分摄取多幅图像，然后发送给分析处理器进行分析处理。

7. 数据分析处理器 数据分析处理器是提供用户界面、完成有形成分图像识别、分类计数并输出统计分析报告的计算机系统。数据分析处理器的功能见图 3-24。

（二）盘式结构粪便自动分析仪

盘式自动粪便分析仪包括检测盘及驱动检测盘旋转的驱动结构，其特征在于检测盘上间隔分布有长、短检测槽，在两者中间放置有检测卡。多功能样本盘一次可放入 16 个样本瓶，位于其中央的检测盘可放 16 个胶体金试纸条，配备的稀释盘有 16 个稀释池。

盘式全自动粪便分析仪由样本前处理、制片、镜检、耗材处理和计算机系统构成。

1. 样本前处理区 主要包括样本瓶、样本盘、进样器、玻片板、条码扫描仪等。首先通过条码扫描

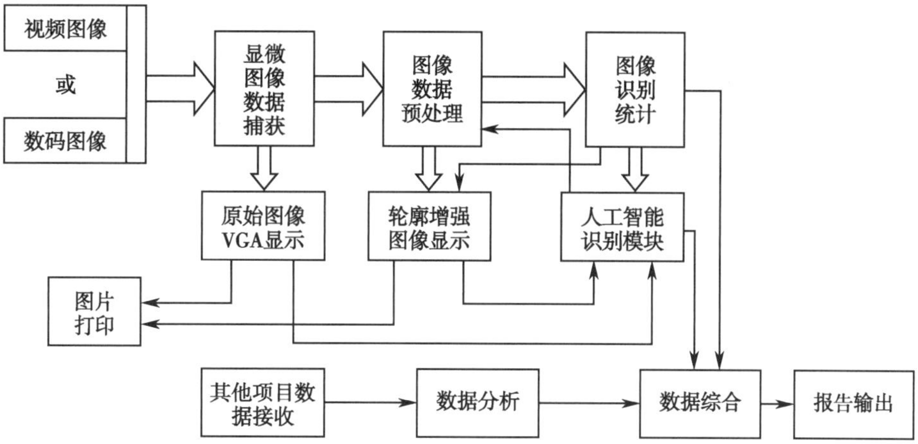

图 3-24 全自动粪便分析仪数据分析处理器功能框图

器对送检样本瓶的条码逐个扫描,经内部网络平台获取待检样本的信息(如患者姓名、性别、住院号等)并储存至数据库,将扫描后的样本瓶按顺序放入样本盘上的样本瓶固定孔内,再将稀释盘、带潜血试纸条的潜血卡盘依次放入样本盘上。然后由载样模块、载样滑道、三维机械臂和机械手等传送装置,将样本盘送至制片区的工作主盘。

2. **制片区** 制片单元主要包括三维机械臂(机械手)、工作主盘、样本盘和玻片。在制片区,可以完成四项操作,一是对样本瓶内的样本进行拍照获取颜色、性状等理学指标;二是从样本瓶取样,在稀释池将样本定量稀释制成悬浊液;三是取悬浊液由机械手在玻片上模拟人工涂片,制备供镜检用的成片;四是完成潜血、轮状病毒等胶体金法的检测,并通过拍照获取检测结果的图片。

3. **镜检区** 镜检单元主要包括显微镜、高倍 CCD 镜头和电动载物台等。制备好的样本涂片由三维机械臂传送至镜检区,经电动载物台传送至显微镜下,由高清 CCD 镜头拍摄图片,完成样本的镜检。实现对样本的有形成分(如红细胞、白细胞、虫卵等)检测和数据存储、图片拍照及显示。

4. **耗材处理区** 完成加载玻片板、添加稀释剂和清洗剂等功能,并回收使用过的玻片板和废弃液等。镜检完成后的玻片板、废弃液自动回收到耗材回收仓,样本瓶、稀释盘、潜血卡盘随样本盘一起经传送机构传送到仪器外部,经人工丢弃到耗材回收仓。

5. **计算机系统** 是仪器的控制中心,能实现对仪器的控制和通讯,并可以分析数据、处理图像、建立档案等。

盘式全自动粪便分析仪基本工作流程见图 3-25。

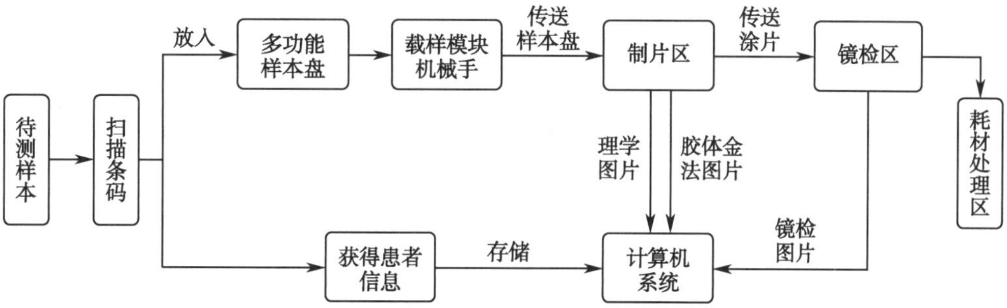

图 3-25 盘式全自动粪便分析仪基本工作流程

三、全自动粪便分析仪的使用方法

目前国内使用的全自动粪便分析仪大多为国产品牌,全自动粪便分析仪的操作方法基本一致。首先,使用粪便采样杯按要求采集样品,再将采样杯置于专用试管架(或样本盘)上,然后将试管架(或样本盘)放入自动送样装置待检区,启动检测程序,仪器进行自动检测。送样装置将样品送入指定取样位置,扫描仪扫描粪便采集处理杯上的条码;性状 CCD 相机进行性状采图,通过图像处理自动检查粪便常规中的颜色、性状等物理指标。通过取样针往采样杯中注入一定量的稀释液,使用搅拌装置对粪便采集处理杯内的样本进行搅拌、混匀,过滤掉大的杂质,"富集"病理成分。由取样针吸取一定量的样本,根据程序设定的检测项目,分别将样本滴注在计数板和检测卡上。滴注了样本的计数板,经过一段时间沉淀,将其送至显微摄像装置,进行扫描获取图像,针对每幅图片启动自动识别软件对其中的有形成分进行识别分类和计数;滴注了样本的检测卡经过一段时间的反应后,将其送至检测卡CCD采图位置,拍摄反应后的检测卡的图像,通过图像处理识别软件判断免疫化学检测项的结果,最后综合有形成分、化学检测项、性状的结果和形态图像形成一份完整的粪便检测报告。全自动粪便分析仪操作流程见图3-26。

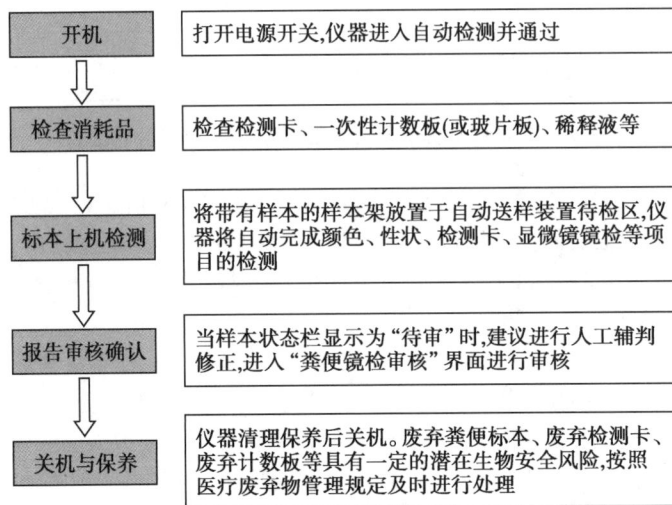

图3-26　全自动粪便分析仪操作流程

粪便自动分析仪的技术特点是,模拟手工操作流程,通过生成的图像对样本进行定性和定量分析。由于全部检测在密闭的系统中自动完成,改变了手工操作与粪便样本近距离接触的方式,有效避免了交叉感染,从而提高了工作效率和生物安全等级。

四、全自动粪便分析仪的维护和保养

全自动粪便分析仪的正常运行,测定结果的准确性和仪器的使用寿命不仅取决于操作人员对仪器的熟悉程度、使用水平,还应注意仪器的日常维护和保养。

1. **每日维护保养**　见表3-11。

表3-11　全自动粪便分析仪每日维护保养

项　　目	操 作 方 法
清洁仪器表面	切断仪器电源,用柔软的纱布蘸取按1∶10稀释的清洁剂擦拭仪器表面;保持仪器表面清洁
清洁废卡、计数池盒	取出废物盒,倒掉里面的废检测卡、废计数池;用软布或毛刷在清水中清洗废盒,洗净后擦干或晾干再插回到仪器内
清洁试管架	按1∶10稀释清洁剂擦拭试管架(尤其是底部),再用蒸馏水清洁并抹干
清洁自动送样装置	检查移样推爪的灵活性,并用棉签蘸取消毒液或清洁剂擦拭移样推爪,清除上面的沉积物,保证推爪的灵活性,使用蒸馏水再次擦拭
废液清理	每日对仪器废液进行清理,由医院综合污水系统集中处理

2. **每周维护保养**　清洁条形码阅读器、清洁自动送样传感器、清洁取样针。
3. **每月维护保养**　清洁机箱防尘网、废液管维护、图像背景校准。
4. **每季度维护保养**　包括检测卡部件、分计数池部件、校准泵、直线臂的维护。

5. **不定期维护保养** 泵管更换、灯泡更换、更换检测卡等。

五、全自动粪便分析仪的故障处理

全自动粪便分析仪在使用过程中会遇到一些故障,应查阅仪器说明书中的故障处理说明,及时予以处理。如自行处理后仍无法解决时,请及时联系厂家工程师维修。常见故障的原因及处理方法见表 3-12。

表 3-12 全自动粪便分析仪常见故障处理

故障现象	原 因	解 决 方 法
仪器报"无清洗液"	清洗液(稀释液)已用完	查看清洗液(稀释液)是否已用完,如果有,则点击"重试"按钮;如用完,则更换清洗液(稀释液)
仪器报"无计数池"	计数池盒安装不到位或者没有计数池	查看计数池盒中是否有计数池,如果有,则确认计数池盒是否安装到位,然后点击"重试"按钮;如果无计数池,则更换新计数池
仪器报"废计数池盒满"	废计数池盒已满	查看废料盒,如果废计数池已满,则及时处理掉,并点击"确认"按钮
仪器报"分计数池电机堵转"	计数池被卡	查看当前分计数池的计数池盒通道是否有计数池被卡,拿掉被卡计数池,再点击"重试"按钮
仪器报"取完样升降电机堵转"	粪便样本采集杯的盖子未盖好;取样针与粪便样本采集杯的中心孔未对准	检查粪便样本采集杯的盖子,重新盖好,点"忽略"按钮将取样针与粪便样本采集杯的中心孔对准;点"忽略"按钮
仪器报"废卡盒卡满"	废卡盒卡已满	查看废料盒中废检测卡,如果已满,则及时处理掉,并点击"确认"按钮
仪器报"已检区试管架满"	已检区试管架已满	移除已检区试管架;如果故障仍然存在,联系工程师

六、全自动粪便分析仪的临床应用

目前,粪便检验对于人体肠道炎症、出血;寄生虫感染,恶性肿瘤,肠道菌群失调的检测有着重要的临床意义。全自动粪便分析仪的检验项目应包含理学(颜色、性状)检查,化学及免疫学检测卡检查(如:血红蛋白、转铁蛋白、轮状病毒、腺病毒、幽门螺杆菌、钙卫蛋白等),显微镜镜检(如:红细胞、白细胞、真菌、结晶、脂肪球、淀粉颗粒、寄生虫及虫卵等)。

全自动粪便分析仪的应用,有助于提高粪便检查的标准化,减轻操作者劳动强度;一次性计数板的使用避免了交叉污染,保证了生物安全;智能搅拌、动态粪便处理杯、大视域扫描、智能视域调节技术及多层面自动聚焦技术的应用,大大提高了标本的阳性检出率。对人体消化系统疾病的筛查和诊断有着重要价值。随着粪便标本的前处理技术的不断进步以及分子诊断技术和色谱、质谱、测序等分析技术的发展,将会进一步提高粪便检测实验室诊断水平,为消化道及相通器官疾病的研究和实验诊断提供先进和准确的科学手段和结果。

(华文浩)

第七节 精子分析仪

精液分析是判断和评估男性生育能力最基本和最重要的检验方法。精子的密度、活动力、活动率和存活率的综合分析是了解和评估男性生育能力的依据。计算机辅助精子分析(computer-aided sperm analysis,CASA)是计算机技术和图像处理技术结合发展起来的一项精子分析技术,通过显微镜下摄像和计算机快速分析多个视野内精子的运行轨迹,客观记录了精子的各项参数。目前,国内大部分医院采用 CASA 进行精子常规分析,提高了精子检查结果的准确性。精子分析仪又称精子质量分析仪或精子动(静)态图像检测系统。

一、精子分析仪的工作原理

精子分析仪采用高分辨率的摄影技术与显微镜结合,精液标本液化后吸入计数池,通过显微镜放大,用图像采集系统获取精子动、静态图像后输入计算机。根据设定的精子大小和灰度、精子运动移位及运动参数,对采集图像进行精子密度、活动力、活动率、运动特征等几十项检验项目动态分析,由计算机处理后,打印出"精子分析检查报告以及精子动态特征分布图"。一次能对 1000 个精子进行动态检测分析,2~3min 可完成检测(图 3-27)。

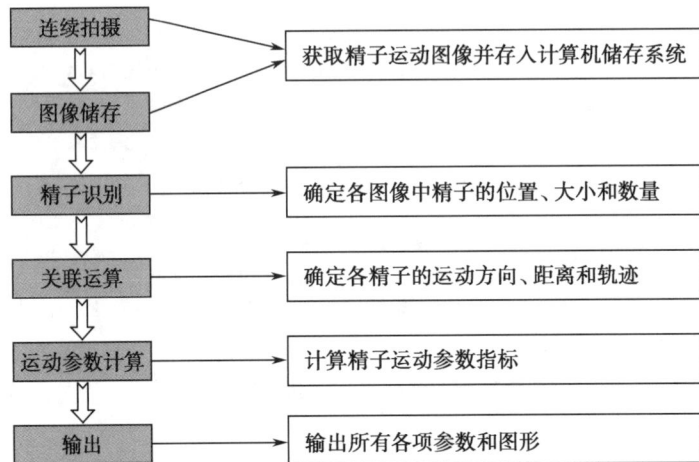

图 3-27 计算机辅助精子分析仪分析流程

二、精子分析仪的基本结构

计算机辅助精子分析仪由硬件系统和软件系统组成。

1. 硬件系统 主要由显微摄像系统、图像采集系统、恒温系统、计算机处理系统等四大系统构成。此外,仪器一般配有专用样品盒,以确保单层取样。

(1) 显微摄像系统:由显微镜及 CCD 组成。可以将标本信号通过显微放大由 CCD 传输到计算机。

(2) 图像采集系统:由图像卡构成,其功能是对 CCD 信号进行抓拍、识别、预处理后,将信号输送到计算机。

(3) 恒温系统:由加温和保温设备组成。

(4) 计算机系统:对图像信号进行全面系统的加工处理,对获得的数据进行输出和存储。

2. 软件系统 采用专用的精子质量分析软件,利用现代化的计算机识别技术和图像处理技术,对精子的动静态特征进行全面的量化分析,对精子的密度、活力、活率、运动轨迹等特征进行定量的检测分析(图 3-28)。

三、精子分析仪的使用及注意事项

(一) 使用方法

仪器的使用方法因型号、厂家差异不尽相同,操作人员上岗前必须经过严格培训,了解工作原理、操作规程、校正方法等,使用前必须仔细阅读说明书。操作步骤如下:

1. 开机 接通电源,打开计算机辅助精子

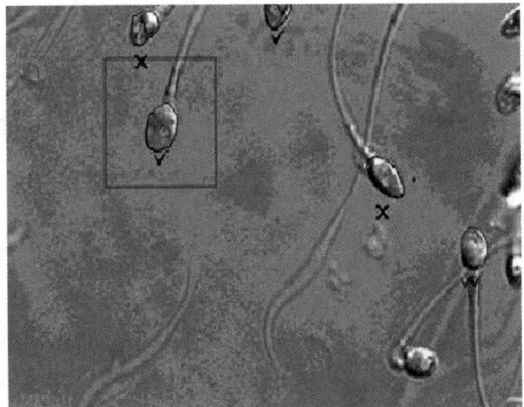

图 3-28 精子分析仪截图

精子分析仪图(图片)

分析系统。

2. **输入信息**　输入患者信息及精液理学检查结果。

3. **加样**　取液化的精液1滴,滴入精子计数板的计数池中,置显微镜操作平台上,调节好显微镜焦距,显示器上即可显示待测标本的精子运动图像。

4. **分析**　点击进入系统自动分析状态,图像显示区出现精子分割图像并进行分析。

5. **输出报告**　分析结束后,可根据需要打印或输出分析结果。

(二)注意事项

1. **样品制备**　是精子分析仪取得高质量检查结果的关键。精子分析仪采用深度为$10\mu m$样品池,能保证精子在单层界面内自由运动。取样分析前标本必须充分混匀,用微量取液器取$5\sim7\mu l$精液加入样品池中,用0.5mm厚盖片盖紧。

2. **计数池洁净**　不洁净的计数池可影响精子的活力,尤其影响精子分析仪对精子计数的准确性。

3. **精子密度**　样品密度过大时,造成图像处理上的粘连,无法分析每个精子的运动特性。精液中所含精子太少时,需增加检查视野数量或者使用低倍物镜观察,以提高样品检出率。

四、精子分析仪的性能评价、主要技术指标与测量参数

(一)性能评价

目前临床采用的计算机辅助精子分析仪有两种,一种是灰度或彩色识别精子分析仪,另外一种是荧光染色精子分析仪。两种精子分析仪的性能特点见表3-13。

表3-13　两种精子分析仪与传统精液分析法的比较

方法	性能比较	
	优点	缺点
灰度或彩色识别CA-SA	①客观、高效、高精度 ②提供精子动力学参数的量化数据 ③容易实现标准化和实施质量控制	①根据人为设定的颗粒大小和灰度对精子识别,易受标本中其他细胞和非细胞颗粒影响 ②根据位移确定活动精子,原地摆动精子判为不活动,且不能区分"死"精子和"活"精子 ③精子密度在$(20\sim50)\times10^6$/ml范围内检查结果理想,否则受一定影响 ④测定单个精子运动,缺乏对精子群体了解,对畸形精子的识别还存在缺陷
荧光染色CASA	①对精子DNA进行特异性活体染色,只有精子被染色,识别更准确;与活精子DNA结合呈绿色,与死精子DNA结合呈橙色,准确区分"死"精子和"活"精子 ②通过不同的荧光染色,可进行多项检查,如精子DNA完整性、精子顶体反应等 ③提供精子动力学参数量化数据,更容易实现标准化和实施质量控制	①使用荧光染剂,操作不当影响精子活力分析,并且荧光染剂造成检查成本增加 ②测定单个精子的运动,缺乏对精子群体的了解,且对畸形精子的识别还存在缺陷
传统精液分析	WHO推荐显微镜手工法检查精子密度、精子活动率和活动力	依赖于检验者的经验和主观判断,检查结果不易标准化和质量控制

(二)主要技术指标

1. **每组最多被测精子数**　1000个或更高。

2. **检测速度范围**　$0\sim500\mu m/s$。

3. **图像的采集帧数**　1~99 帧或更多。

4. **颗粒直径分辨率**　1~99μm 或更高。

5. **图像采集组数**　1~99 组,可选。

（三）主要测量参数

主要测量参数及其含义见表 3-14。

表 3-14　精子分析仪软件主要参数及其含义

参　数	含　义
曲线速度（VCL）	轨迹速度,精子头部沿其实际行走曲线的运动速度
平均路径速度（VAP）	精子头沿其空间平均轨迹的运动速度,根据精子运动的实际轨迹平均后计算,不同型号仪器有所不同
直线运动速度（VSL）	前向运动速度,即精子头部直线移动距离的速度
直线性（LIN）	线性度,精子运动曲线的直线分离度,即 VSL/VCL
精子侧摆幅度（ALH）	精子头实际运动轨迹对平均路径的侧摆幅度,可以是平均值,也可以是最大值
前向性（STR）	精子运动平均路径的直线分离度,VSL/VAP
摆动性（WOB）	精子头沿其实际运动轨迹的空间平均路径摆动的尺度,计算公式为 VAP/VCL
鞭打频率（BCF）	摆动频率,即精子头部跨越其平均路径的频率
平均移动角度（MAD）	精子头部沿其运动轨迹瞬间转折角度的时间平均值
运动精子密度	每毫升精液中 VAP>0μm/s 的精子数

精子分析仪的精子运动分析参数较多,主要为 3 类（表 3-15）。

表 3-15　精子分析仪精子运动分析参数

分析参数分类	检查项目
运动精子密度参数	前向运动精子密度;前向运动率;活动率
精子活动参数	平均路径速度（VAP）;轨迹速度（VCI）;直线运动;鞭打频率（BCF）
精子运动方式参数	直线性（LIN）;前向性（STR）;精子侧摆幅度（ALH）;摆动性（WOB）;平均移动角度（MAD）

五、精子分析仪的维护、保养及常见故障处理

（一）维护和保养

1. **标本**　仪器使用前精液必须液化完全,无精子症和不液化精液不适用于仪器检查。

2. **环境**　拔掉电源线后使用微湿的棉布擦拭仪器表面,保证仪器清洁,干燥冷却后方可再次通电工作。

3. **电源**　使用完毕后及时切断电源,尤其是关闭 CCD 电源,可以延长其使用寿命。

4. **保存**　仪器长期不用时,应拔掉电源插头,放置在阴凉干燥处,盖好防尘罩。

（二）常见故障处理

1. **视频窗口无图像**　可能是视频连接不良或 CCD 故障,或是"视频设置"中"亮度"和"对比度"设置过低,可通过检查 CCD 电源指示灯或重新连接视频线解决。如若还不能解决,则需打开"视频设置",适当调整"亮度"和"对比度"。

2. **图像模糊不清**　可能物镜镜头被污染或者是聚光镜太高,可用无水乙醇擦拭物镜镜头,或适当调整聚光镜位置解决。

3. **不能打印检查报告**　检查打印机数据线与计算机连接,打印机驱动文件是否错误或者墨盒需要更换。重新连接计算机与打印机的连接线,或者重新添加打印机程序。

六、精子分析仪的临床应用

1. 评价男性生育功能,检查男性不育症的原因。
2. 输精管结扎术后的效果观察。
3. 婚前检查,以及为人工授精和精子库筛选优质精子。

（王连明）

本章小结

　　血细胞分析仪(BCA)是临床检测最常用的检测仪器之一,是对一定体积全血内血细胞进行自动分析的常规检验仪器。血细胞的检测已由最初的利用电阻抗法原理发展为多种检测方法相结合的联合检测技术。血液凝固分析仪是血栓与止血分析的专用仪器,血凝仪使用的检验技术主要有凝固法、产色底物法、免疫法、干化学法等,凝固法是血栓/止血试验中最基本、最常用的方法。红细胞沉降仪是利用一对红外发送和接收器上下移动来测定红细胞和透明血浆的分界面,在一定时间内测出红细胞的动态沉降变化情况。红细胞沉降仪采用了光学检测和自动温度补偿装置,检测标本全过程封闭,克服了手工法中的读数等误差。

　　尿液干化学分析仪是利用干化学法对尿液中相应的化学成分反应所产生的颜色变化进行检测,各试剂膜块依次受到仪器光源照射并产生不同的反射光,计算出各检测项目的反射率并进行定性或半定量分析。尿沉渣分析仪分为两类:一类是以流式细胞术和电阻抗的原理进行尿液有形成分分析的流式细胞式尿沉渣分析仪;另一类是通过尿沉渣直接镜检再进行影像分析,得出相应的技术资料与实验结果,即影像式尿沉渣自动分析仪。尿沉渣分析工作站是尿干化学分析和尿沉渣自动分析联合进行尿液分析的工作平台。

　　全自动粪便分析仪能自动分析粪便理学指标、有形成分指标和免疫化学指标,并提供有形成分实景图及综合报告。通过富集标本、CCD 数码摄像技术和数据分析技术的整合,实现了粪便常规检查的自动化、标准化。

　　精子分析仪采用高分辨率的摄影技术与显微镜结合,通过显微镜放大后,用图像采集系统获取精子动、静态图像,通过图像进行精子密度、活动力、活动率、运动特征等检验项目动态分析。

（邹明静）

扫一扫,测一测

思考题

1. 简述电阻抗法血液分析仪的检测原理。
2. 血细胞分析仪的性能评价指标有哪些?
3. 试比较血凝仪检测方法的优缺点。
4. 红细胞沉降率测定仪的基本结构有哪些? 其检测原理是什么?
5. 尿干化学试带的多层膜结构有哪几层组成? 各有什么作用?
6. 目前尿沉渣分析仪分哪几类?
7. 简述流式细胞术尿沉渣分析仪的工作原理。
8. 简述全自动粪便分析仪的类型及工作原理。
9. 精子分析仪的工作原理是什么? 其结构由哪几部分组成?

学习目标

1. 掌握:紫外-可见分光光度计、自动生化分析仪、电解质分析仪、血气分析仪、原子吸收光谱仪、色谱仪、质谱仪等临床化学检验仪器的工作原理和基本结构。

2. 熟悉:紫外-可见分光光度计、自动生化分析仪、电解质分析仪、血气分析仪等临床化学检验仪器的使用方法与保养维护。

3. 了解:紫外-可见分光光度计、自动生化分析仪、电解质分析仪、血气分析仪等临床化学检验仪器的常见故障处理方法和临床应用;了解原子吸收光谱仪、色谱仪、质谱仪的使用及保养。

4. 能够指认紫外-可见分光光度计、自动生化分析仪、电解质分析仪、血气分析仪、原子吸收光谱仪、色谱仪、质谱仪等临床化学检验仪器的基本结构。

5. 能学会紫外-可见分光光度计、自动生化分析仪、电解质分析仪、血气分析仪的正确使用及日常维护。

　　临床化学检验仪器是应用色谱、质谱、电泳等分离技术和光谱分析方法、电化学分析方法,定性定量分析体液或组织样品中各种化学成分的检验仪器。随着科学技术的不断发展,临床化学检验的内容逐渐拓宽和深化,特别是近30年来由于电子技术、计算机、生物医学工程、分子生物学等的飞速发展,临床化学检验已达到了微量、自动化、高精密度,床边化学检验也有了飞速的发展。

第一节　紫外-可见分光光度计

　　紫外-可见分光光度计(ultraviolet-visible spectrophotometer)是医学检验和临床医学常用的一种分析仪器。其灵敏度高,仪器设备和操作简单,分析速度快,选择性好,应用广泛。

一、紫外-可见分光光度计的工作原理

　　紫外-可见分光光度计的工作原理基于朗伯-比尔(Lambert-Beer)定律,由光源发出连续辐射光,经单色器按波长大小色散为单色光,单色光照射到吸收池,一部分被样品溶液吸收,即物质在一定浓度的吸光度与它的吸收介质的厚度呈正比,未被吸收的光经检测器的光电管将光强度变化转为电信号变化,并经信号显示系统调制放大后,显示或打印出吸光度,完成测试。其应用波长范围为 190~1100nm(图 4-1)。

紫外-可见分光光度计(图片)

笔记

图 4-1 紫外-可见分光光度计原理及结构示意图

光源 单色器 吸收池 检测器 接口电路 信号显示器

知识链接

朗伯-比耳定律

布格(Bouguer)和朗伯(Lambert)先后在 1729 年和 1760 年阐明了物质对光的吸收程度与吸收层厚度之间的关系;比耳(Beer)于 1852 年又提出光的吸收程度与吸光物质浓度之间也有类似的关系;两者结合起来就得到了朗伯-比耳定律。即当一束平行的单色光垂直通过某一均匀的、非散射的吸光物质溶液时,其吸光度(A)与溶液液层厚度(b)和浓度(c)的乘积成正比。它不仅适用于溶液,也适用于均匀的气体、固体状态,是各类光吸收的基本定律,也是各类分光光度法进行定量分析的依据。

二、紫外-可见分光光度计的基本结构

紫外-可见分光光度计的型号繁多,但它们的基本结构相似,都是由光源、单色器、吸收池、检测器和信号显示系统五大部分组成。

1. **光源** 是提供符合要求的入射光的装置,有热辐射光源和气体放电光源两类。热辐射光源用于可见光区,一般为钨灯和卤钨灯,波长范围是 350nm～1000nm。气体放电光源用于紫外光区,一般为氢灯和氘灯,发射的连续波长范围是 180nm～360nm。在相同的条件下,氘灯的发射强度比氢灯约大 4 倍。通常在紫外-可见分光光度计中装置有紫外及可见两种光源,只需切换光源,就可以用来测定紫外或可见吸收光谱。

2. **单色器** 是将光源发出的连续光谱分解成单色光,并能准确取出所需要的某一波长光的装置,它是分光光度计的心脏部分。单色器主要由:①入射狭缝,用来调节入射单色光的纯度和强度;②准直镜(凹面反射镜或透镜),使入射光束变为平行光束;③色散元件(棱镜或光栅),使不同波长的入射光色散开来;④聚焦透镜或聚焦凹面反射镜,使不同波长的光聚焦在焦面的不同位置;⑤出射狭缝组成。其中色散元件是单色器的主要部件,最常用的色散元件是棱镜和光栅。棱镜通常由玻璃、石英等制成。玻璃棱镜波长范围 350～2000nm,石英棱镜波长范围为 185～4000nm。紫外-可见分光光度计使用石英棱镜。棱镜单色器的色散率随波长变化,得到的光谱呈非均匀排列,传递光的效率较低;光栅单色器的分辨率在整个光谱范围内是均匀的,使用起来更为方便。因此现代紫外-可见分光光度计上多采用光栅单色器(图 4-2、图 4-3)。

3. **吸收池** 是用于盛装待测液并决定待测溶液透光液层厚度的器皿,又称比色皿。吸收池一般

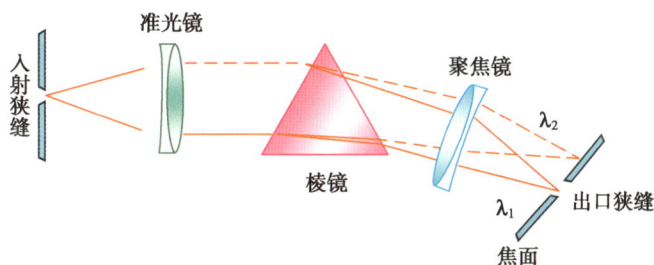

图 4-2 棱镜单色器

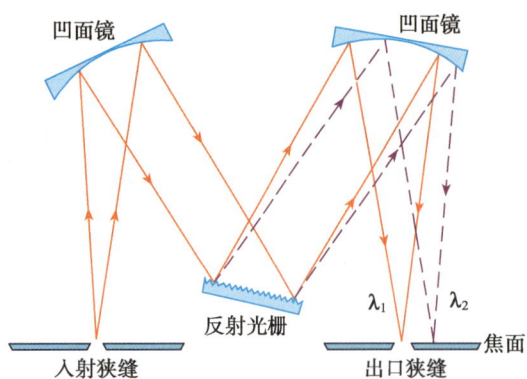

图 4-3　光栅单色器

凹面镜　凹面镜　反射光栅　入射狭缝　出口狭缝　焦面　λ_1　λ_2

为长方体,规格有 0.5cm、1.0cm、2.0cm、5.0cm 等。其底及两侧为毛玻璃,另两面为光学透光面,为减少光的反射损失,吸收池的光学面必须完全垂直于光束方向。根据光学透光面的材质,吸收池有玻璃吸收池和石英吸收池两种,玻璃吸收池用于可见光光区测定,如果在紫外光区测定,则必须使用石英吸收池。

4. **检测器**　是将光信号转变为电信号的装置,测量吸光度时并非直接测量透过吸收池的光强度,而是将光强度转换成电流信号进行测试,这种光电转换器件称为检测器,又叫接收器。常用的检测器有:①光电池:光电池有硒光电池和硅光电池,硒光电池只能用于可见光区,硅光电池能同时适用于紫外光区和可见光区,光电池价格便宜,但长时间曝光易疲劳,灵敏度也不高。②光电管:光电管是由一个丝状阳极和一个光敏阴极组成的真空(或充少量惰性气体)二极管。与光电池比较,其灵敏度高、光敏范围宽、响应速度快、不易疲劳。③光电倍增管:实际是一种加了多极倍增的光电管,灵敏度高响应速度快,是检测微弱光最常见的光电元件。④光电二极管阵列:光电二极管阵列检测器为光学多道检测器,是在晶体硅上紧密排列一系列光电二极管,每一个二极管相当于一个单色器的出口狭缝,两个二极管中心距离的波长单位称为采样间隔,因此,在二极管阵列分光光度计中,二极管数目愈多,分辨率愈高。⑤电荷耦合器件:电荷耦合器件(charge-coupled devices,CCD)是一种以电荷量表示光量大小,用耦合方式传输电荷量的新型固体多道光学检测器件。CCD 具有自动扫描、动态范围大、光谱响应范围宽、体积小、功耗低、寿命长和可靠性高等一系列优点。目前这类检测器已在光谱分析的许多领域获得了应用。

5. **信号显示器**　是将检测器输出的信号放大,并显示出来的装置,信号显示器有多种,随着电子技术的发展,这些信号显示和记录系统将越来越先进,旧型的分光光度计多采用检流计、微安表作显示装置,直接读出吸光度或透光率,新型的分光光度计则多采用数字电压表等显示,并用记录仪直接绘制出吸收或透射曲线,并配有计算机数据处理器。

三、紫外-可见分光光度计的操作

紫外-可见分光光度计种类繁多,因仪器构造各有不同,所以操作步骤存在一定差异。普通紫外-可见分光光度计的操作简单,使用前只需认真阅读相应仪器操作手册即可。基本操作流程是:①开机预热;②调零设置;③测定样品;④复位关机。但是高端扫描的紫外-可见分光光度计操作步骤相对复杂,其基本操作流程(图 4-4)。

四、紫外-可见分光光度计的性能指标与评价

紫外-可见分光光度计是利用物质对光的选择吸收现象,进行物质定性与定量分析的仪器,其测定结果的可靠性取决于仪器的性能指标。评价紫外-可见分比光度计的性能指标主要有以下几项:

1. **波长准确度和波长重复性**　波长准确度和波长重复性是分光光度计的重要技术性能指标。产生波长误差的原因主要是仪器在运输或装机过程中,波长装置中各部件与出射狭缝间相对位置发生变化;或是工作室温度、湿度变化过大,记录系统的机械零件磨损、积尘而不能正常转动,记录纸受潮变形等。引起波长重复性不好的原因与引起波长误差的原因相似。波长误差对测量结果有很大的影响,因为任何分光光度计的定性、定量分析都是依靠波长的位置及一定波长下的吸光强度来完成的。波长校正应在整个波长范围的不同区域进行,不能只在个别点进行波长校正。

2. **光度准确度**　光度准确度指标准样品在最大吸收峰处测量时获得的样品吸光度与其真实吸光度之间的偏差。偏差愈小,准确度愈高。检测光度准确度的方法主要有标准溶液法和滤光片法。

3. **光度重复性**　光度重复性指在同样条件下对某一试样进行多次重复测量吸光度,求得各次测量值对平均值的偏差和偏差的平均值。当测量信号小,仪器噪音明显增大时,光度重复性变差。

0402
722 SP 型分光光度计使用(视频)

笔记

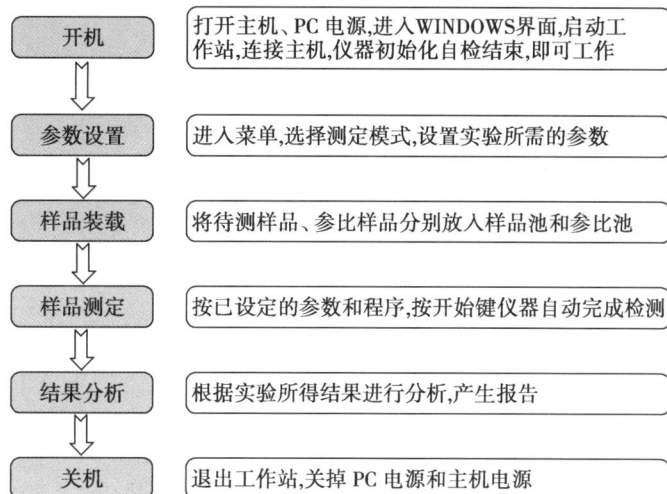

开机	打开主机、PC电源,进入WINDOWS界面,启动工作站,连接主机,仪器初始化自检结束,即可工作
参数设置	进入菜单,选择测定模式,设置实验所需的参数
样品装载	将待测样品、参比样品分别放入样品池和参比池
样品测定	按已设定的参数和程序,按开始键仪器自动完成检测
结果分析	根据实验所得结果进行分析,产生报告
关机	退出工作站,关掉PC电源和主机电源

图4-4 紫外-可见分光光度计操作流程图

4. 光度线性范围 光度线性范围指仪器光度测量系统对于照射到接收器上的辐射功率与系统的测定值之间符合线性关系的功率范围,即仪器的最佳工作范围。在此范围内测得的物质的吸光系数才是一个常数,这时候仪器的光度准确度最高。由于分光光度计测得的光度数据都是一个相对值。如果一个光度系统的响应在0~100%范围内是线性的,便可认为光度读数是正确的。

5. 单色器分辨率 单色器分辨率表示可分辨相邻两吸收带的最小波长间隔的能力。它是狭缝宽度和单色器色散率的函数,较小的狭缝可得到较大的分辨率,但由于辐射能量减弱,使信噪比降低。因此,通常在可允许噪音水平条件下选择最小的狭缝宽度。

6. 光谱带宽 光谱带宽指从单色器射出的单色光最大强度的1/2处的谱带宽度。它与狭缝宽度、分光元件、准直镜的焦距有关,可认为是单色器的线色散率的倒数与狭缝宽度的乘积。光谱带宽可以用测量钠灯的发射谱线如钠双线(589.0nm、589.6nm)的宽度的方法来测量。

7. 杂散光 杂散光指所需波长单色光以外其余所有的光,是测量过程中主要误差来源,会严重影响检测准确度。测定杂散光一般采用截止滤光器,截止滤光器对边缘波长或某一波长的光可全部吸收,而对其他波长的光却有很高的透光率,因此测定某种截止滤光器在边缘波长或某一波长的透光率,即可表示杂散光的强度。

8. 噪音 噪音是叠加在待测量分析信号中不需要的信号。它的存在实际上限制了光度测量的灵敏度和准确度。因此信噪比(S/N)是一项非常重要的参数。当狭缝宽度和扫描速度一定时,扫描0T或100%T线,可观察到分光光度计的绝对噪音水平。增加仪器的响应时间可改善信噪比。

9. 基线的稳定性 基线稳定性是指不放置样品情况下扫描100%T或0T线时读数偏离的程度,是仪器噪音水平的综合反映。一般取最大的峰缝之间的值作为绝对噪音水平。要是基线稳定度差,光度准确度就低。

10. 基线平直性 基线平直性是仪器的重要性能指标之一,指在不放置样品情况下,扫描0T或100%T时基线倾斜或弯曲程度。在高吸收时,0线的平直性对读数的影响大;在低吸收时,100%线的平直性对读数的影响大。基线平直性不好,使样品吸收光谱中各吸收峰之间的比值发生变化,给定性分析造成困难。光学系统失调、两个光束不平衡是基线平直性不好的主要原因。仪器受振动,光源位置松动也会引起基线弯曲。

五、紫外-可见分光光度计的日常维护与常见故障处理

(一)紫外-可见分光光度计的日常维护

紫外-可见分光光度计是由光、机、电等几部分组成的精密仪器,为保证仪器测定数据正确可靠,应按操作规程使用与保养。

1. 仪器应置于适宜工作场所,环境温度15~35℃;室内相对湿度不大于80%;仪器应置于稳固的

工作台上,不应该有强震动源;周围无强电磁干扰、有害气体及腐蚀性气体。

2. 每次使用后应检查样品室是否积存有溢出溶液,经常擦拭样品室,以防废液对部件或光路系统的腐蚀。

3. 仪器使用完毕后应盖好防尘罩,可在样品室及光源室内放置硅胶袋防潮,但开机时一定要取出。

4. 仪器液晶显示器和键盘日常使用和保存时应注意防止划伤、防水、防尘、防腐蚀。

5. 定期进行性能指标检测,发现问题即与厂家或销售部门联系解决。

6. 长期不用仪器时,要注意环境的温度、湿度,定期更换硅胶,建议每隔一个月开机运行 1h。

（二）紫外-可见分光光度计的常见故障处理

紫外-可见分光光度计的常见故障及其处理方法见表 4-1。

表 4-1　紫外-可见分光光度计的常见故障及其处理方法

故障现象	故障原因	处理方法
自检时提示波长自检出错	自检过程中可能打开过样品室的盖子	关上样品室盖子,重新自检
扫描样品时显示一条直线	软件出现故障	退出操作系统,重新启动计算机,再次扫描
吸光值结果出现负值	没做空白记忆或样品的吸光值小于空白参比液	做空白记忆,调换参比液或用参比液配制样品溶液
不能调零(即 0%T)	光门不能完全关闭 微电流放大器损坏	更换微电流放大器
不能置 100%T	光能量不够 光源(钨灯或氘灯)损坏 比色器架没有落位 光门未完全打开,或单色光偏离	调整光源及单色器 更换新的光源 检查比色器架子,摆正位置 检修光门使单色光完全进入
测光精度不准	由于仪器受振动等原因使波长位移 比色器受污染 样品浑浊,配制溶液不准确	进行波长校正 清洗比色器 重新配制溶液
噪音指标异常	预热时间不够 光源灯泡使用时间超过寿命期 环境振动过大,空气流速过大 样品室不正 电压低,强磁场	需预热 20min 以上 更换光源灯泡 调换仪器运行环境 对正样品室 加稳压器,消除干扰

六、紫外-可见分光光度计的临床应用

紫外-可见分光光度计是一类重要的分析仪器,在化学、生物学、物理学、医学、材料学、环境科学等科学研究领域,紫外-可见分光光度计都有广泛而重要的应用。在临床检验中的应用更是广泛,测定溶液中物质的含量、用紫外光谱鉴定化合物、反应动力学研究,在追求准确、快速、可靠的同时,小型化、智能化、网络化成为了现代紫外-可见分光光度计的新亮点。

（刘玉枝）

第二节　自动生化分析仪

自动生化分析仪(automatic biochemical analyzer)是集电子学、光学、生物化学、自动化控制及计算机技术等多学科技术于一体的临床实验室检测仪器。自动生化分析仪是能把生物化学分析过程中的取样、加试剂、混匀、恒温孵育、检测、结果计算与存储、结果显示和打印以及试验后的清洗等步骤自动

化的仪器。由于其测量速度快、准确性高、消耗试剂量少,现已得到广泛应用。自动生化分析仪的出现,减轻了检验人员的劳动强度,提高了工作效率,减少了主观误差,而且提升了临床生化检验的质量。目前临床生化检测绝大部分已实现自动化分析,其中多数由自动生化分析仪完成。

一、自动生化分析仪的类型和特点

最早的自动生化分析仪出现于20世纪50年代,随着科学技术及医疗事业的发展,各种各样的生化分析仪竞相问世,种类繁多。根据不同的分类标准,可分成不同的种类。如根据自动化程度不同,可分为全自动和半自动。根据仪器的复杂程度,可分为小型、中型、大型和超大型。根据检测仪器反应装置不同,可分为连续流动式(管道式)、分立式、离心式和干片式四类,这也是最常用的分类方法。目前连续流动式全自动生化分析仪已被淘汰,传统的离心式自动生化分析仪也已退出历史舞台,但最近几年有厂家利用离心式原理加微流控技术开发了小型的POCT生化分析仪。本章节着重介绍分立式自动生化分析仪。

分立式自动生化分析仪是按手工操作的方式编排程序,并以有序的机械操作代替手工,用加样针将样品加入相应的反应杯中,试剂针按一定的时间自动加入定量的试剂,经仪器自动搅拌混匀后在设定温度下反应一段时间,再经检测部检测。各环节用转动盘或转送带连接起来,按顺序依次操作。分立式分析仪是目前临床上使用最为广泛的生化分析仪。

知识链接

干片式生化分析仪

干片式生化分析仪是20世纪80年代问世的。其原理是利用待测液体样品与已固化于干片上的试剂发生反应产生颜色变化,再用反射光度计检测,即可进行定量。这类方法完全革除了液体试剂,故称干化学法。干片不仅包括试剂,也可由电极构成,所以这类分析仪也可进行电解质的测定。

二、分立式自动生化分析仪的工作原理

分立式自动生化分析仪主要工作原理是依据紫外可见分光光度法的检测分析原理,利用现代化自动控制技术,完全模仿手工加样、加试剂、混匀、恒温孵育、比色、计算及清洗等操作。整个操作过程按手工操作的顺序依次进行,故也称为"顺序式"分析。分立式生化分析仪最大的特点是每个测试都有独立反应体系。

不同厂家和型号的生化分析仪,均具备加样本、加试剂、搅拌、反应、清洗与测量等基本功能。虽然在实现方案、组件配置、参数、辅助功能等方面存在差异,但其工作过程基本类似。我们将上述循环过程定义为一个工作周期。在每个工作周期,反应盘按固定的方式进行旋转和停止,通常进行至少一次的旋转和一次停止。在反应盘的停止期内,相应的组件分别同步完成反应杯内的加样本、加试剂、搅拌、反应杯清洗及光电数据采集等动作。每个工作周期内,反应盘按固定的模式进行旋转和停止,旋转过的杯位数量大于或小于总杯位数,这样,在进入下一个工作周期时,反应杯可以沿旋转方向或反方向进行递进一个或多个杯位,从而使所有反应杯都能进入循环测试。

三、分立式自动生化分析仪的基本结构

分立式自动生化分析仪主要由样本管理系统、试剂管理系统、加样系统、反应装置与搅拌混匀系统、恒温孵育系统、检测系统、清洗系统、计算机软件主控系统及辅助装置组成。有些大型生化分析仪还整合了电解质分析模块,可以同时进行电解质分析。分立式自动生化分析仪的基本结构(图4-5)。

（一）样本管理系统

样本管理系统一般由样品承载装置、传动装置、定位装置及指令控制电路组成。

1. 样品承载装置 样品承载装置有样品盘式和样品架式两种。样品盘式(图4-6)为一可放置样

分立式自动
生化分析仪
(组图)

自动生化分
析仪的结构
及工作流程
(视频)

笔记

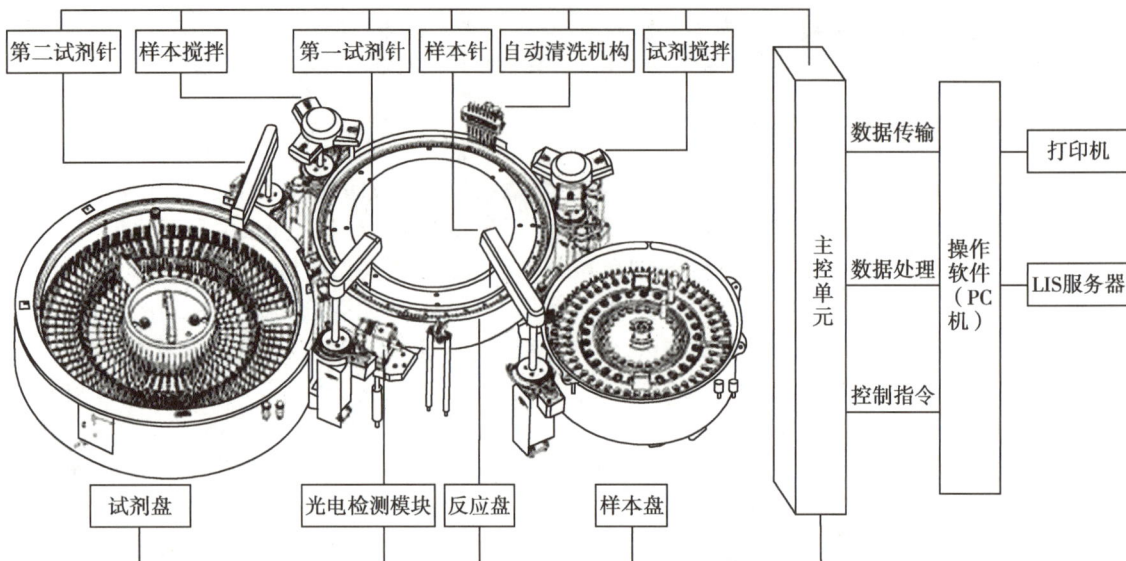

图 4-5　分立式自动生化分析仪的基本结构

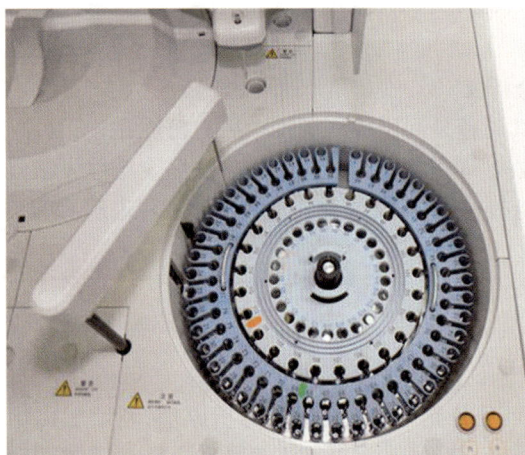

图 4-6　盘式样品架

本并能转动的圆盘状架子,仪器通过转动圆盘来实现对样品的定位管理。大型生化分析仪的样品盘多进行了分区管理,一般分为常规标本位、急诊标本位、质控及定标位。

样品架式(图 4-7)多为单排单架管理,每五至十个样品为一架,通过轨道及传动带来实现对样品的定位管理。样品架也进行了分类管理,一般分为常规样品架、急诊样品架、质控架及定标架。样品架的分类是通过样品架上的条形码不同来实现的,不同用途的样品架,其颜色一般也不同。

不管是样品盘还是样品架,功能都是把样品准确可靠的定位到吸样位置,样品盘式结构的主要优点是结构相对简单,成本低,故障率低,但样品放置数量受到结构空间限制,且测试过程中相对不便于随时追加样品;而轨道进样的主要优点是方便随时追加样品,特别适合于模块互联和实验室自动化

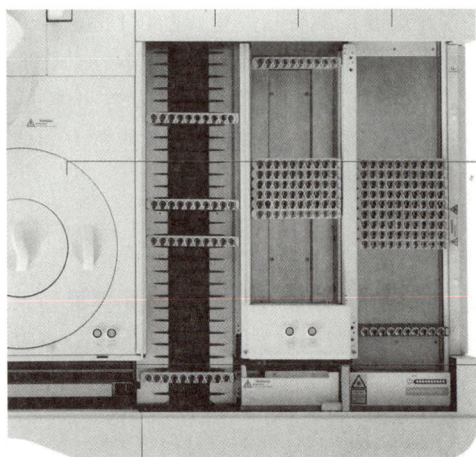

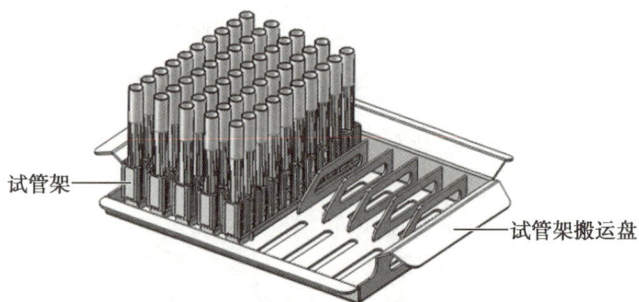

试管架

试管架搬运盘

图 4-7　架式样品架

系统。

2. **传动装置**　由步进马达、传动带、转动轴等部件组成。为样品的移动提供支撑与动力。

3. **定位装置**　由定位器、感应器、条码识别器等部件组成,它让仪器及时识别样品盘或样品架,并能感应到样品盘或样品架的位置,保证指令系统发出正确指令。

4. **指令控制电路**　是控制样品管理区的中枢,负责感应样品的位置,并下达指令给步进马达,控制其精确转动并在指定时间将样品准确的送至指定位置,它由中央处理器及配套电路组成。

（二）试剂管理系统

试剂管理系统由试剂盘、试剂瓶、固定位试剂瓶、传动装置、定位装置、冷藏装置及指令控制电路组成。

1. **试剂盘**　通常试剂存贮装置为盘状结构,即试剂盘(图 4-8)。试剂盘可旋转并将检测试剂精确定位到试剂针吸取试剂的位置。自动生化分析仪具有一个或多个试剂盘,每个试剂盘具有多个试剂位。试剂位的数量,决定了仪器同时可分析项目的数量。

2. **试剂瓶**　试剂瓶结构形式上有较大区别,多数仪器的第一试剂和第二试剂是独立包装的,也有部分仪器采用第一试剂(R1)和第二试剂(R2)一体化试剂盒的形式。试剂瓶包装一般有多种规格,可分为大、中、小三种。用户可根据相应检测项目的日常测试数来选择试剂瓶的规格,也可直接使用商品试剂自带的试剂瓶。试剂瓶的材质要求耐酸耐碱、无溶出。

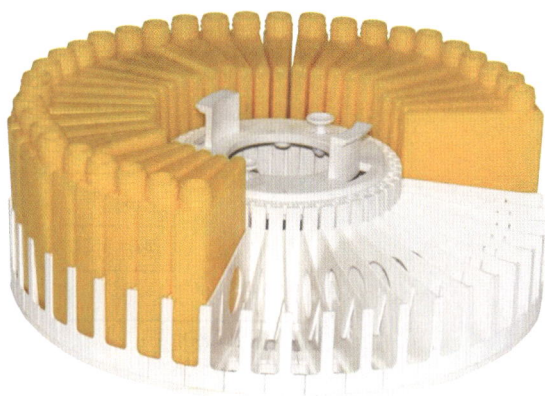

图 4-8　试剂盘

3. **固定位试剂瓶**　主要放置酸性或碱性清洗液、防腐剂、浓缩清洗剂等。固定位试剂瓶大多配置了液面感应器,以便仪器自动监控试剂的剩余量,提醒用户及时更换。

4. **传动装置**　由步进马达、传动带、转动轴等部件组成。为试剂盘的转动提供支撑与动力。

5. **定位装置**　由定位器、感应器、条码识别器等部件组成,它让仪器及时感应到试剂盘的位置及盘中试剂的种类,保证了试剂的自动识别与定位。

6. **冷藏装置**　是为满足试剂存储条件的要求设计的。为保证试剂的稳定性,试剂盘存储于相对密闭的仓体内,所以也叫试剂仓(图 4-9)。它具有 24h 不间断制冷功能。常见的冷藏温度要求是 2~8℃,在此范围内试剂的稳定性可以得到更好的保证。试剂仓除了实现试剂的冷藏存贮外,还要尽量减少冷凝水对试剂的稀释,并有效控制试剂的挥发量。因此,冷藏装置要尽量保证试剂仓内在 2~8℃范围,且仓内保持高湿度,但不会产生较多的冷凝水。由于难度较大,多数生化分析仪的试剂盘冷藏范围在 4~12℃,少数技术较为先进的仪器可实现 2~8℃的冷藏。

7. **指令控制电路**　是控制试剂管理区的中枢。负责感应试剂盘的位置,并下达指令给步进马达,控制其精确转动并在指定时间将试剂准确的送至指定位置。它由中央处理器及配套电路组成。

（三）加样系统

加样系统是全自动生化分析仪核心部位之一,通常包括样品加样和试剂加样,两者的工作原理和结构基本类似。加样性能优劣直接决定了仪器的测试性能。加样系统由样品针、试剂

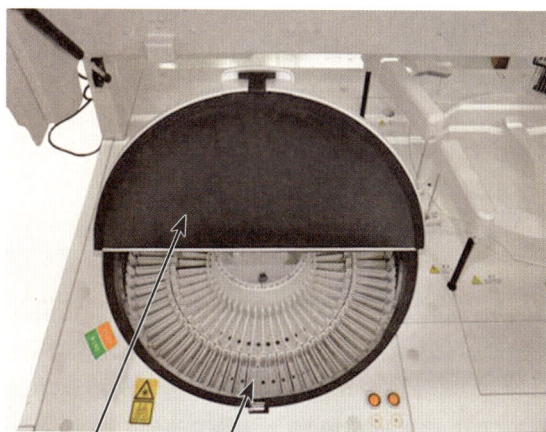

试剂盘盖　　试剂盘

图 4-9　试剂仓

针、加样臂、加样管路、高精度步进马达、注射器、电磁阀及指令控制电路组成。加样针通过加样管路与注射器相连。高精度步进马达根据加样量的大小产生定量运动,带动注射器驱动液体流入或流出采样针从而实现定量加样。加样系统组成示意图(图4-10)。加样装置工作过程示意图(图4-11)。

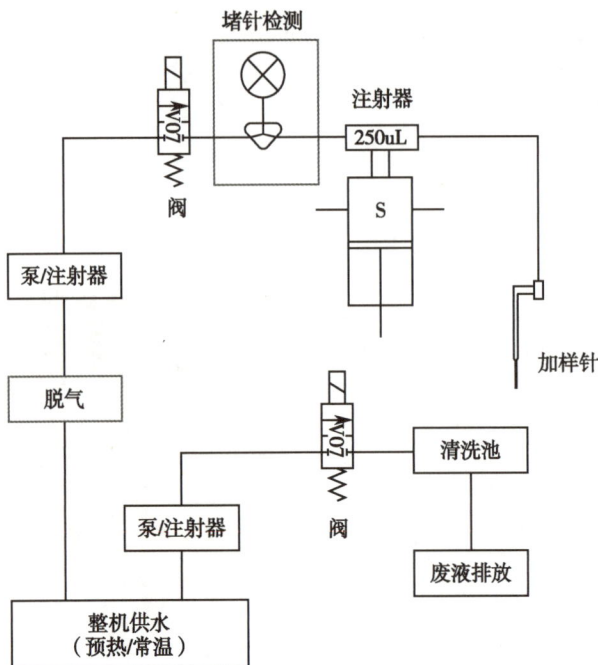

图 4-10　加样系统组成

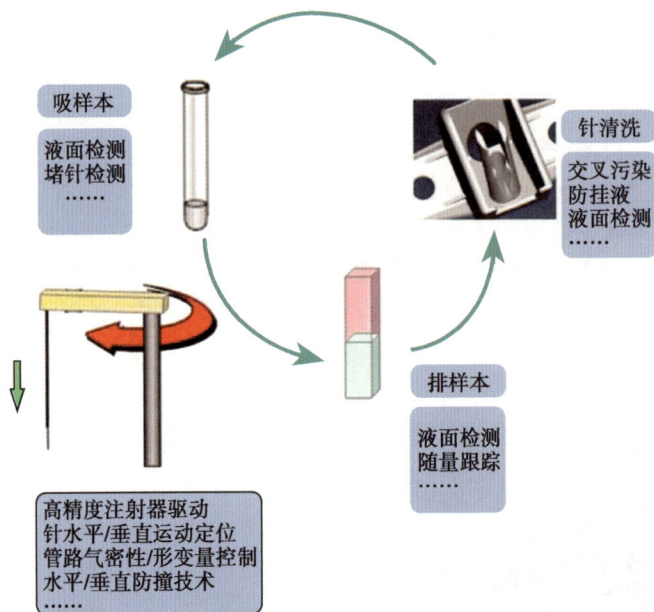

图 4-11　加样系统工作过程

1. **样品针与试剂针**　样品针与试剂针的针尖细长,形态类似,样品针的针尖更细。针尖都是惰性金属制成,耐酸、耐碱、耐腐蚀。针尖表面进行了特殊处理,可避免液体黏附,减少交叉污染。加样针除了基本的加样功能,还具有液面检测功能、随量跟踪功能、堵针检测功能、防撞功能及气泡检测功能等。这些辅助功能,结合加样针设计和加工工艺、高精度的注射器驱动控制、加样针运动控制、加样针清洗管路设计等,保证了加样性能。①液面检测和随量跟踪技术,可以自动检测样本管内的液面,并根据吸液量的多少,自动调整下降到液面下的深度。控制加样针进入液面合适的深度,保证既能完成可靠吸样,又能减少插入深度,以减少交叉污染并降低死体积。②堵针检测功能可以准确地检测样本针是否堵塞。如果样本针被堵,系统发出警告。待测样本中可能存在的纤维蛋白、凝块等有时会导致针尖的堵塞,进而影响加样,造成测试结果的不正确。堵针检测技术对保证分析结果的可靠性具有重要的意义。③防撞功能包括横向防撞和纵向防撞;横向防撞可以检测水平方向上的障碍物,如果发生碰撞,加样臂立即停止转动,以防止加样针损坏;纵向防撞可以检测垂直方向上的障碍物,如果发生碰撞,加样臂立即停止向下运动,防止加样针损坏。④气泡检测功能可以检测样本中是否有气泡。如果存在气泡,将给出报警,以避免加样不准确。

2. **加样臂**　加样臂由步进马达带动,沿转动轴转动及上下移动,带动吸样针吸取相应液体。加样臂内带有加样管及控制电路。

3. **加样管路**　加样管路为硬质塑料管,由耐酸、耐碱、抗氧化的特殊材质制成。

4. **高精度步进马达**　高精度步进马达的精确性决定了吸样精度,因此它是自动生化分析仪准确度的核心控件之一。注射器每天需要来回做活塞运动上千次,所以必须选用高耐磨材质,才能保证长期取样的稳定性。陶瓷是较为理想的材质,故注射器一般采用陶瓷制备。

5. **电磁阀**　电磁阀的开关控制着液流的走向,保证了吸液与清洗的顺利完成。

6. **指令控制电路**　指令控制电路控制着加样系统的每个步骤,包括加样臂运动、注射泵的运动、电磁阀的开关等。

(四)反应装置与搅拌混匀系统

1. **反应装置**　反应装置由反应盘(图 4-12)与反应杯(图 4-13)组成。

(1)反应盘:通常采用圆盘式结构设计,位于仪器台面的中间,主要用于承载反应杯,将反应杯依次旋转并精确定位到工作位置,包括加样本位、加试剂位、搅拌位、光电数据采集位、自动清洗位等。就像工业流水线中的传输装置一样,以支持实现反应过程中一系列动作的自动化,而圆盘式的结构,结合每个周期的工作时序设计,则可以使圆盘式反应盘的每个反应杯能够周而复始地循环进行一个

图 4-12　反应盘

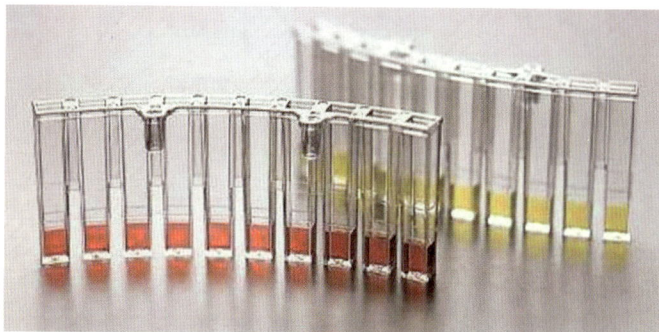

图 4-13　反应杯

又一个的测试。如此,利用有限的反应杯位,通过反应杯自动清洗机构,或者自动换杯装置,可以使测试长时间连续进行下去。

(2)反应杯:固定在反应盘上,是样品与试剂进行化学反应的场所,同时用作比色,所以又叫比色杯。比色杯有玻璃材质和塑料材质两种,透光性好是其最大的特点,不吸收紫外线,耐酸、耐碱、耐腐蚀。为节省试剂及空间,反应杯的体积都较小,一般在 $300\mu l$ 左右。塑料材质反应杯根据其材料特点,也有可反复使用型和一次性使用型之分。反复使用型是使用一段时间后,当其透光性下降,达不到透光度的要求时进行更换;一次性使用型是反应过后即抛弃,不再重复使用。

2. 搅拌混匀系统 由搅拌棒、搅拌臂、步进马达组成。搅拌混匀系统用于实现反应杯内的样本与试剂混合液的混匀。常规实现方式为机械搅拌混匀,即将搅拌杆插入反应液中,通过搅拌杆的高速旋转,实现反应液的混匀。搅拌棒在设计上,多采用扁平状或扁平螺旋状设计,表面有特殊不粘涂层,可避免液体黏附,减少交叉污染。每个搅拌臂上可设计单个或多个搅拌棒。多头搅拌结构见图4-14。

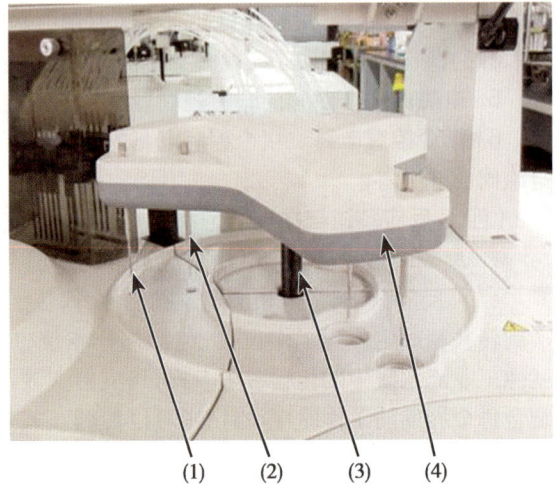

图4-14 多头搅拌结构
(1)(2)试剂搅拌杆;(3)搅拌杆驱动轴;(4)摇臂

(五)恒温孵育系统

反应在恒定的温度进行,才能保证检验结果的稳定性,这需要对反应体系进行精确的温控孵育。常见的温控孵育结构有空气浴结构、液体浴结构、固体直热式结构等(图4-15)。

1. 空气浴结构反应盘 是利用受控热空气,对反应盘实现孵育。由于空气热容小,因此容易受环境影响,温度波动较大;同时空气与反应杯之间的换热方式属于空气强制对流换热,换热系数小,反应杯中液体升温速度较慢。

2. 液体浴结构反应盘 是利用水、惰性碳氟油等液体与反应杯外壁直接接触实现孵育的方法。由于液体热容大,受环境影响小,温度波动小。液体在泵的驱动下循环流动,整个系统的温度均匀性好,液体与反应盘之间的换热方式属于液体强制对流,换热系数大,反应杯中液体升温速度迅速。液体浴可以实现高精度精密温控,在目前所有温控方式中效果最好。但是由于液体浴中的液体暴露在空气中,容易滋生微生物及引起矿物质沉淀,影响光路检测。为保证良好的检测光路,必须作额外的维护才能保证其正常运行。

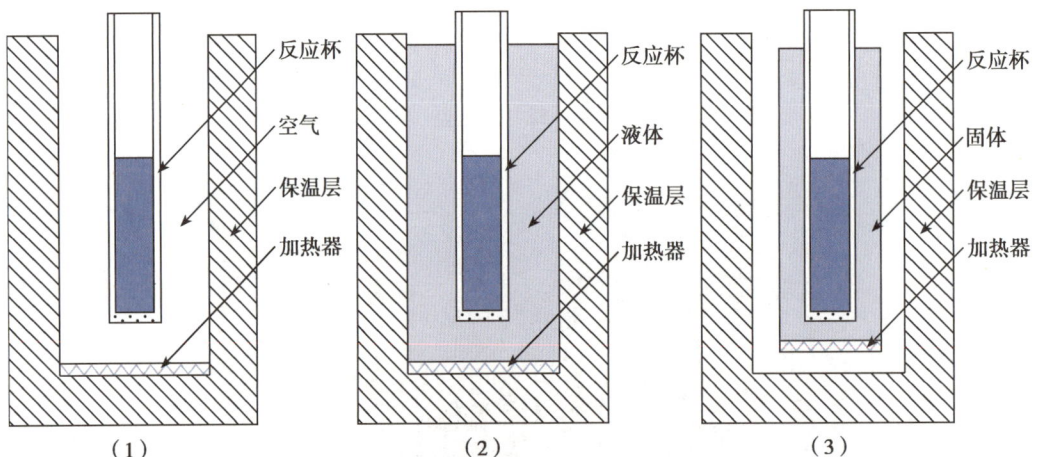

图4-15 反应盘孵育结构示意图
(1)空气浴;(2)液体浴;(3)固体直热结构

3. **固体直热结构反应盘** 是利用导热率较高的金属材料(铝、铜等),直接与反应杯接触。通过对高导热率固体材料的温控,实现对反应杯内液体的孵育。固体直热加热方式系统升温迅速,受环境影响小,控温精度接近液体浴,免维护。但是其反应盘转动部分质量较大,当反应盘尺寸增大时,对传动系统提出了较高的要求。

（六）光电检测系统

光电检测系统以紫外可见分光光度法为主要的检测手段,与一般分光光度计一样,由光源、单色器和检测器组成。

1. **光源** 以往多数采用卤素灯,工作波长为325~800nm,但卤素灯寿命短。也有采用长寿命的氙灯,工作波长在285~750nm,波长范围内能发射出稳定光能。当灯的发光强度不够时,仪器会报警,提示更换灯泡。

2. **单色器** 采用的分光系统有两种:①干涉滤光片分光系统,常带有 340nm、380nm、405nm、500nm、550nm、600nm、660nm 等几种滤光片,各滤光片固定在转盘上,以转盘旋转的方式来选择波长。这种分光系统在半自动分析仪中常用,只能在一个检测项目完成后,改变一个波长,再检测另一个项目,且不能同时进行多波长检测。②光栅分光系统,常在 340(或 293)~850nm 范围内选择 10~13 种固定的单色光。

光栅分光有前分光和后分光两种方式,目前以后分光方式为多见。后分光是光源先透过比色杯中的反应液再照射到光栅上,经色散后,所有固定单色光同时通过各自的光纤传输到对应的检测器,微处理器按该分析项目的分析参数选择其中一个或两个波长(双波长方式)的吸光度值,用于分析结果的计算。后分光的优点是单色器中没有转动部分,因而提高了检测的精度和速度。光栅后分光光学系统的工作原理(图 4-16)。光栅后分光光学系统结构(图 4-17)

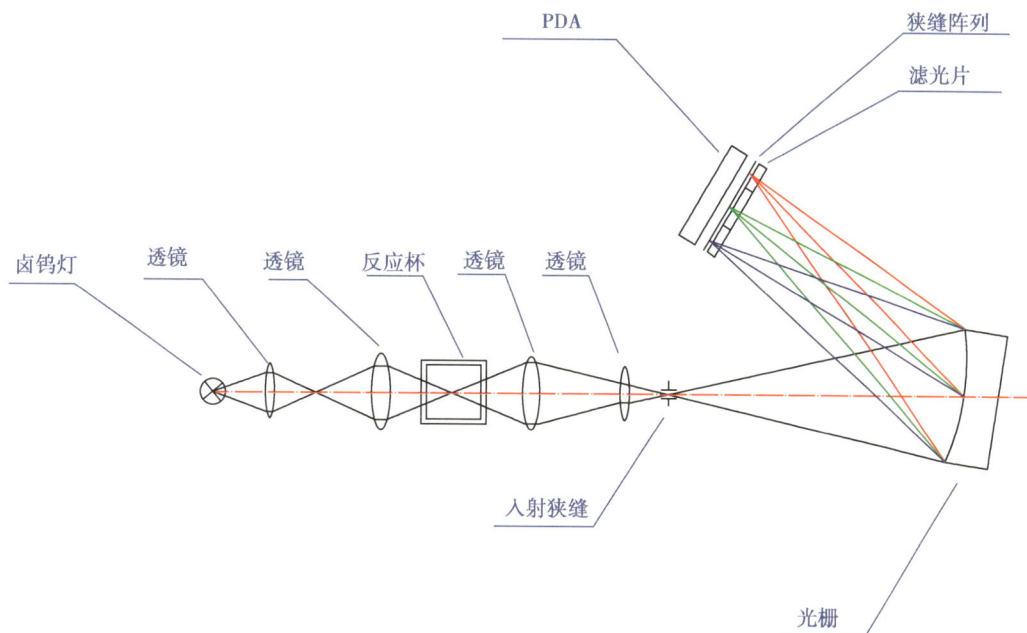

图 4-16 光栅后分光光学系统的工作原理

3. **检测器** 由光敏二极管及放大电路组成,可按设定的间隔时间连续测定各反应杯内液体的吸光度值。

（七）清洗系统

清洗系统由真空泵、清洗管道、清洗机构、电磁阀、冲洗站或冲洗池、清洗剂、废液桶等组成。

1. **真空泵** 真空泵为仪器的清洗提供动力,包括废液的吸取与排空,清洗液的吸取与灌注。

2. **清洗管道** 清洗管道一般较吸样管道粗,需要选取耐酸、耐碱、耐腐蚀的材质制备。

3. **清洗机构** 清洗机构(图 4-18)上有多根吸液针、灌注针及清洗管道。清洗机构上还配有步进马达,可带动吸液针与灌注针作上下运动,用于清洗反应杯。

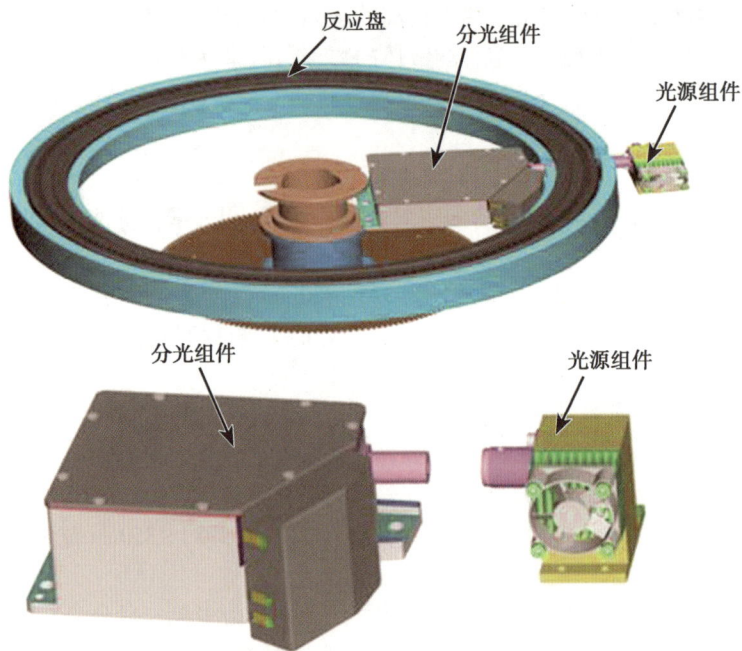

图 4-17 光栅后分光光学系统结构

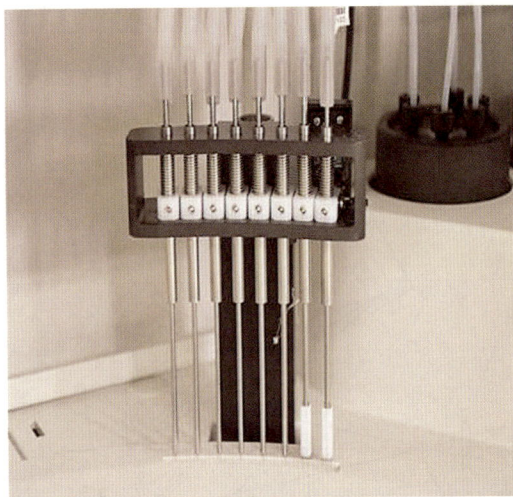

图 4-18 清洗机构

4. **电磁阀** 电磁阀是仪器控制液路走向的关键控制点。

5. **冲洗站或冲洗池** 冲洗站或冲洗池(图 4-19)用于清洗试剂针、样本针及搅拌棒,通过清洗来消除交叉污染。

6. **清洗剂** 清洗剂主要用于反应杯的清洗,须具备快速去污的能力,且易于被清洗、不残留。常用的有碱性和酸性两类。

7. **废液桶** 废液桶主要用于装载反应原液。出于生物安全考虑,反应原液不可直接排往下水道,必须经过处理后才可排往下水道,因此废液桶必不可少。废液桶上一般都装有防溢出感应器,用于提醒工作人员及时倒空废液。

(八)计算机软件主控系统

自动生化分析仪的软件主控系统负责处理多种数据、下达指令、监控仪器运行状态、记录检测结果并保存检测过程信息,部分仪器的软件系统还具备

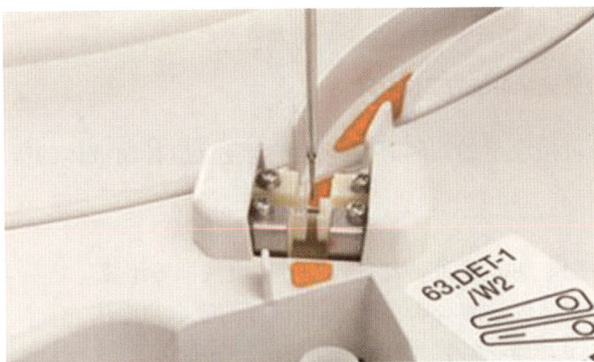

"瀑布式"清洗装置

移动式环状包裹清洗装置

图 4-19 不同类型冲洗站

自我诊断功能。

1. **数据处理** 分析仪可根据检测到的吸光度值或吸光度的变化值计算出待测样品结果。还可根据结果是否超过线性范围和检测范围、试剂空白吸光度有无超范围、连续监测范围内吸光度值变化是否偏离线性,以及底物消耗是否超过设定范围等来判断结果准确性。

2. **下达指令** 当编制好检测指令信息后,仪器会根据需要检测的样本及测试项目,计算出整个运行过程的所有指令信息,并载入到指令库,然后依次下达,指挥仪器的各个部件完成相应的动作,从而完成所有检测。

3. **监控仪器运行状态** 仪器到的各个感应装置,会将仪器运行中的各种信息及时的传送至软性控制系统,并通过相关界面显示出来,如孵育槽的温度、试剂仓的温度、试剂的残余量、清洗液的残余量、废液的量、各检测项目的检测进程情况等。

4. **记录检测结果并保存检测过程信息** 电脑的存储系统不仅可以保存大量的测定结果,还可以保留一定数量的其他相关数据,如被分析项目各检测点吸光度值、各次校准的校准曲线、每天的室内质控数据等,以供随时查阅。

（九）辅助装置

辅助装置包括稳压不间断电源、专用制水机、打印机、LIS 系统及工作电脑等。

1. **稳压不间断电源** 是仪器持续稳定工作的基本保障,自动生化分析仪属于智能化的精密仪器,不稳定的电压或非法断电会导致部分检测结果出现错误,甚至会损坏仪器。所以稳定的不间断电源是仪器必备的辅助设施。

2. **专用制水机** 制水机为仪器提供清洗及稀释用去离子水,保障仪器的正常运行。可根据仪器用水量大小选用合适的制水机。制水机的过滤芯及离子交换树脂需定期更换。

3. **打印机** 打印机是记录仪器在使用过程中进行维护、保养、自检及定标等重要信息的工具,便于用户存档。也可用于检测报告单的打印。

4. **LIS 系统及工作电脑** 工作电脑装配实验室管理系统后与仪器的软件系统连接,及时接收仪器的检测结果。LIS 系统及工作电脑是保存、查看及审核检测结果的重要工具。

四、分立式自动生化分析仪的工作过程

在测定过程中所有机械步骤均由微处理器根据已设定的程序进行工作。

1. **取样加试剂和混匀** 样品盘转动,使样品进入待测位置,样品针定量吸取样品加入一反应杯内,反应杯随反应盘旋转。同时试剂盘转动使所需试剂瓶进入试剂吸取位置,试剂针定量吸取试剂加入至该反应杯中。反应杯随反应盘继续旋转至搅拌位,搅拌机构将反应杯内液体搅拌混匀。仪器按指定顺序进行全部待测标本的取样加试剂及混匀。

2. **保温反应** 反应杯内液体在恒温环境下进行孵育,样品及试剂在加入反应杯后就立即进入孵育状态,随后被加温到设定的孵育温度,并一直保持这个温度直到反应结束。

3. **吸光度检测计算及结果输出** 反应盘旋转的同时反应杯内液体在恒温条件下进行化学反应。当该反应杯旋转至吸光度检测窗口时,进行反应体系的吸光度值检测,再根据检测到的吸光度值计算检测结果,并显示或打印出来。

五、自动生化分析仪的参数与性能指标

（一）仪器参数

参数也叫参变量,仪器的参数是指给仪器下达的指令。参数的正确设计与合理使用是仪器正常工作的前提条件。通过设置正确的参数控制仪器完成一系列复杂而有序的操作程序。仪器的参数较多,如测量波长、孵育温度、样本与试剂的量、试剂类型、分析方法、校正方法、分析时间、线性范围、反应方向等。

1. **测量波长** 测量波长可选择单波长或双波长。单波长是只用一个波长检测物质的光吸收强度的方法。双波长包括主波长和次波长,主波长是指定一个与被测物质反应产物的光吸收有关的波长;次波长是在使用双波长时,要指定一个与主波长、干扰物质光吸收有关的波长。自动生化分析仪多采

用双波长进行检测。

2. 孵育温度　孵育温度是指仪器给予反应体系的反应温度,一般有 30℃、37℃ 可供选择,通常固定为 37℃。

3. 样本与试剂量　样本与试剂量的设置一般可按照试剂说明上的比例,并结合仪器的特性而定,如样品和试剂的最小加样量,加样范围及最小反应体积。在设置加样量时可按比例缩减或重新设计,但设置的值必须满足检测灵敏度和线性范围的要求。

4. 试剂类型　常用的试剂类型有单试剂法和双试剂法。单试剂法是指反应体系中只加一种试剂的方法,双试剂法是指在反应过程中试剂分开配制分时段加入反应体系中,可消除一些干扰和非特异性反应,确保检测结果的准确性。

5. 分析方法　分析方法有以下几种可供选择,包括一点终点法、两点终点法、固定时间法、两点速率法、多点速率法。可以根据试剂生产厂家提供的说明书选择相应的分析方法,也可根据项目的反应原理、反应曲线选择相应的分析方法。

6. 校正方法　校正方法有一点校正、两点校正及多点校正三种供选择。一点校正法为通过坐标零点和校准点的一条直线,常用于酶类项目的测定。两点校正法是通过设定两个校准点固定一条直线的方法来校正的,可用于终点法和连续监测法的校正。多点校正法是多个具有浓度梯度的校准品用非线性进行校准,产生的曲线为非线性曲线,多用于免疫比浊等的工作曲线。非线性曲线有对数曲线、指数曲线、二次方程曲线、三次方程曲线、logit 转换和 logistics 函数等供选择。

7. 分析时间　分析时间的选择和设定是自动生化分析仪参数设定的重要环节,直接影响检验结果的准确性。不同检测项目的反应时间与测量点都是不一样的。如溴甲酚绿法测定白蛋白时,其测定时间为 1min,超过时间测定会出现错误结果,因为超过时间测定时,部分球蛋白也参与了反应。检测酶的活力时必须在零级反应期内测定。因此可根据检测原理及时间-反应进程曲线选择最佳分析时间。

8. 线性范围　线性范围是指检测结果与吸光度变化成比例的范围。对仪器参数设计而言,是指吸光度设定的最大值和最小值。

9. 反应方向　反应方向有正向反应和负向反应两种,吸光度增加与反应物浓度成正相关为正向反应,反之为负向反应。

参数设计界面见图 4-20。

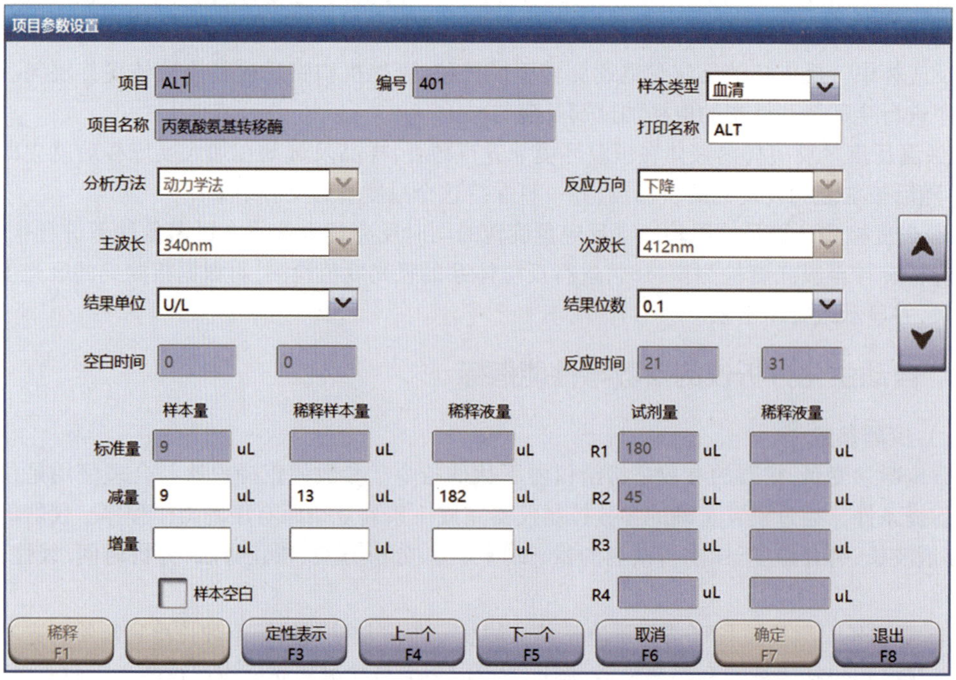

图 4-20　参数设计界面

（二）自动生化分析仪的性能指标

对生化分析仪性能评价的常用指标有检测准确度、自动化程度、分析效率、应用范围、检测成本等。

1. **检测准确度**　检测准确度包括正确度和精密度，是自动生化分析仪最重要的性能指标。它由检测仪器、试剂、校准品等共同组成的检测系统决定。

2. **自动化程度**　自动化程度指仪器能够独立完成生物化学检验操作程序的能力。自动化程度越高使用越简单、越方便。常用的评价指标有：能否自动处理样本、自动加样、自动清洗、自动开关机；单位时间处理样本的能力；可同步分析项目数量；自动报警功能；探针触物保护功能；试剂剩余量的提示功能；自动数据分析处理功能；故障自我诊断功能等。

3. **分析效率**　分析效率是指在分析方法相同的情况下分析速度的快慢，常用的评价方式是每小时能完成的测试数目。与样品针及试剂针的取样速度、分析盘的大小等参数相关。

4. **应用范围**　应用范围是衡量自动生化分析仪的一个综合指标，与仪器的设计原理结构相关，包括反应类型、分析方法的种类、光路的设计、可使用检测波长的范围、最大可拓展测试项目数等。

5. **检测成本**　在能达到临床要求的检测准确度要求的同时，能减少试剂的用量，从而降低检测成本。所以仪器的最少取液量、最少反应体积等也是仪器的重要的性能指标。

六、自动生化分析仪的使用、维护与常见故障处理

（一）自动生化分析仪的使用

在使用前必须认真阅读仪器说明书，并经过系统的操作培训后方能使用仪器进行检测。虽然每台仪器的操作细则不一，但主要流程都包括开机前准备、开机、每日开机保养、消耗品准备、校准及质控、下达检测指令、开始运行、监控仪器运行状态、查看并审核检测结果、关机保养、关机等。自动生化分析仪的操作流程（图 4-21）。

（二）自动生化分析仪的维护

自动生化分析仪是临床重要的检测工具，设计精密，价格昂贵。要获得可靠的分析结果，延长仪器使用寿命，减少维修频率，提高检测效率，必须建立仪器使用规范及严格的维护保养程序并做好维护保养记录。一般包括每天维护、每周维护、每月维护、每季维护、不定期维护等。

1. **每日维护**　主要是针对样品针、试剂针、搅拌棒、仪器台面、循环水浴槽及检测光路等进行的维护和检测。①清洗样品针、试剂针及搅拌棒的纤维蛋白，防止交叉污染。②用蘸有清洁剂的抹布清洁仪器表面，但不可使用有机溶剂。③更换孵育槽中的水并添加仪器专用防腐剂。④启动光路检测程序，检测光路。

2. **每周维护**　主要是针对反应杯及水浴槽的清洗。①执行比色杯清洗程序，对比色杯进行清洗。这是由于比色杯经过反复使用后，会在比色杯内壁附有用常规方法难以彻底冲洗的物质，这些物质会引起交叉污染，通过使用专用的反应杯清洗剂能比较彻底地清洗掉这些附着物。②检查比色杯的空白吸光度，以了解比色杯经过一段时间使用后透光性的改变情况，以及光路系统的情况。③对于用恒温水浴方式进行保温反应的仪器，要清洗恒温水槽。

3. **每月维护**　主要针对清洗装置本身如清洗机构、冲洗站、冲洗槽等。另外纯水桶、供水过滤器、散热器过滤网等也要进行清洗。

4. **每季维护**　检查并更换注射器的垫圈等。

5. **不定期维护**　是指对一些易磨损的消耗部件进行检查与更换。检查各冲洗管路是否畅通，有无漏气现象，并用专用清洗液进行管路清洗。检查各机械运转部分是否工作正常，并添加专用润滑剂。根据比色杯透光度的检测情况决定比色杯是否需要更换。根据光源的稳定性情况决定光源灯是否需要更换。

（三）自动生化分析仪的常见故障处理

1. **堵孔**　样本针堵塞是自动生化分析仪较为常见的，且较易发生的故障。引起阻塞的原因主要

开机前准备	查看仪器电源及去离子水供应情况,固定位试剂是否充足,废液桶是否倒空
开机	按操作要求依次打开电源开关,等待仪器完成自检
每日开机保养	完成仪器要求的每日开机保养程序,如光源的检测、反应杯空白检测、排气、更换水槽孵育水等
消耗品准备	包括试剂更换、保养液更换、定标液及质控液更换等。根据日本检测量补充试剂,根据要定标及质控的项目更换相应的定标液与质控液
校准及质控	根据检测项目需要进行校准及质控检测。确定校准信息,查看质控结果,判断是否失控
编程录入	将需要检测的项目分批次编制录入,设置好样本编号、样本位置号、检测项目、处置类型(常规标本或急诊标本),经核对无误后,开始检测
运行检测	启动运行前再次查看仪器的状况,确保仪器台面无障碍物后启动运行
监控运行状态	在启动运行后,监控仪器的运行状态,及时处理仪器运行过程中的突发情况,如遇报警提示时,需根据报警信息检查处理,保证仪器正常持续运转
检查并审核检测结果	检测完毕后,查看并审核检测结果,必要时查看反应曲线,检测结果确定无误方可发出检测报告
关机保养	完成当天的所有测试后,执行关机保养程序
关机	待仪器提示关闭电源时,按仪器操作说明依次关闭电源开关。如试剂仓存有试剂时,需保留试剂室冷藏电源开关。清洁分析仪台面,按生物安全要求处理反应废液等

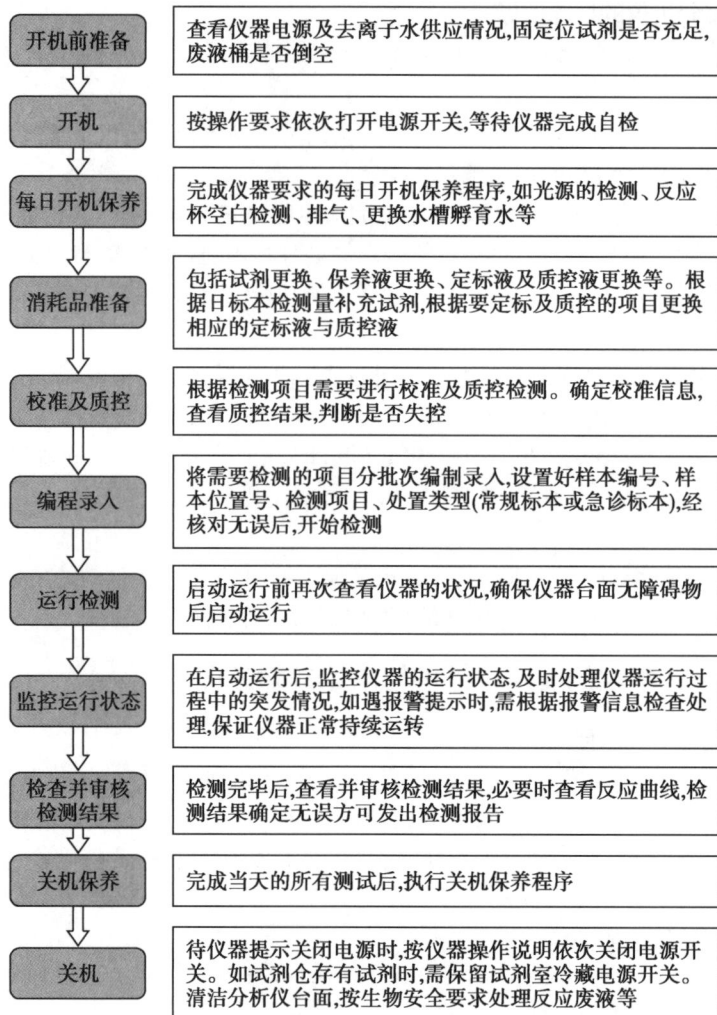

图 4-21 自动生化分析仪的操作流程

有:①血液标本分离不彻底,血清内存在凝集的纤维蛋白黏附物或其他异物被吸入;②血清表面的微小血细胞颗粒等漂浮物被吸入;③蒸馏水中杂质沉积导致冲洗过程中加样针堵塞。

处理的办法:若目视可见纤维蛋白黏附物,可小心用棉签拭去;或调出系统维护界面,用样本注射器吸取次氯酸钠浸泡样本针管道,然后用蒸馏水反复多次冲洗;堵塞不易清除时,可用细钢丝从样本针的下端穿入进行排堵。但此法不宜常用,以防样品针内壁受损。

2. **测量结果异常** 生化分析仪在开机运行一段时间后,对正常标本检测过程中出现连续测量结果异常,且测量偏倚并不拘泥于一侧,或者结果异常间断发生而不连续。这些现象的出现大大降低了仪器的精密度和分析结果的可信性。出现类似问题,大多是灯泡到了使用寿命,需要及时更换,具体调整方法参照机器的说明书。

3. **报警处置** 目前绝大多数自动生化分析仪都有报警装置,遇到仪器报警时,首先仔细阅读报警窗,根据提示的报警原因按说明书要求排除故障。或联系仪器售后工程师咨询解决办法,同时做好故障记录。

以上问题是实验室操作人员通过故障判断,就可以采取解决措施的。对于电子元件毁损的处理仍需厂商或专业人员的维修来解决。总之,任何仪器在长期使用过程中,都难免会出现故障,只要仪器使用人员有高度的责任心,上机前仔细阅读好仪器说明书,接受良好的培训,对仪器的原理,使用注意事项,引起实验误差的因素及维护、保养有充分了解,做好每天、每周、每月仪器的维护和保养工作,重视仪器维护和保养在实验室全过程质量管理中的意义和作用,认真总结经验,就能将故障发生率降到最低限度,以保证仪器的正常使用。

七、自动生化分析仪的临床应用

（一）在疾病诊断中的应用

大型全自动生化分析仪可同时检测几十项指标,如肝功能、肾功能、血脂、血糖、心肌酶谱、血清酶类、药物浓度等。部分生化分析仪还可开展透射免疫比浊检查,可用于检查免疫球蛋白、补体 C3、补体 C4、类风湿因子、抗链球菌溶血素 O、C 反应蛋白、转铁蛋白、尿微量蛋白、肌钙蛋白、肌红蛋白等。通过这些检测项目,可对病人的肝功能、肾功能、脂代谢、糖代谢、心肌损伤、免疫状况、风湿疾病、感染等进行综合评估,为临床作出诊断及鉴别诊断提供了丰富的依据。同时它的快速、准确和高效也是临床能及时诊断的有力保证。

（二）在治疗过程监测中的应用

全自动生化分析仪具有良好的性能指标,让检测结果的准确度和精密度有了保障。这是疾病治疗过程中进行监测和疗效观察的技术基础。医生可对多次检测结果进行比较分析,以此观察疗效及预后判断。另外许多慢性病病人需要长期服用某种药物,但由于药效学、药动力学等原因,需要进行药物浓度监测,以防止摄入药物过量或治疗浓度不足,因此而给病人带来不良后果。如强心苷类、免疫抑制剂、平喘药等。全自动生化分析技术可以快速准确的监测血中相应药物的浓度,为这类病人的安全用药提供了重要保障。

（三）在疾病预防中的应用

疾病的预防是疾病防治过程的重中之重,定期的体检是评估健康状况的重要手段。在常规健康体检中,生化指标的检测是必不可少的。健康体检的人数多、测试量大,没有自动生化分析仪的快速检测,很难在标本效期内完成测定。全自动生化分析技术的推广为人们的健康体检提供了技术保障。

（柏　彬）

第三节　电解质分析仪

电解质是指溶液中能够解离成带电离子而具有导电性能的一类物质,在临床应用中主要指体液中的 K^+、Na^+、Cl^-、Ca^{2+}、Mg^{2+}、HCO_3^- 和无机磷等电解质。电解质分析仪(electrolyte analyzer)是对不同体液中电解质的含量进行测定的检验分析仪器。根据测定原理的不同,有化学法、火焰光度法、原子吸收法和离子选择性电极法等。基于离子选择性电极法的电解质分析仪结构简单、操作方便快速、选择性好、灵敏度高、结果准确,可以进行微量连续测定,并可与血气分析仪和生化分析仪进行联合检测,目前已广泛应用于临床。本节则主要讲述以离子选择性电极为传感器的电解质分析仪。

0405

电解质分析仪(图片)

知识链接

火焰光度法测定电解质

目前火焰光度法已不再作为临床实验室电解质测定的常规方法,但美国临床和实验室标准化协会(CLSI)依然将火焰光度法作为钠、钾检测的参考方法。火焰光度法是以火焰作为激发光源,使钠、钾等原子获得能量被激发至激发态,处于激发态原子不稳定,会快速释放出能量回到基态并发射特征辐射。光电检测系统通过测量钠、钾等原子发射的特征辐射的强度,从而对其进行定量分析。

0406

离子选择性电极工作原理(微课)

一、电解质分析仪的工作原理

（一）离子选择性电极工作原理

离子选择性电极(ISE)是一种用特殊敏感膜制成,对溶液中特定离子具有选择性响应的电极。离子选择性电极一般由敏感膜、内参比电极、内参比溶液和电极管组成(图 4-22)。

笔记

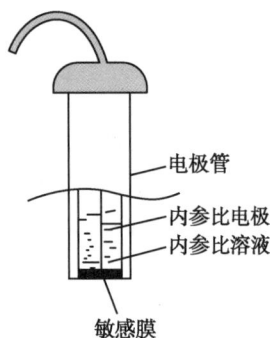

图 4-22 离子选择性电极的结构示意图

电解质分析仪工作原理（动画）

当离子选择性电极插入溶液时，被测离子在电极敏感膜和溶液界面之间发生离子的交换和扩散，改变了两相中原有的电荷分布，形成双电层，产生膜电位。离子选择性电极的电位由膜电位和内参比电极的电极电位共同决定，在一定条件下内参比电极的电极电位值固定，且内充溶液的离子活度恒定，则离子选择性电极的电极电位为：

$$\varphi_{ISE} = k \pm \frac{2.303RT}{nF} \ln C_x f_x$$

式中，阳离子选择性电极为正，阴离子选择性电极为负，R 为气体常数，F 为法拉第常数，T 为热力学温度，n 为离子电荷数，C_x 为被测离子浓度，f_x 为被测离子活度系数，k 在测量条件恒定时为常数。

该式表明，在一定温度条件下，离子选择性电极的电极电位与被测离子浓度的对数呈线性关系，故离子性选择电极的电极电位值可用于指示被测离子的浓度或活度的变化。而且，由于离子选择性电极的敏感膜材料只能对某种特定的离子响应，在进行测定时，根据被测离子的种类不同，需要选择不同的离子选择性电极。

（二）电解质分析仪的工作原理

离子选择性电极测定法采用毛细管测试管路，以离子选择性电极作为正极，以参比电极作为负极，组成原电池。通过测量原电池的电动势，即可求出被测离子的浓度或者活度值，经放大处理后，将测量结果送到显示器显示或由打印机打印（图 4-23）。

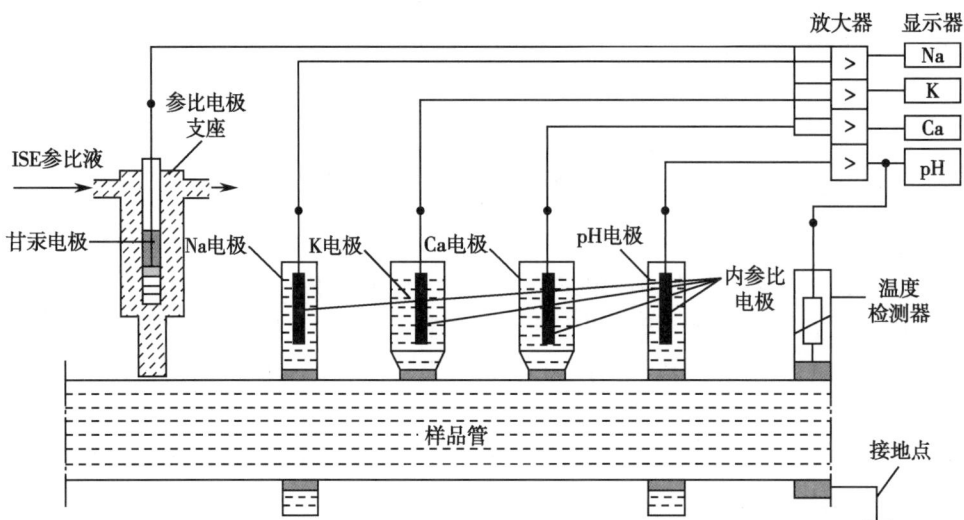

图 4-23 电解质分析仪的工作原理图

在测量过程中，当样本溶液与离子选择性电极发生接触时，各离子选择性电极的电极膜上离子与其相对应的离子间发生离子的交换和扩散，改变了各离子选择性电极的膜电位，使其与参比电极之间产生电位差形成电动势 E。离子选择性电极的原电池电动势 E 可表示为：

$$E = \varphi_{ISE} - \varphi_{参比} = (k - \varphi_{参比}) + \frac{2.303RT}{F} \ln C_x f_x$$

由上式可知，由于参比电极的电极电位为一定值，通过测量原电池的电动势 E，即可转化为被测离子的浓度或者活度。

以电解质分析仪测定 pH 为例，pH 测定常以 pH 玻璃电极为测量电极，以饱和甘汞电极为参比电极，插入待测样本溶液构成原电池，25℃时该原电池的电动势为：

$$E = \varphi_{玻璃} - \varphi_{甘汞} = (k - \varphi_{甘汞}) + 0.059 pH_x$$

由于饱和甘汞电极的电极电位为一定值,则这个电池的电动势随待测样本溶液的 pH 变化而变化,因此测定该原电池的电动势即可得出样本溶液的 pH。由于电解质分析仪可配备不同类型的离子选择性电极,既可用于测定样本溶液 pH,也可同时测定 K^+、Na^+、Cl^-、Ca^{2+}、Li^+、Mg^{2+} 等离子活度或浓度。

离子选择性电极测定法又分为直接电位法和间接电位法两种。直接电位法是指待测样品和标准液均不经过稀释直接由电极测量。间接电位法是待测样品和标准液需用特定的离子强度缓冲液稀释后由电极测量。

二、电解质分析仪的分类

（一）按自动化程度分类

电解质分析仪分为半自动电解质分析仪和全自动电解质分析仪。

（二）按工作方式分类

电解质分析仪分为湿式电解质分析仪和干式电解质分析仪,临床上常用湿式电解质分析仪。

1. 湿式电解质分析仪　湿式电解质分析仪是将离子选择性电极和参比电极插入被测样品中组成原电池,然后通过测量原电池的电动势进行测试分析(图 4-24)。

2. 干式电解质分析仪　电解质的干化学测定法目前主要有两类:一类是基于反射光度法,另一类是基于离子选择性电极的方法。其中,最常用的是基于离子选择性电极的差示电位法,由两个完全相同的离子选择性电极的多层膜片组成,两个电极均由离子选择性敏感膜、参比层、氯化银层和银层组成,用一纸盐桥相连,左边为样

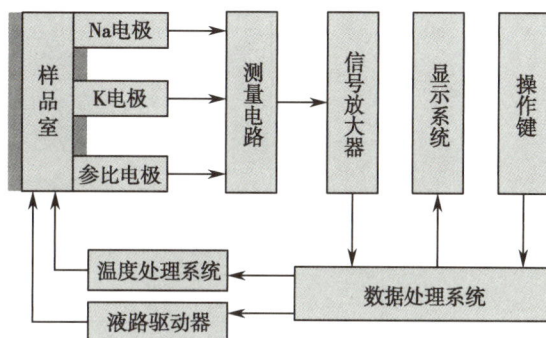

图 4-24　湿式电解质分析仪结构示意图

品电极,右边为参比电极(图 4-25)。测定时,用双孔移液管取等量体积的样本溶液和参比液分别滴入两个加样孔内,即可测定两者的差示电位。

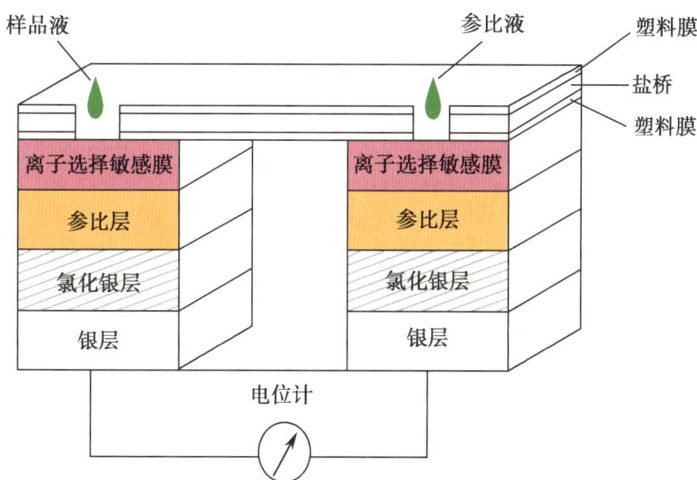

图 4-25　基于离子选择性电极法的干式电解质分析仪结构示意图

（三）常用电解质分析仪

目前检测电解质的仪器很多,电化学法检测电解质可分为电解质分析仪、含电解质分析的血气分析仪、含电解质分析的自动生化分析仪三大类:

1. 电解质分析仪　仅能进行电解质分析,仪器配备高效、准确可靠的数据分析系统。仪器通常可全自动吸样及冲洗,既可做急诊又可批量分析。全自动电解质分析仪还能自动定标和连续监控,可以分析血清、血浆、全血和尿液标本,具有强大的数据处理功能。

2. 含电解质分析的血气分析仪 这类仪器既能对 K^+、Na^+、Cl^-、Ca^{2+}等进行急诊和批量分析,也能进行血气分析。

3. 含电解质分析的自动生化分析仪 20 世纪 80 年代以来,分立式自动生化分析仪生产技术日趋成熟,这类产品中相当一部分是含有电解质分析仪的自动生化分析仪。

三、电解质分析仪的基本结构

电解质分析仪通常由面板系统、电极系统、液路系统、电路系统、显示器和打印机等部分组成,其结构见图 4-26。

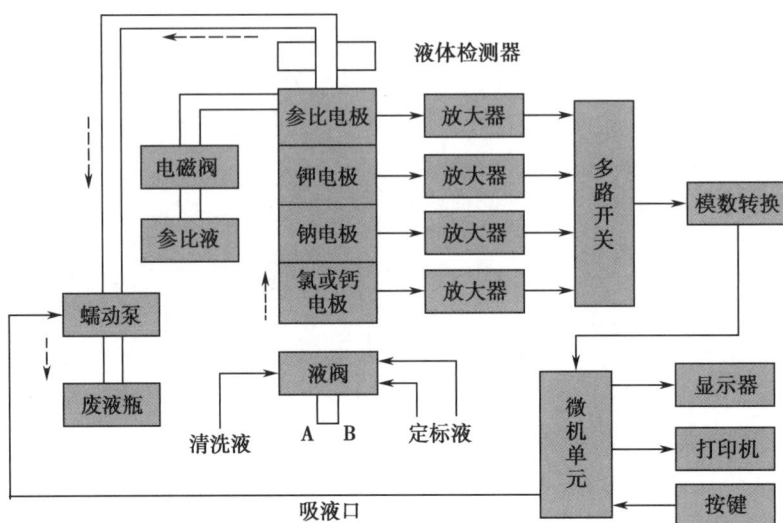

图 4-26 电解质分析仪方框图

(一)面板系统

不同的电解质分析仪的仪器面板上都有人机对话操作键。如湿式电解质分析仪板面上都具有"YES"和"NO"操作键,"YES"键用来接收显示屏上的提问,"NO"键用来否定显示屏上的提问。面板上的输出键可安装打印纸按键。在测定时,操作者可通过按键进行参数设置和操作检测过程。

(二)电极系统

电极系统是测定样品结果的关键,决定结果的准确度和灵敏度。电极系统包括指示电极和参比电极(表 4-2),指示电极包括 pH、K^+、Na^+、Cl^-、Ca^{2+}、Li^+、Mg^{2+}等离子选择性电极;参比电极一般有甘汞电极和 Ag/AgCl 电极两种。

表 4-2 电解质分析仪电极系统

电极名称	特 点	
	组 成	工 作 原 理
钠电极	含铅硅酸钠的玻璃电极	该电极敏感膜对钠离子敏感,产生的电位和待测样本中钠离子的浓度相关
钾电极	缬氨霉素和聚氯乙烯材料	该电极敏感膜利用钾离子与缬氨霉素的强结合力,仅对钾离子有响应,产生的电位与待测样本中钾离子的浓度相关
氯电极	金属氯化物材料	该电极敏感膜仅对氯离子有响应,产生的电位与待测样本中氯离子相关
参比电极	甘汞电极和 Ag/AgCl 电极	电位不随被测离子的浓度而变化,其作用是提供稳定电位

电解质分析仪在实际应用中通常同时检测多个参数,因此仪器多采用离子选择性电极的电极组,电极组内为多种离子选择性电极和参比电极,各电极被安装在相应的电极套内。在电极套内设置有

玻璃毛细管,各电极通过玻璃毛细管密闭连接,形成了可通过样本溶液的毛细管通路。由于测量电极和测量毛细管形成了一体化结构,测量毛细管不易堵孔,便于维护。

(三)液路系统

液路系统主要作用是为加样室提供样本溶液和定标液的装置。不同类型的电解质分析仪的液路系统稍有不同,但通常由标本盘、溶液瓶、吸样针、三通阀、电极系统和蠕动泵等组成,其中,蠕动泵为各种试剂的流动提供动力,蠕动泵、样品盘和三通阀的工作均由微机控制。

液路系统通路由定标液通路、冲洗液通路、样本通路、废液通路、回水通路和电磁阀通路等组成。液路系统直接影响样品浓度测定的准确性和稳定性。

(四)电路系统

电路系统通常将电极产生的微弱信号经放大器放大,进入 A/D 转换,然后送至数字显示器显示并打印结果。电路系统一般由五大模块组成,分别为电源电路模块、微处理器模块、输入输出模块、信号放大及数据采集模块、蠕动泵和三通阀控制模块。

(五)软件系统

软件系统是控制仪器运作的关键。它提供仪器微处理系统操作、仪器设定程序操作、仪器测定程序操作和自动清洗等操作程序。

四、电解质分析仪的使用方法

(一)电解质分析仪操作流程

临床实验室的电解质分析仪型号、品牌较多,但基本操作步骤基本一致(图 4-27)。

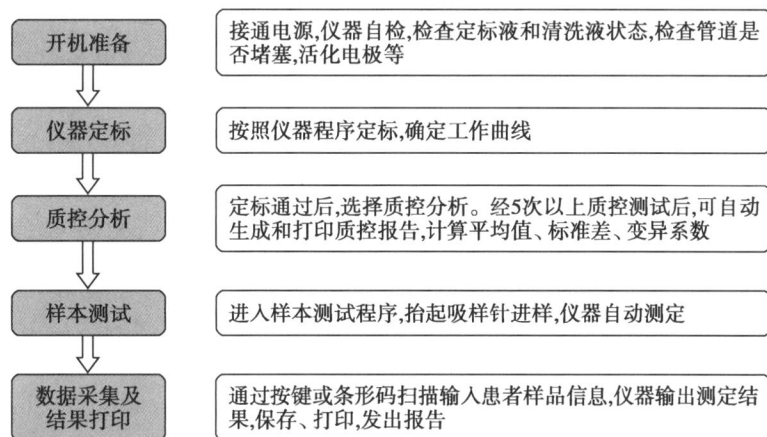

开机准备	接通电源,仪器自检,检查定标液和清洗液状态,检查管道是否堵塞,活化电极等
仪器定标	按照仪器程序定标,确定工作曲线
质控分析	定标通过后,选择质控分析。经5次以上质控测试后,可自动生成和打印质控报告,计算平均值、标准差、变异系数
样本测试	进入样本测试程序,抬起吸样针进样,仪器自动测定
数据采集及结果打印	通过按键或条形码扫描输入患者样品信息,仪器输出测定结果,保存、打印,发出报告

图 4-27 电解质分析仪操作流程图

(二)电解质分析仪操作注意事项

1. 样本采集后 1h 内分析,应避免溶血,否则钾含量会升高。使用止血带会导致钾水平升高 10%~20%,建议采血时不要用止血带,或应在拔出针前释放止血带。

2. 标准液和样品的 pH 应保持在 6~9,否则易干扰钠含量的测定。

3. 不要使用肝素胺、EDTA 或 NaF 抗凝样本,否则易干扰测定结果。

4. 仪器吸入样品过程中不能吸入气泡,否则易引起误差;不能吸入凝血块,以免堵塞管道。

5. 如果环境温度变化大于 10℃,须重新校正一次。

五、电解质分析仪的维护与常见故障处理

(一)电极系统的维护

仪器在工作过程中,由于电极的内充液与样品之间存在着不同程度的离子交换,使电极内充液的浓度逐渐降低,导致膜电位下降,测量结果偏低。因此,需要定期对电极内充液中的离子含量进行检查和调整。在一般操作条件下,钾、锂电极应每 6 个月更换一次,钠电极和参比电极应每 12 个月更换一次。

电解质分析仪使用(视频)

1. **钠电极** 钠电极内充液的浓度降低最为严重,要经常检查、调整内充液浓度。如仪器设计中的每日保养,坚持每日用厂家提供的清洁液和钠电极调整液进行清洗和调整十分必要。钠电极调整液中含有的氟化钠对玻璃有腐蚀性,操作时应引起注意。

2. **钾电极** 钾电极使用过程中易吸附蛋白质,影响电极的灵敏度,每月至少应更换一次内充液。

3. **氯电极** 氯电极的电极膜也易吸附蛋白质,最好用物理法进行膜电极的清洁。方法是取出电极,用柔软的棉线穿过电极,轻轻地来回擦拭电极内壁,将电极膜处聚集的污物擦净。

4. **参比电极** 每周均需检查电极内是否有足够的饱和氯化钾溶液及氯化钾残片。一般3个月更换一次参比电极膜,清洗电极套。

(二)液路系统的维护

仪器在测量过程中,蛋白质易附着在液流通路的泵、管路和电极系统毛细管的内壁上,当测定工作量较大时,内壁附着的蛋白质增厚,易堵塞管路和影响待测样本与电极间的测量电位,进而影响测试结果的准确性。

1. **流路维护** 多数仪器配置有仪器流路维护程序,可以根据程序进行维护工作。当流路维护程序结束后,应对仪器进行重新定标。

2. **全流路清洗** 为保证仪器流路中无蛋白质、脂类沉积和盐类结晶,每天工作结束关机前,应进行管路的清洗。仪器进入流路程序,吸入清洗液、去蛋白液或蒸馏水冲洗流路,重复2~3次。冲洗完毕后,应对仪器进行重新定标。

(三)日常维护

仪器维护保养应严格按照使用说明书上的要求,进行每日维护、每周维护、每月维护和每季维护。

1. **每日维护** 检查试剂量,如不足1/4时应及时更换;清洁仪器表面及吸样探针;及时弃去废液瓶中废液。

2. **每周维护** 仪器进行流路清洗,除去蛋白质、脂类沉积和盐类结晶。

3. **每月维护** 取下泵管,清理泵管内试剂通道的堵塞,用酒精棉球清洁泵管和不锈钢转轴,在泵管的弯处涂抹硅油或白色凡士林等润滑剂。

4. **每季维护** 用消毒溶液如2%过氧化氢溶液清洁并对仪器所有表面进行消毒。清洁泵轮,检查泵管,若变形厉害或使用过程中抽液减少、变慢或无法抽液,则需要更换泵管。

(四)常见故障及处理

仪器出现故障时应先排除维护和使用不当等因素,如管道松动或破裂,参比电极液长期未更换,长期没有进行活化去蛋白质,进样针堵塞、泵管老化等。然后检查电极的电压和斜率是否正常,再确认电极输出是否稳定。一些常见故障、产生原因和排除方法见表4-3。

表4-3 电解质分析仪常见故障和处理

故障名称	故障原因	处理方法
仪器不工作	①停电和电源问题;②保险丝熔断	①检查电源;②更换保险丝
定标不能通过或不能稳定	①试剂因素;②泵管老化、漏气;③管道堵塞;④电极不稳定	①检查试剂包状态或更换试剂包;②更换蠕动泵管;③检查标准液管道或电极通道是否堵塞;④若电极不稳定,待稳定30min后再进行两点定标
重复性不良	①电极没有活化;②电极间有漏液;③电极间有血凝块;④参比电极有KCl结晶;⑤电极斜率低于规定值;⑥试剂太少或变质;⑦系统校准没按要求进行	①活化电极;②装紧电极或更换密封套;③电极间有血凝块需要拆开电极,用吸球吹净;④参比电极有KCl结晶,应用纱布擦净;⑤更换新电极;⑥更换试剂;⑦校准2~3次
准确性不够	①不符合质控要求;②参比电极故障	①重新定标和质控;②更换参比电极
吸样不畅、泵管及管路中有气泡	①进样针或管路堵塞;②泵管老化漏气;③管道破裂或接口松动;④阀故障	①先用注射器疏通,再用蒸馏水冲洗进样针或管路;②更换新泵管;③及时更换或接通管道;④检查阀

故障名称	故障原因	处理方法
管路堵塞	①血清中的蛋白、脂类、血凝块等进入采样针和空气检测器导致管路阻塞;②蛋白质和脂类积聚导致电极腔前端与末端部分堵塞;③蛋白积聚导致混合器部分堵塞;④泵管和废液管的堵塞	①采样针与空气检测器部分的堵塞可直接用清洗液保养管路,或拆下空气检测器,用注射器注入 NaClO 溶液反复冲洗进样针和空气检测器,通畅后再用蒸馏水冲洗干净;②电极腔前端与末端部分堵塞可直接用清洗液进行管路清洗保养,或将电极拆下,用 NaClO 溶液浸泡约 2min 后反复清洗,再用蒸馏水洗净,擦干装回;③混合器部分堵塞主要用清洗液或去蛋白液清洗,或将混合器拆下,用注射器将 NaClO 溶液注入混合器浸泡,再用蒸馏水洗净,擦干装回;④用注射器吸入清洗液或蒸馏水冲洗管路
电极漂移与失控	①地线未接好;②电压不稳定;③电磁干扰;④标准液、清洗液和流通池中参比内充液不足;⑤Na、pH 电极漂移;⑥电极全部漂移;⑦定位不好,造成溶液未全部浸没电极;⑧参比电极上方有气泡;⑨试剂过期或被污染	①检查地线或检查漂移的电极银棒是否未插入信号插座或接触不良;②连接不间断电源或质量较好的稳压电源;③独立设置电源,远离功率较大的设备;④及时注满标准液、清洗液和参比内充液;⑤Na、pH 电极漂移时用玻璃电极清洗液清洗,再用蒸馏水反复冲洗;⑥检查参比电极是否到期;⑦重新定位;⑧轻拍流通池,将参比电极上方的气泡移到 Na 电极上方;⑨检查标准液及清洗液瓶是否有絮状沉淀,及时更换
出现异常值	①电压波动;②吸入凝血;③溶液未到位;④盛样本的容器被污染;⑤校正因子有误;⑥长时间未标定	①远离大功率电器;②测试时注意样本是否凝血;③溶液未到位可重新定位;④检查盛血样的容器,清洗;⑤清除校正因子;⑥重新标定
电极斜率降低	①电极膜板上吸附蛋白过多;②空气湿度太大;③温度太低;④电极到达使用期限	①Na 和 pH 电极用专有的清洗液清洗,其余电极可用蛋白清洗液反复清洗去除蛋白,标定稳定后测样。②和③情况主要针对 Na 和 pH 电极,空气湿度太大,选用抽湿机抽湿;温度过低,可在室内升温;④更换电极

六、电解质分析仪的临床应用

电解质在机体具有许多重要的生理功能。人体内电解质的紊乱,会导致体液的容量、分布,电解质含量和渗透压的改变,引起各器官、脏器生理功能失调。电解质的浓度高低偏离还和人体的某些疾病密切相关,如体液中的低钠多见于呕吐、腹泻,慢性肾上腺皮质功能减退,急、慢性肾衰竭等,钠过多常见于心源性水肿、肝腹水、脑瘤等。电解质与水的代谢紊乱病大多为体质性慢性疾病,常伴有遗传倾向。而且,电解质含量的过量偏移会影响人的正常代谢和抗病能力。因此,准确、及时检测机体电解质的含量和酸碱平衡状态,对疾病的诊断、治疗和预后都具有重要的意义。电解质分析仪则可通过测定不同体液中的 H^+、K^+、Na^+、Cl^-、Ca^{2+} 和 Li^+ 等离子浓度或活度,为判断和纠正电解质紊乱,保持体液酸碱平衡和维持渗透压提供依据,已成为人体内环境评价的主要工具之一。

(邹明静)

笔记

第四节　血气分析仪

血气分析仪(blood gas analyzer)是利用电极对人全血中的酸碱度(pH)、二氧化碳分压(PCO_2)和氧分压(PO_2)等进行定量测定,主要应用于人体呼吸功能和酸碱平衡状态的判断。

一、血气分析仪的工作原理

血气分析仪生产厂家较多,型号也有多种,自动化程度不尽相同,但其结构组成和原理基本一致,工作原理相似。

待测血液样品在管路系统的抽吸作用下进入到样品室的测量毛细管。测量毛细管的管壁上开有四个孔,参比电极和 pH、PCO_2、PO_2 三支测量电极分别嵌入四个孔内,其中,由参比电极和 pH 测量电极共同组成 pH 测量系统。当血液样品进入样品室后,管路系统停止抽吸,样品的 pH、PCO_2 和 PO_2 同时被四只电极所感测,三支测量电极分别产生对应于 pH、PCO_2 和 PO_2 参数的电信号,电信号经放大和模数转换后送至仪器微机单元,也可按照有关公式计算其他参数进行自动化分析,经微机处理运算后,可将测量和计算值输送至显示装置显示或由打印机打印测量结果(图 4-28)。

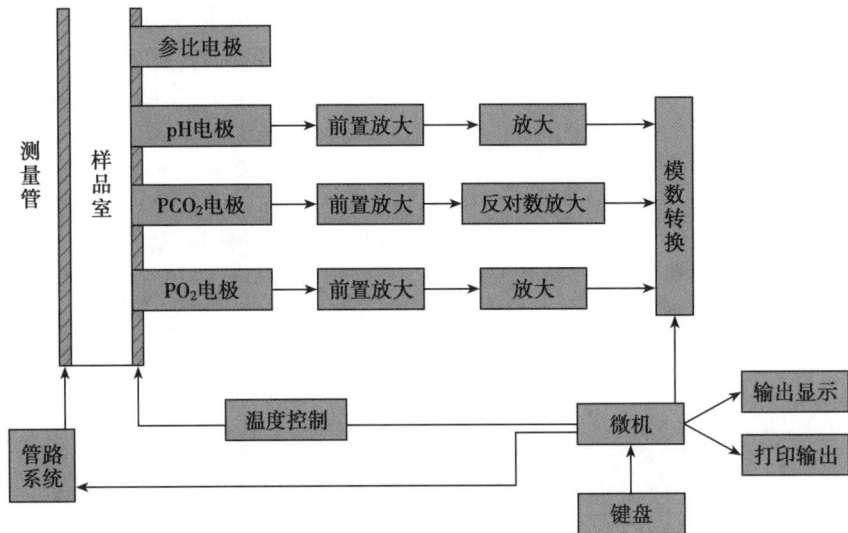

图 4-28　血气分析仪工作原理图

血气分析方法是一种相对测量方法。在测量样品之前,均需用标准液和标准气体确定 pH、PCO_2 和 PO_2 三套电极的工作曲线。通常将确定电极系统工作曲线称为定标或校准。每种电极均需用两种标准物质来进行定标,以便于确定建立工作曲线最少所需要的两个工作点。pH 系统分别使用 7.383 和 6.840 两种标准缓冲液进行定标。O_2 和 CO_2 系统用两种混合气体定标,第一种混合气中含 5% 的 CO_2 和 20% 的 O_2,第二种含 10% 的 CO_2,不含 O_2。部分血气分析仪将上述两种气体混合到两种 pH 缓冲液内,然后对三种电极进行定标。

二、血气分析仪的基本结构

血气分析仪主要由电极系统、管路系统和电路系统三大部分组成。

(一) 电极系统

1. **pH 测量电极**　由 pH 玻璃电极和参比电极组成。

pH 玻璃电极是由 pH 敏感膜、内参比电极(Ag/AgCl 电极)、电极管和特定 pH 内充液组成,其核心部件是电极尖端的敏感膜,敏感膜中 Na^+ 可与待测溶液中 H^+ 发生离子交换,产生膜电位。由于内参比电极电位是一定值,在一定的温度下,pH 玻璃电极的膜电位与 pH 呈线性关系,可用于指示待测溶液 H^+ 浓度的变化。

参比电极通常采用 Ag/AgCl 电极或甘汞电极,为 pH 玻璃电极提供固定的参照电势,其电位值不受待测溶液 H^+ 浓度影响。

当待测血样进入测量室时,pH 玻璃电极和参比电极浸入样品中,以参比电极为正极,pH 玻璃电极为负极即组成原电池。当温度恒定时,如 pH 测量电极与测量室都控制温度在 37℃,参比电极电位和玻璃电极的性质常数均为定值,故该原电池的电动势主要取决于样品中 H^+ 的浓度。通过测量该电池的电动势,即可求得样品的 pH（图 4-29）。

2. PCO_2 电极 PCO_2 电极是一种气敏电极,是由 pH 玻璃电极和参比电极组成的复合电极。

pH 玻璃电极是 PCO_2 电极的基本组成部分,其顶端为 pH 敏感玻璃膜,内参比电极为杆状 Ag/AgCl,电极内充液为含 KCl 的磷酸盐缓冲液。参比电极为环状 Ag/AgCl 电极,位于玻璃电极杆的近侧端。

图 4-29　pH 玻璃电极和参比电极结构示意图

复合电极被装入有机玻璃圆筒,封装在电极外缓冲液（含 $NaHCO_3$-NaCl）中。在电极顶端塑料套上装有 CO_2 分子单透性气体渗透膜,其材料为聚四氟乙烯膜或硅橡胶膜,只能选择性地让血液样品中的 CO_2 分子通过,其他的气体分子和离子均不能通过。当 CO_2 分子扩散进入电极内,在外缓冲液中溶解,水化并建立电离平衡,使溶液中 H^+ 浓度增加,pH 下降（图 4-30）。由于待测溶液 pH 的改变与血样 PCO_2 数值的变化呈线性关系,通过复合电极测定 pH 改变值,经过对数转换计算,即可得出 PCO_2 值。

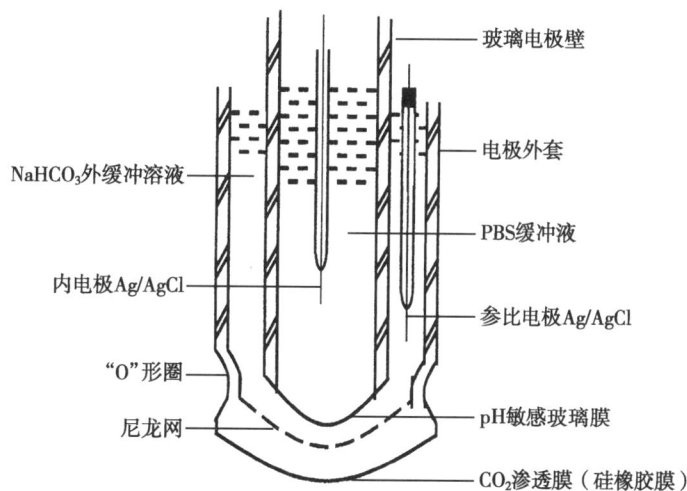

$$CO_2 + H_2O \longrightarrow H_2CO_3 \longrightarrow H^+ + HCO_3^-$$

图 4-30　PCO_2 电极结构示意图

3. PO_2 电极 PO_2 电极也是一种气敏电极,依据电解氧的原理对 O_2 进行测定。目前应用较多的氧电极是 Clark 电极,由铂阴极、银/氯化银阳极、氯化钾电解质和 O_2 分子单透性气体渗透膜构成（图 4-31）。

在 O_2 分子气体渗透膜作用下,待测血样中的 O_2 依靠 PO_2 梯度透过渗透膜进入电极。当外加电压在 0.4~0.8V 时,产生如下化学变化:

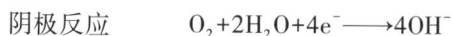

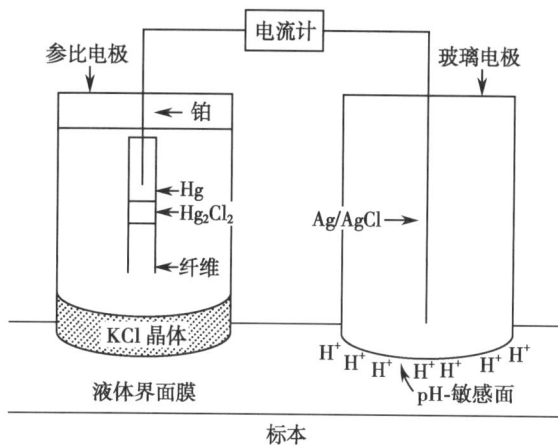

阴极反应　　　　$O_2 + 2H_2O + 4e^- \longrightarrow 4OH^-$

电解质反应　　　$NaCl + OH^- \longrightarrow NaOH + Cl^-$

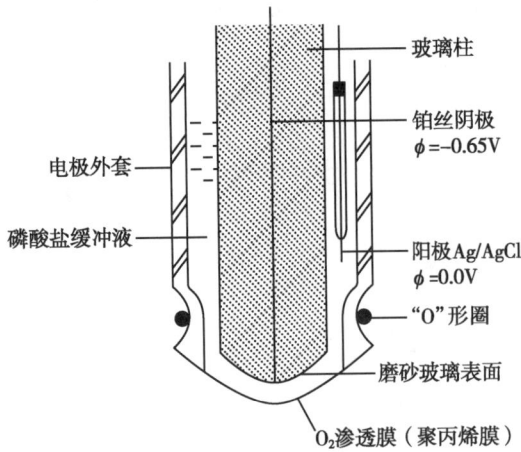

图 4-31 PO_2 电极结构示意图

阳极反应 $Ag^+ + Cl^- \longrightarrow AgCl + e^-$

O_2 在铂阴极表面不断被还原，阳极不断地产生 Ag^+ 并与 Cl^- 结合成 $AgCl$ 沉积在电极上，氧化还原反应导致阴阳极之间产生电流，且电流的大小取决于阴极表面 O_2。因此，通过测定电流的变化即可测定血样中 PO_2 值。

（二）管路系统

血气分析仪管路系统是血液样品测量的通路，其在计算机的控制下可完成自动定标、自动测量、自动冲洗等功能，主要由测量室、转换器、气路系统、液路系统、蠕动泵和真空泵等组成（图 4-32）。由于该部分结构比较复杂，其在工作过程中出现的故障率较高。

1. **测量室** 测量室为管路系统的中心，测量毛

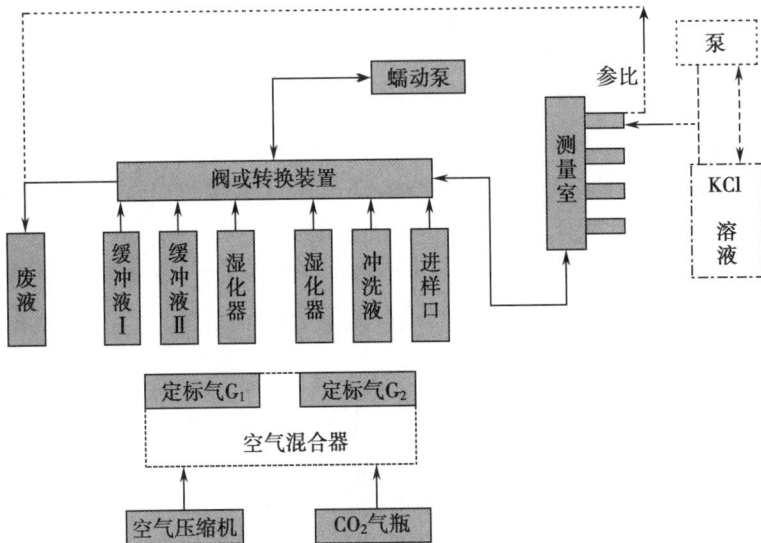

图 4-32 血气分析仪管路系统示意图

细管位于测量室内，其管壁上留有四个小孔，用于露出参比电极、pH 玻璃电极、PCO_2 电极和 PO_2 电极端部。在毛细管上还设置了四个样品探测器头，用于监测取样过程。由于电极对温度非常敏感，测量室内还设置了加热器和温度传感器，严格要求恒温，现在使用较多的是固体恒温式装置，通常将测量室温度控制在 $37℃ \pm 0.1℃$。

2. **转换器** 转换器为具有七个圆孔的塑料圆盘结构，转换器上共有 14 个位置，前七个位置用于向测量室流入液体和气体，后七个位置为毛细管流出通道。转换器用于仪器所有管路和测量毛细管的相互连接，以便于使定标液、冲洗液、定标气体和样品能进入测量毛细管内，由程序控制驱动电机正向或者反向转动。

3. **气路系统** 气路系统由空气压缩机、CO_2 气瓶、气体混合器和湿化器、泵、阀门等组成，用于提供 PCO_2 电极和 PO_2 电极定标时所用的两种气体。

气路系统分为两种类型：一种是压缩气瓶供气方式，又称为外配气方式；另一种是气体混合器供气方式，又称为内配气方式。

压缩气瓶供气方式通过外配的两个压缩气瓶供气，一个含 20% 的 O_2 和 5% 的 CO_2，一个含 10% 的 CO_2，不含 O_2。经过气瓶减压阀减压后输出的气体，首先经过湿化器饱和湿化后，再经阀或转换装置送至测量室中，对 PCO_2 和 PO_2 电极进行定标。

另一种是气体混合器供气方式，又叫内配气方式。气体混合器供气方式是将空气压缩机产生的

压缩空气和气瓶送来的纯 CO_2 气体(纯度要求大于 99.5%)经过仪器自身的气体混合器配比和混合产生定标气体,再经过湿化器饱和湿化后送至测量室对 PCO_2 和 PO_2 电极进行定标。

4. 液路系统　液路系统有两种功能,一是提供 pH 测量电极系统定标用的两种缓冲液,二是自动将定标和测量时停留在测量毛细管中的缓冲液或血液冲洗干净。系统通常需要四个盛放液体的瓶子,其中两个盛放缓冲液 I 和缓冲液 II,第三个盛装冲洗液,第四个盛放废液。此外,部分型号的仪器还配有专用清洗液,该类仪器则还需配备盛装清洗液的容器。

5. 真空泵和蠕动泵　血气分析仪利用真空泵和蠕动泵完成仪器的定标、测量和冲洗。真空泵用于抽取负压,使废液瓶维持负压,通过负压的作用吸引清洗液和干燥空气,用于冲洗和干燥测量毛细管,还用于湿化器的快速充液。蠕动泵用于抽取缓冲液和样品,在定标时用于抽取缓冲液到测量室,在测定血液样品时用于抽取样品。蠕动泵有快慢两档速度,当样品未到达测量室时,蠕动泵快速转动,当样品到达测量室内时,蠕动泵变为慢速转动,以确保样品能够充满测量室且没有气泡。同时蠕动泵抽出冲洗液充满湿化器。

(三)电路系统

血气分析仪电路系统十分重要,其功能是将仪器测量信号进行放大和模数转换,通过键盘输入指令,对仪器进行有效控制,显示和打印结果等(图 4-33)。近年来血气分析仪快速发展主要体现在电路系统的进步,目前已经发展成由计算机控制自动进样、校正、测量、清洗、计算输出打印结果及自动监测等,仪器的自动化程度越来越高,逐步向智能化方向发展。

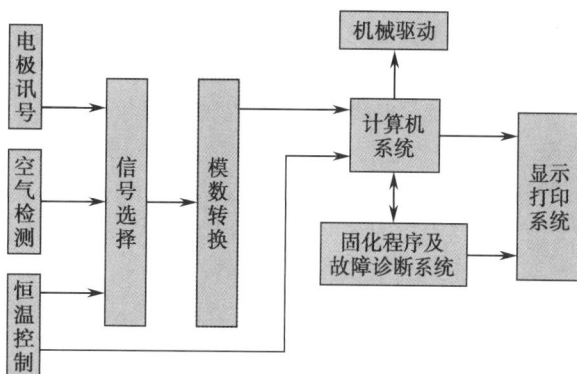

图 4-33　血气分析仪电路原理图

三、血气分析仪的使用方法

目前血气分析仪自动化程度较高,虽然型号、品牌较多,但基本操作流程基本一致(图 4-34)。

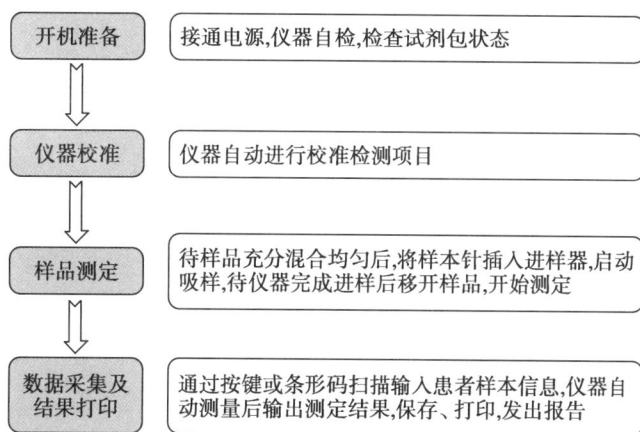

图 4-34　血气分析仪操作流程图

四、血气分析仪的维护和保养

血气分析仪的正常运行,测定结果的准确性和仪器的使用寿命不仅取决于操作人员对仪器的熟悉程度、使用水平,还应注意仪器日常的精心维护和保养。

(一)电极的维护

电极是仪器的贵重部件,应注意保养,尽量延长其寿命。

1. 参比电极的维护　参比电极一般采用甘汞电极,每次更换盐桥或电极内的 KCl 溶液时,除加入

血气分析仪的使用(视频)

室温下饱和的 KCl 溶液外,还需加入少许 KCl 固体,使其在 37℃ 恒温条件下可达到饱和,同时防止气泡产生。参比电极套需定期更换,通常 1~2 周更换一次,在样品较少时,可视具体情况延长更换时间。

2. **pH 玻璃电极的维护** pH 玻璃电极寿命通常为 1~2 年,若使用时间过长,电极可能老化,需更换新电极。如 pH 玻璃电极在空气中暴露 2h 以上,应将其在缓冲液中浸泡 6~24h 才能使用。血液中的纤维蛋白易黏附在 pH 玻璃电极表面,须经常按血液→缓冲液(或生理盐水)→水→空气的顺序进行清洗,也可用随机附送含蛋白水解酶的清洗液或自配的 0.1% 胃蛋白酶盐酸溶液浸泡 30min 以上,用生理缓冲液清洗干净后浸泡备用。

3. **PCO_2 电极的维护** PCO_2 电极半透膜应保持平整、清洁,无皱纹、裂缝和针眼。半透膜及尼龙网应紧贴玻璃膜,不能产生气泡,若出现气泡可致反应速度变慢,引起测定误差。该电极需用专用清洁剂清洗,如果经清洗、更换缓冲液后仍不能正常工作时,应更换半透膜。该电极用久后,阴极端磨砂玻璃上会有 Ag 或 AgCl 沉积,可用缓冲液润湿的细砂纸轻磨去沉积物,再用外缓冲液冲洗干净。

4. **PO_2 电极的维护** PO_2 电极的内电极端部和四个铂丝点应该明净发亮。每次清洗时,应用电极膏对 PO_2 电极进行研磨。但要注意,一是在研磨时要用电极膏将该电极的阳极,即靠电极头部 1cm 处的银套一并擦拭干净;二是氧电极内充的必须为氧电极液。

PCO_2 电极和 PO_2 电极在维护保养后,应进行两点定标,才能使用。

(二)血气分析仪的日常保养

1. **日保养** 检查钢瓶气体压力;检查试剂和更换试剂;检查排空废液瓶,检查气泡室是否有蒸馏水;管道测量系统进行去蛋白处理。

2. **周保养** 检查内电极液,必要时更换;定期更换电极膜;至少冲洗一次管道系统并擦洗分析室。

3. **季度保养** 检查蠕动泵管,必要时更换。

4. **电极系统保养** 若电极使用时间过长,电极反应变慢,可用电极活化液对 pH 玻璃电极和 PCO_2 电极活化,对 PO_2 电极进行轻轻打磨,除去电极表面氧化层。仪器避免测定强酸或强碱样品,以免损坏电极。若对偏酸或偏碱液进行测定时,可对仪器进行几次一点校正。

5. 保持环境温度恒定,避免高温,以免影响仪器准确性和电极稳定性。

6. 为节省试剂,不测定时把血气分析仪设定在睡眠状态。

(三)常见故障及处理

血气分析仪一些常见故障、产生原因和处理方法见表 4-4。

表 4-4 血气分析仪常见故障和处理

故 障 名 称	故 障 原 因	处 理 方 法
样品吸入不良	蠕动泵管老化、漏气或泵坏	更换泵管或维修蠕动泵
样品输入通道堵塞	①血块堵塞;②玻璃碎片堵塞	①血块堵塞:一般用强力冲洗程序将血块冲出排除;②玻璃碎片堵塞:将样品进样口取下来,将玻璃碎片捅出即可
pH 定标不正确	①pH 定标液过期;②两种定标液接反;③仪器接地不好	①检查有效期;②重新安装电极;③接地
PCO_2、PO_2 定标不正确	①钢瓶中气体压力过低;②气体管道破裂、脱落或气路连接错误;③PCO_2 内电极液使用时间过长或内电极液过期;④气室内无蒸馏水或蒸馏水过少,使通过气体未充分湿化;⑤电极膜使用时间过长或电极膜破裂;⑥PCO_2 电极老化或损坏	①更换气压不足的气瓶;②应更换或重新连接管道;③更换内电极液;④补充蒸馏水;⑤更换电极膜;⑥更换电极
定标不正确,但取样时不报警,标本常被冲掉	①分析系统管道内壁附有微小蛋白颗粒或细小血凝块,使管道不通畅;②连接取样传感器的连线断裂;③取样不正确,混入微小气泡	①冲洗管道;②重新连接取样传感器的连线;③重新取样

续表

故障名称	故 障 原 因	处 理 方 法
冲洗液流量不足	①偶然误差;②冲洗液不足或冲洗液试剂瓶未安装好;③标本管破裂或漏气,蠕动泵管老化或漏气;④进样口有障碍物或血凝块;⑤电极未安装好或结合不紧密	①执行清洗;②添加或更换冲洗液,安装好冲洗液试剂瓶;③更换样本管和蠕动泵管;④添加或更换试剂,安好试剂瓶,执行两点定标;⑤重新安装试剂并使其结合紧密
检测到气泡	①样本凝固或有凝块;②标本管漏气或破裂;③电极密封圈安装错误或污损	①立即停止测试并冲洗以清除管道内凝块;②更换样本管;③清洁并装好电极圈,更换损坏的密封圈

五、血气分析仪的临床应用

血气分析常用于机体是否存在酸碱平衡失调以及缺氧程度等的判断,是近年来发展较快的医学检验技术之一。目前广泛应用的血气分析仪,可在几分钟内快速检测出患者血液中的 O_2、CO_2 等气体的含量,血液 pH 的变化及相关指标的变化,还可快速检测血液中 K^+、Na^+、Cl^-、Ca^{2+} 的含量,还能根据所测得的 pH、PCO_2、PO_2 参数及输入的血红蛋白值,进一步计算出血液中的其他参数,如:实际碳酸氢根浓度(AB)、标准碳酸氢根浓度(SB)、血液缓冲碱(BB)、血浆二氧化碳总量(TCO_2)、血液碱剩余(BE_{blood})、细胞外液碱剩余(BE_{ECF})、血氧饱和度(SO_2)等。由此可知,血气分析仪可用于全面危重症参数的监测,可用于对患者进行心肺功能、肝肾功能、酸碱平衡、氧合状态和代谢功能等的综合判断。

目前,血气分析仪已广泛应用于严重外伤、昏迷、休克等危重患者的抢救以及外科手术治疗效果的观察,也可用于肺心病、肺气肿、呕吐、腹泻、中毒等疾病的诊断和治疗,其以快速、准确的数据,为临床进行全面的诊断和最佳的监护治疗提供了有力依据。

知识链接

无创化血气分析仪

适应于无创、微创的医学技术的发展趋势,无创化血气分析成为血气分析仪技术发展的一个重要方向,目前已出现了无创式经皮血气分析仪,其测定原理是皮肤经电极加温后,CO_2 和 O_2 可从血管中弥散出来并通过特定的电极转换为电信号,实时无创检测 PCO_2 和 PO_2 的状况,该技术已在新生儿呼吸窘迫的监护治疗,高频震荡治疗,睡眠呼吸障碍的诊断和治疗等方面发挥了重要的作用。

(邹明静)

第五节　原子吸收光谱仪

原子吸收光谱仪(atomic absorption spectrophotometer,又称原子吸收分光光度计)测定元素含量的方法称为原子吸收光谱法,又称原子吸收分光光度法,简称原子吸收法。它是 20 世纪 50 年代发展起来的一种仪器分析方法,目前已经广泛应用于临床检验、卫生检验、食品检验、环境分析、药物分析等。

原子吸收光谱仪(图片)

一、原子吸收光谱仪的分类与特点

依据原子化方法不同,原子吸收光谱仪主要分为火焰原子吸收光谱仪、无火焰原子吸收光谱仪和低温原子吸收光谱仪三类。它主要有以下特点:

1. 灵敏度高　火焰原子化法灵敏度是 $10^{-9} \sim 10^{-6}$g 数量级,无火焰高温石墨炉法灵敏度可达 $10^{-14} \sim 10^{-10}$g 数量级。

2. 精密度好　火焰原子化法相对标准偏差为 1%,无火焰高温石墨炉法相对标准偏差为 3%~5%。

3. 选择性高　一般不存在共存元素的光谱干扰。

4. **分析速度快** 使用自动进样器,每小时可测定几十个样品。

5. **应用范围广** 可测定的元素已达70多种。

二、原子吸收光谱仪的工作原理

原子吸收光谱仪的工作原理(微课)

原子吸收光谱法是基于由光源发射的待测元素特征谱线通过试样气态原子蒸汽时,被蒸汽中待测元素的基态原子所吸收,根据特征谱线的透射光强度减弱而建立的一种分析方法。

1. **原子吸收光谱的产生** 原子吸收是原子受激吸收跃迁的过程。试样在高温(火焰或非火焰)作用下产生气态原子蒸汽(主要是基态原子),当入射光源通过原子蒸汽时,基态原子从光源中吸收能量,原子外层电子由基态跃迁至激发态,产生共振吸收,从而产生原子吸收光谱。

原子外层电子从基态跃迁至第一激发态时,产生的吸收谱线称为共振吸收线,反之则称为共振发射线。由于共振吸收线所需能量最低,最容易发生,产生的共振吸收最强。又由于每种元素的原子结构和外层电子排布不同,从基态跃迁至第一激发态所需能量不同,产生的共振吸收线不同,因此,共振吸收线是大多数元素所有吸收谱线中最灵敏的谱线,它是元素的特征谱线,原子吸收法常用元素的特征谱线作为分析线进行定量分析。

2. **原子吸收谱线的轮廓** 原子吸收谱线并不是严格几何意义上的线,有一定的宽度,只是宽度很窄。原子吸收(或发射)谱线的轮廓,用中心频率和半宽度表征。

以吸收系数(K_ν)为纵坐标,频率(ν)为横坐标,作图所得曲线为原子吸收谱线的轮廓。如图 4-35 中吸收线所示。曲线中,吸收系数极大值对应的频率为中心频率(ν_0),取决于原子的能级分布特征;中心频率处的吸收系数为峰值吸收系数(K_0);峰值吸收系数一半处吸收曲线的宽度为半宽度($\Delta\nu$)。

以发射系数(I_ν)为纵坐标,频率(ν)为横坐标,作图所得曲线为原子发射谱线的轮廓。如图 4-35 中发射线所示。曲线中,发射系数极大值对应的频率为中心频率(ν_0),中心频率处的吸收系数为峰值吸收系数(I_0);峰值吸收系数一半处吸收曲线的宽度为半宽度($\Delta\nu$)。

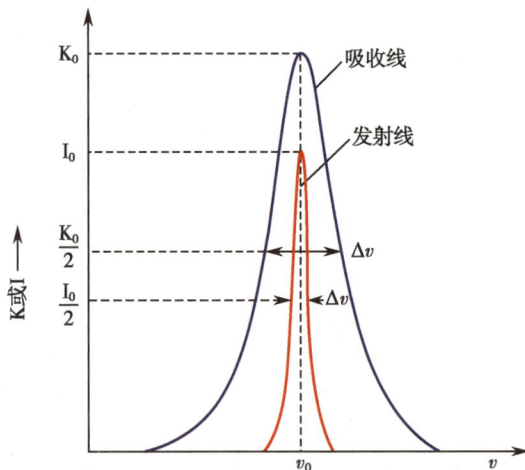

图 4-35 原子吸收谱线和原子发射谱线

比较原子吸收谱线与原子发射谱线的轮廓可知,两个谱线的中心频率重合,且发射谱线的半宽度比吸收谱线的半宽度小得多。

3. **原子吸收光谱仪定量分析基础** 在实验条件一定时,原子吸收光谱法常用的定量公式:$A = Kc$ 也就是说,吸光度(A)与试样中待测元素的浓度(c)呈线性关系。式中 K 为常数。

知识链接

峰值吸收系数

在吸收轮廓内,吸收系数的积分称为积分吸收系数,即图 4-35 中吸收线下面所包括的整个面积,在一定的条件下,积分吸收系数与原子浓度成正比,只要测得积分吸收系数,即可计算出待测元素的含量。但是,由于原子吸收谱线很窄,半宽度只有约 10^{-3}nm,要准确测量积分吸收系数,仪器的单色器必须有高达 50 万以上分辨率的色散元件,这是一般光谱仪所不能达到的。1955 年澳大利亚的沃尔什提出用测量峰值吸收系数代替测量积分吸收系数。他认为,用发射谱线的半宽度比吸收谱线的半宽度小得多的锐线光源,并且发射线与吸收线的中心频率相一致时,便可测出峰值吸收系数。实践证明,在火焰温度低于 3000K 的恒定温度下,峰值吸收系数 K_0 与单位体积原子蒸汽中吸收辐射的待测元素的基态原子数 N_0 成正比。

三、原子吸收光谱仪的基本结构

原子吸收光谱仪由锐线光源、原子化器、单色器和检测系统四个部分组成(图4-36)。

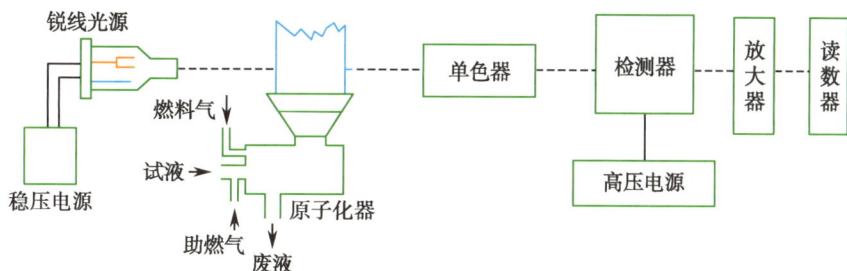

图 4-36　原子吸收光谱仪结构示意图

（一）锐线光源

锐线光源的作用是发射待测元素基态原子所吸收的特征谱线。它必须满足以下要求:发射谱线宽度窄,一般小于0.02nm;发射线强度稳定(30min 漂移不超过1%);发射线强度大,背景小(低于特征谱线强度的1%);结构牢靠,寿命长(5000mA·h 以上)。

空心阴极灯、蒸汽放电灯、高频无极放电灯及可调激光器等均符合上述要求,应用最广泛的是空心阴极灯。

空心阴极灯是一种低压气体放电管。如图4-37 所示。主要有阳极和空腔圆筒形的阴极。阳极由钨棒制成,上端连有钛、锆、钽等吸气性金属。阴极由待测元素的纯金属或合金制成。两电极密封于带有石英窗的硬质玻璃管内,管中充有低压惰性气体,常用氖或氩。当两极间加上200～500V电压时,电子由阴极高速射向阳极,途中遇管内的惰性气体原子发生碰撞,使部分惰性气体原子电离为正离子,便开始辉光放电。正离子在电场作用下飞向阴极,轰击阴极表面的待测元素的原子,使其以激发态的形式溅射出来,处于激发态的原子很不稳定,当它返回基态时,发射出待测元素的特征谱线。当阴极只有一种元素时,称为单元素空心阴极灯;当有多种元素时,称为多元素空心阴极灯。

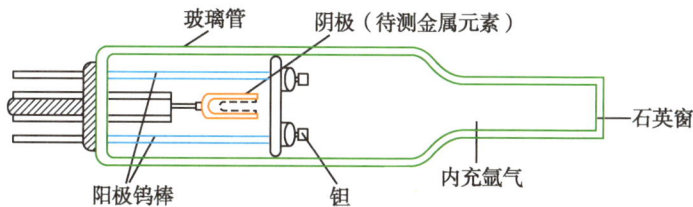

图 4-37　空心阴极灯结构示意图

（二）原子化器

原子化器的作用是使待测元素转化为能吸收特征谱线的气态基态原子。它是原子吸收光谱仪中极其重要的部件。对其要求如下:灵敏度高,使试样原子化的效率尽可能地高,并且基态原子在测定区内要有适当长的停留时间;准确度高且记忆效应要小。前一份样品不影响后一份样品的测定;稳定性高,数据重现性好,噪声要低。

原子化器主要分为火焰原子化器和无火焰原子化器两大类。此外,还有氢化物原子化器和冷蒸汽发生器原子化器。

1. 火焰原子化器　火焰原子化器的作用是将试样溶液雾化成气溶胶后,气溶胶与燃气混合,进入燃烧的火焰中,试样被干燥、蒸发、离解,其中的待测元素转化为气态的基态原子。它结构简单、操作方便、快速,重现性和准确度都比较好,对大多数元素都有较高的灵敏度,适用范围广。

火焰原子化器分为全消耗型和预混合型两种类型。全消耗型系将试液直接喷入火焰进行原子化。预混合型是先将试液的雾滴、燃气和助燃气在进入火焰前,于雾化室内预先混合均匀,然后再进入火焰进行原子化。它气流稳定,噪声小,原子化效率较高,所以一般仪器都采用。它包括雾化器、雾化室和燃烧器三个部分(图4-38)。

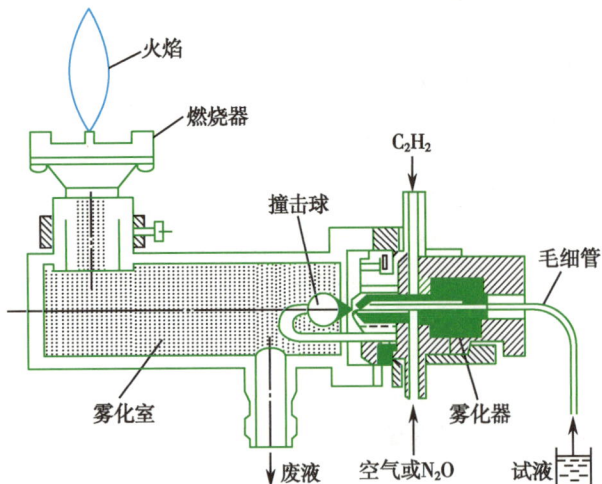

图4-38　预混合型火焰原子化器结构示意图

（1）雾化器:雾化器的作用是将试液雾化,使之在火焰中能产生较多且稳定的基态原子。目前应用最广的雾化器是同心型雾化器,其原理是当高压载气以高速通过毛细管外壁与喷嘴口构成的环形间隙时,在毛细管出口处的尖端形成一个负压区,从而试液沿毛细管吸入,并被高速气流分散成小雾滴。喷出雾滴经节流管碰在撞击球上,进一步分散成细雾。

（2）雾化室:雾化室的作用是使雾粒进一步雾化,同时与燃气、助燃气均匀混合后进入雾化器。其中较大的雾滴凝结在壁上,经预混合室下方废液管排出,而较细的雾滴则进入火焰中。

（3）燃烧器:燃烧器的作用是产生火焰,使试样气溶胶被原子化。火焰的类型关系到测定的灵敏度、稳定性和干扰等,因此对不同的元素应选用不同的火焰。按燃气与助燃气比不同,可将火焰分为三类:第一类是正常火焰,指燃气与助燃气之比与化学计量反应关系相近的火焰,温度高、稳定、干扰小、背景低,适合于许多元素的测定;第二类富燃火焰,指燃气大于化学计量的火焰,燃烧不完全,温度略低于正常火焰,具有还原性,干扰较多,背景高,适合于易形成难解离氧化物的元素(如 Al、Si、Zr、B、Ti、Be)测定;第三类是贫燃火焰,指助燃气大于化学计量的火焰,它的温度较低,有较强的氧化性,有利于测定易解离、电离的元素,如碱金属。

此外,选择火焰时,还应考虑火焰本身对光的吸收特性。空气-乙炔火焰是原子吸收测定中最常用的火焰,该火焰燃烧稳定、重现性好、噪声低、温度高,对大多数元素有足够高的灵敏度;空气-氢气火焰,是氧化性火焰,温度较低,其优点背景发射较弱,透射性能较好;乙炔-氧化亚氮火焰,其不但强度较高,而且还可形成强还原性气体,它能用于测定空气-乙炔火焰所不能分析的难解离元素(如 Al、Si、B、V、W、Ti、Be 等)。

2. 无火焰原子化器　无火焰原子化器有许多种,电热高温石墨管、石墨粉润、阴极溅射等离子体、激光等。下面对应用较多的电热高温石墨管原子化器作简单介绍。实际上,它是一个电加热器,利用电能加热盛放样品的石墨容器,使之达到高温,以实现试样的蒸发和原子化。它的特点是:①试样在体积很小的石墨管里直接原子化,有利于难熔氧化物的分解;固体样品与液体样品均可直接应用;②取样量小(固体 0.1～10mg,液体 1～50μl),原子化效率高,可达 100%;③原子在测定区的有效停留时间长,测定灵敏度高;④测定精度稍差于火焰原子化法,有强的背景,设备复杂,费用较高。

电热高温石墨管原子化器如图4-39所示。石墨管中央有一小孔,直径 1～2mm,试样用微量注射器从此注入。为了防止试样及石墨管被空气氧化,测定时要不断地通入惰性气体(氮或氩)。气体从小孔进入石墨管,再从两端排出。通过铜电极向石墨管两端提供电压为 10～15V、电流为 400～600A 的电源,供电加热试样。测定时分干燥、灰化、原子化和净化 4 个程序升温,用计算机控制。通过干燥先蒸发试液的溶剂;然后灰化进一步除去有机物或低沸点无机物,以减少基体组分对测定的干扰;之后原子化使待测元素成为气态基态原子;最后升温至大于 3000℃ 的高温数秒,以除去残渣,净化石墨管。流水冷却后再进行下

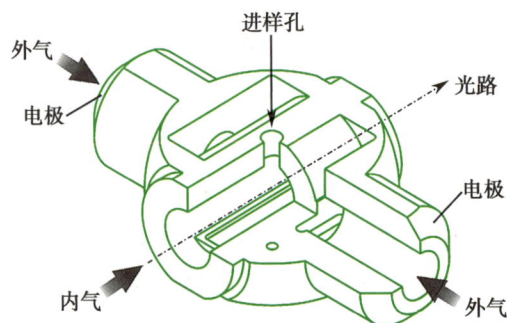

图4-39　电热高温石墨管原子化器结构示意图

一个试样的测定。

（三）单色器

单色器的作用是将待测元素的特征谱线和邻近谱线分开。因为在原子吸收用的光源发射谱线中，除了待测元素的特征谱线外，还有该元素的其他非吸收线，以及充入气体、杂质元素和杂质气体的发射谱线。如果不将它们分开，测定时就要受到干扰。为了阻止来自原子吸收池的所有辐射不加选择地都进入检测器，单色器通常配置在原子化器以后的光路中，波长范围为190~900nm的紫外-可见光区。单色器有多种形式，单色器中的关键部件是色散元件，现多用光栅。

（四）检测系统

检测系统的作用是将单色器分出的光信号转换成为电信号，经放大器处理后，由读数器显示分析结果。它主要由检测器、放大器和读数器三部分组成。原子吸收分光光度计常用光电倍增管作检测器，使用时，不要让太强的光照射，否则会引起"疲劳效应"，使检测灵敏度降低。新仪器也用电荷耦合器件(CCD)、电荷注入器件(CID)和光电二极管阵列等其他类型的检测器。

四、原子吸收光谱仪的性能指标

1. **灵敏度**　灵敏度是标准曲线的斜率。在原子吸收光谱法中，常用1%吸收灵敏度表示，称为特征灵敏度。它是指能产生1%吸收（即吸光度为0.0044）信号时所对应的待测元素的浓度或质量。特征浓度或特征质量越小，灵敏度越高。

2. **检出限**　检出限是原子吸收光谱仪很重要的综合性指标，它既反映仪器质量和稳定性，也反映仪器对某元素在一定条件下的检测能力。

检出限(D)是表示在选定的实验条件下，被测元素溶液能给出的测量信号3倍于标准偏差(σ)时所对应的浓度，单位用mg/L表示，表达式为：

$$D = \frac{c \times 3\sigma}{A}$$

式中c为被测元素的含量，A为吸光度，σ是用空白溶液进行10次以上的吸光度测定所计算得到的标准偏差。无火焰光谱法中常用绝对检出限表示，单位为g。

检测限越低，说明仪器的性能越好，对待测元素的检出能力越强。

五、原子吸收光谱仪的使用与维护

（一）原子吸收光谱仪的使用

原子吸收光谱仪的操作步骤相对复杂，使用前须经过仪器操作的培训，严格按照使用规程进行，其基本操作流程见图4-40。

（二）原子吸收光谱的维护

1. **空心阴极灯的维护**　安装或取放空心阴极灯时，应拿灯座。测定完毕，空心阴极灯冷却后，才能取下。空心阴极灯应定期检查质量，用光谱扫描法测定光强、背景及稳定性，定性检查灯的辉光颜色，测定灵敏度。

2. **火焰原子吸收光谱仪的维护**　定期清洗雾化室和燃烧室，检查撞击球是否缺损和毛细管是否堵塞，检查乙炔气钢瓶是否漏气及表头是否能正常工作。

3. **非火焰原子吸收光谱仪的维护**　更换石墨管时要清洗石墨锥的内表面。新的石墨管安装后，要进行热处理，即空烧。对基体较复杂的试样，要进行灰化处理。为获得最佳性能，热解石墨管的原子化温度一般不应超过2650℃。

六、原子吸收光谱仪的临床应用

测定生物组织中的有关元素的含量和分布，可以为疾病的预防、诊断和监测、病理研究等提供重要信息。目前利用原子吸收光谱仪可测量70多种元素，基本上可以满足临床分析的应用。根据在人体新陈代谢中所起的作用，临床分析中测量的金属元素可分为三类。

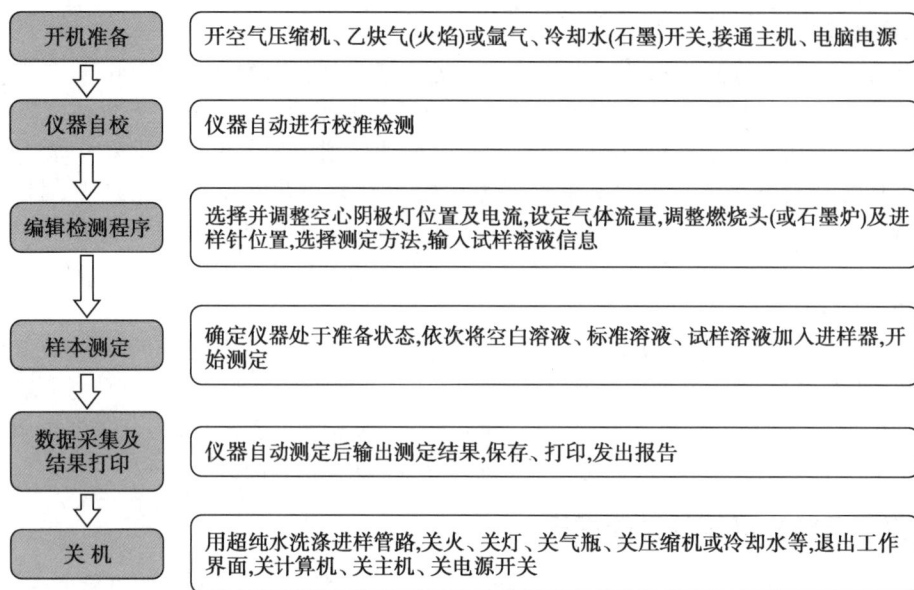

图 4-40 原子吸收光谱仪操作流程图

1. **基本元素** 主要包括钙、镁、钠、钾、铁、铜、锌、铬、锰、钼、钴、矾、硒和镍等元素。
2. **有毒元素** 指妨碍新陈代谢过程的元素,包括铅、汞、砷、铊、镉、铝、硼、锑等。
3. **治疗性元素** 指用于治疗某些疾病的元素。对病人体内治疗性元素含量进行监控,以控制其用量和治疗进度。如金、铂和锂等。

(王传生)

第六节 色 谱 仪

色谱仪是近代迅速发展起来的一类新型分离分析仪器,主要用于复杂的多组分混合物的分离、分析。

一、色谱仪的工作原理

色谱仪的工作原理基于色谱法(chromatography),色谱法是一种物理分离技术,是利用混合物中各个组分在互不相溶的两相(固定相和流动相)之间分配的差异而使混合物得到分离的一种方法。色谱仪是利用色谱分离技术再加上检测技术,对混合物进行先分离后检测,从而实现对多组分的复杂混合物进行定性、定量分析(图 4-41)。

二、色谱仪的分类与特点

色谱仪目前主要分为气相色谱仪与高效液相色谱仪两大类。

气相色谱仪用于能够被气化物质的分离、检测,而常压下可气化或可定量转变为气化的衍生物的物质,其总的比例大约只占几百万种化合物的 20% 左右。大部分物质不能被气化,因而也就不能用气相色谱法。

液相色谱的样品无须气化而直接导入色谱柱进行分离、检测,特别适用于气化时易分解物质的分离、分析。约有 70% 左右的有机物能分析。通常认为有机物质分子量<400 时,用气相色谱仪;在 400~1000 时,最好用高效液相色谱仪。

色谱分析技术具有分辨率高、灵敏度高、样品量少、分析速度较快、结果准确等优点,是分析复杂混合物的有效方法。

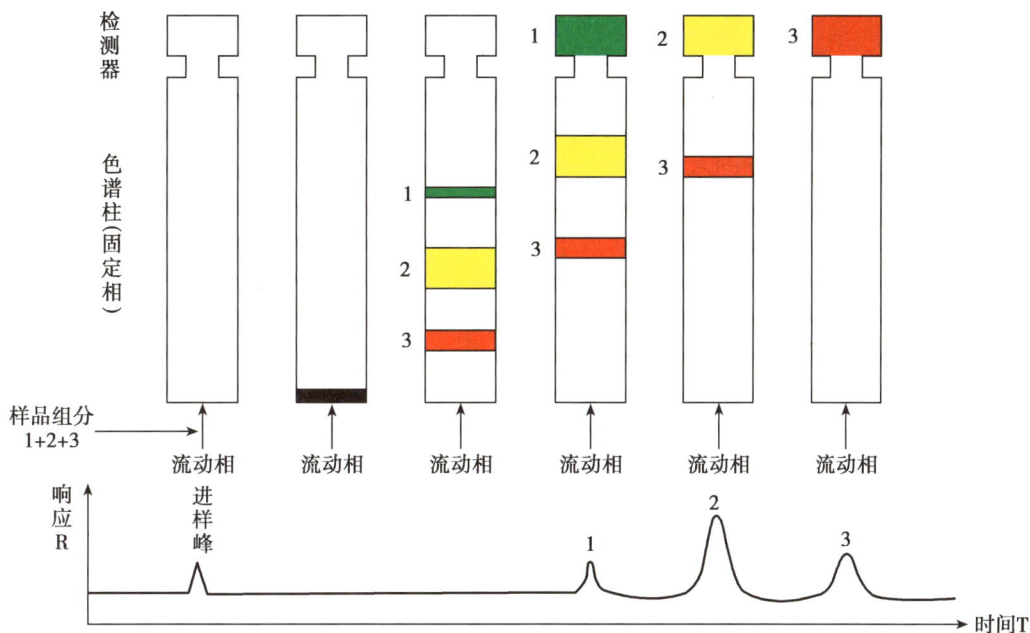

图 4-41　色谱分析原理示意图

三、气相色谱仪

气相色谱仪是利用气相色谱法分离技术,对多组分的复杂混合物进行定性和定量分析的仪器。气相色谱法(Gas Chromatography,GC)是以气体为流动相的色谱分析方法,主要用于分离分析易挥发的物质。

知识链接

近代气相色谱的发展

气相色谱的发展与两个方面的发展是密不可分的。一是气相色谱分离技术的发展,二是其他学科和技术的发展。20 世纪 80 年代,由于弹性石英毛细管柱的快速广泛应用和计算机软件的发展,使热导检测器、氢火焰离子化检测器、电子捕获检测器、氮磷检测器的灵敏度和稳定性均有很大提高,热导检测器和电子捕获检测器的池体积大大缩小。进入 20 世纪 90 年代,由于电子技术、计算机和软件的飞速发展使质谱检测器生产成本和复杂性下降,以及稳定性和耐用性增加,从而成为最通用的气相色谱检测器之一。至今,快速气相色谱法和全二维气相色谱法等快速分离技术的迅猛发展,促使快速气相色谱检测方法逐渐成熟。

(一)气相色谱仪的工作原理

气相色谱仪是以气体作为流动相(载气)。当样品由微量注射器"注射"进入进样器后,被载气携带进入填充柱或毛细管色谱柱。由于样品中各组分在色谱柱中的流动相(气相)和固定相(液相或固相)间分配或吸附系数的差异,在载气的冲洗下,各组分在两相间作反复多次分配,使各组分在柱中得到分离,然后用接在柱后的检测器根据组分的物理化学特性将各组分按顺序检测出来(图 4-42)。

(二)气相色谱仪的基本结构

气相色谱仪的种类繁多,功能各异,但其基本结构相似。气相色谱仪一般由气路系统、进样系统、分离系统(色谱柱系统)、检测及温控系统、记录系统组成。

1. 气路系统　气路系统包括气源、净化干燥管和载气流速控制及气体化装置,是一个载气连续运

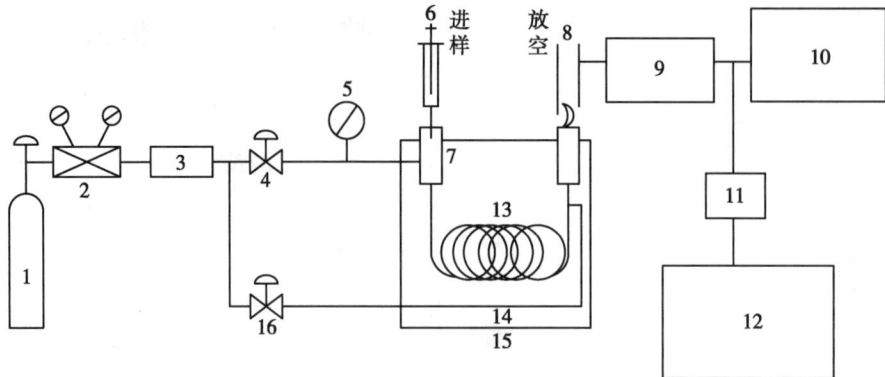

图 4-42 气相色谱仪原理及结构示意图

1. 载气钢瓶；2. 减压阀；3. 净化器；4. 稳压阀；5. 压力表；6. 注射器；7. 气化室；8. 检测器；
9. 静电计；10. 记录仪；11. 数模转换；12. 数据处理系统；13. 色谱柱；14. 补充气（尾吹气）；
15. 柱恒温器；16. 针形阀

行的密闭管路系统。通过该系统可以获得纯净的、流速稳定的载气。它的气密性、流量测量的准确性及载气流速的稳定性，都是影响气相色谱仪性能的重要因素。常见的气路系统有单柱单气路、多（双）柱单气路、双柱双气路。气相色谱中常用的载气有氢气、氮气、氦气、氩气，纯度要求 99.999% 以上，化学惰性好，不与有关物质反应。

2. **进样系统** 进样系统包括进样器、气化室和加热系统。进样器根据试样的状态不同，采用不同的进样器。液体样品的进样一般采用微量注射器。气体样品的进样常用色谱仪本身配置的推拉式六通阀或旋转式六通阀。固体试样一般先溶解于适当试剂中，然后用微量注射器进样。气化室一般由一根不锈钢管制成，管外绕有加热丝，其作用是将液体或固体试样瞬间气化为蒸汽。加热系统用以保证试样气化，其作用是将液体或固体试样在进入色谱柱之前瞬间气化，然后快速定量地转入到色谱柱中。

3. **分离系统** 分离系统是色谱仪的心脏部分。其作用就是把样品中的各个组分分离开来。分离系统由柱室、色谱柱、温控部件组成。其中色谱柱是色谱仪的核心部件。色谱柱主要有两类：填充柱和毛细管柱（开管柱）。柱材料包括金属、玻璃、融熔石英、聚四氟乙烯等。

4. **检测系统** 检测器是将经色谱柱分离出的各组分的浓度或质量（含量）转变成易被测量的电信号（如电压、电流等），并进行信号处理的一种装置，是色谱仪的眼睛。通常由检测元件、放大器、数模转换器三部分组成。被色谱柱分离后的组分依次进入检测器，按其浓度或质量随时间的变化，转化成相应电信号，经放大后记录和显示，绘出色谱图。根据检测器的响应原理，可将其分为浓度型检测器和质量型检测器。

5. **温度控制系统** 在气相色谱测定中，温度控制是重要的指标，它直接影响柱的分离效能、检测器的灵敏度和稳定性。温度控制系统主要指对气化室、色谱柱、检测器三处的温度控制。控温方式分恒温和程序升温两种。对于沸程不太宽的简单样品，可采用恒温模式。一般的气体分析和简单液体样品分析都采用恒温模式。对于沸程较宽的复杂样品，如果在恒温下分离很难达到好的分离效果，应使用程序升温方法。

6. **记录系统** 记录系统是记录检测器的检测信号，进行定量数据处理。一般采用自动平衡式电子电位差计进行记录，绘制出色谱图。一些色谱仪配备有积分仪，可测量色谱峰的面积，直接提供定量分析的准确数据。先进的气相色谱仪还配有电子计算机，能自动对色谱分析数据进行处理。

（三）气相色谱仪的性能指标

1. **噪声** 在没有样品进入检测器时，基线在短期内发生起伏的信号称为噪声。噪声是因仪器本身及其他操作条件所引起，如载气、温度、电压等的波动。

2. **响应时间** 响应时间指进入检测器的某一组分的输出信号达到其真值的 63% 所需的时间。检测器的死体积小,电路系统的滞后现象小,响应速度就快。

3. 线性范围　线性范围指利用一种方法取得精密度、准确度均符合要求的试验结果,成线性的待测物浓度的变化范围,也就是其最大量与最小量之间的间隔。线性范围的确定可用作图法或计算回归方程来研究建立。线性范围越大,越有利于准确测定。样品种类不同,检测器不同,线性范围可能不同。

4. 灵敏度　在一定范围内,信号与进入检测器的样品量呈线性关系,灵敏度就是响应信号对进样量的变化率。即单位量的物质通过检测器时,产生响应信号的大小。标准曲线中线性部分的斜率越大,灵敏度越高。

5. 检出限(敏感度)　检出限是指检测器恰能产生三倍于噪声信号时的单位时间内引入检测器的样品量(质量型)或单位体积载气中样品的含量(浓度型)。检出限越低,说明该检测器性能越好。

(四)气相色谱仪的使用

气相色谱仪种类较多,使用前须经过严格的仪器操作培训,按仪器使用说明书进行,其基本操作流程见图4-43。

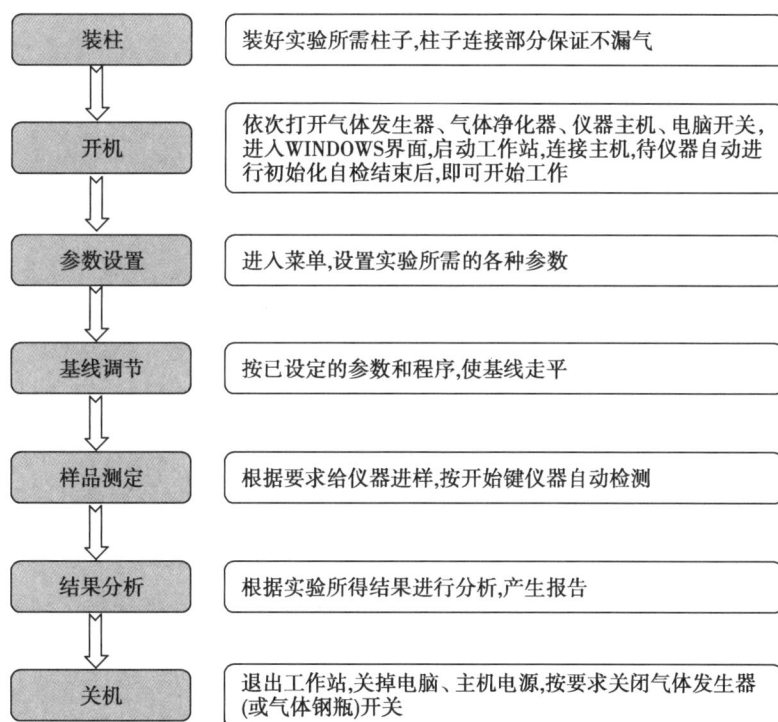

装柱	装好实验所需柱子,柱子连接部分保证不漏气
开机	依次打开气体发生器、气体净化器、仪器主机、电脑开关,进入WINDOWS界面,启动工作站,连接主机,待仪器自动进行初始化自检结束后,即可开始工作
参数设置	进入菜单,设置实验所需的各种参数
基线调节	按已设定的参数和程序,使基线走平
样品测定	根据要求给仪器进样,按开始键仪器自动检测
结果分析	根据实验所得结果进行分析,产生报告
关机	退出工作站,关掉电脑、主机电源,按要求关闭气体发生器(或气体钢瓶)开关

图 4-43　气相色谱仪操作流程图

四、高效液相色谱仪

高效液相色谱(high performance liquid chromatography,HPLC)仪,是应用高效液相色谱原理,主要用于分析高沸点不易挥发的、受热不稳定的和分子量大的有机化合物的仪器。

(一)高效液相色谱仪的工作原理

高效液相色谱仪是以液体作为流动相。高压输液泵将储液器中的流动相泵入系统,样品溶液经由进样器进入流动相,并被流动相载入色谱柱(固定相)内。由于样品液在两相中做相对运动时,经历多次反复的吸附-解吸附分配过程,而各组分在流动相和固定相中分配系数不同,其移动速度差别较大,因此被分离成单个组分依次从柱内流出。通过检测器时样品浓度被转换成电信号并传送到记录仪,数据以图谱形式打印出来(图4-44)。

高效液相色谱仪(图片)

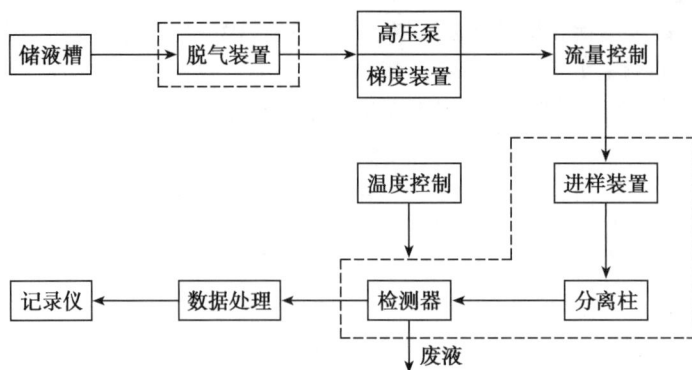

图 4-44 高效液相色谱仪原理及结构示意图

知识链接

液相色谱的发展历史

20 世纪 60 年代末科克兰(Kirkland)等人研制了世界上第一台高效液相色谱仪,以高压驱动流动相,使得经典液相色谱需要数日乃至数月完成的分离工作得以在几个小时甚至几十分钟内完成。1971 年科克兰《液相色谱的现代实践》一书标志着高效液相色谱法正式建立。

离子色谱是高效液相色谱的一种,其有别于传统液相的是树脂具有很高的交联度和较低的交换容量,进样体积很小,用柱塞泵输送淋洗液,对淋出液在线自动连续检测。

(二)高效液相色谱仪的基本结构

高效液相色谱仪一般由溶剂输送系统、进样系统、分离系统(色谱柱)、检测系统和数据处理与记录系统组成。高效液相色谱仪的基本结构如图 4-44 所示。

1. **溶剂输送系统** 又称输液系统,它能有效的容纳溶剂(流动相),并将溶剂输送到系统的各个有关部位,应具备宽的流速范围和入口压力范围。该系统主要由储液器、脱气装置、输液泵、流量控制器及梯度洗脱装置等构成。

2. **进样系统** 高效液相色谱仪进样方式多样,早期使用隔膜和停流进样器,现在大都使用六通进样阀或自动进样器。

3. **色谱柱** 色谱柱是高效液相色谱仪的心脏。色谱柱要求柱效高、选择性好,分析速度快。色谱柱由柱管、填料、密封垫、滤片、柱接头和螺丝等组成。柱管多用不锈钢制成,管内壁要求光洁。填料多使用多孔硅胶及以硅胶为基质的键合相、氧化铝、有机聚合物微球(包括离子交换树脂)、多孔碳等各种微粒,一般 10~30cm 左右的柱长就能满足复杂混合物分析的需要。

4. **检测器** 按检测原理可分为光学检测器(如紫外、荧光、示差折光、蒸发光散射)、热学检测器(如吸附热)、电化学检测器(如极谱、库仑、安培)、电学检测器(电导、介电常数、压电石英频率)、放射性检测器(闪烁计数、电子捕获、氦离子化)以及氢火焰离子化检测器。紫外检测器是高效液相色谱仪中应用最广泛的检测器,当其检测波长范围包括可见光时,又称为紫外-可见检测器。

5. **数据处理和计算机控制系统** 现在已广泛运用工作站处理数据。工作站包括硬件和软件,硬件部分主要为计算机,并且多与高效液相色谱仪联为一体;软件主要由系统、控制、采样等软件和各种数据处理包组成。除进行色谱数据处理外,工作站还参与高效液相色谱仪的自动控制。

(三)高效液相色谱仪操作条件的选择

选择最佳的色谱条件以实现待检成分的最理想分离,是高效液相色谱分析方法建立和优化的任务之一。

1. **基质** 高效液相色谱仪固定相填料包括陶瓷性质的无机物基质,以及有机聚合物基质。无机物基质主要是硅胶和氧化铝,要求检测器的灵敏度高。有机聚合物基质主要有交联苯乙烯—二乙烯苯、聚甲基丙烯酸酯。大部分的 HPLC 分析使用硅胶填料,尤其是小分子量的被测物;聚合物填料用于大分子量的被测物质,主要用来制成分子排阻和离子交换柱。

2. **化学键合固定相**　将有机官能团通过化学反应共价键合到硅胶表面的游离羟基上而形成的固定相称为化学键合相。化学键合相广泛采用微粒多孔硅胶为基体,用烷烃二甲基氯硅烷或烷氧基硅烷与硅胶表面的游离硅醇基反应,形成 Si-O-Si-C 键形的单分子膜而制得。化学键合相按键合官能团分为极性和非极性两种。常用的极性键合相主要有氰基(—CN)、氨基(—NH_2)和二醇基(DIOL)键合相。极性键合相一般用于正相色谱,极性强的组分保留值较大。常用的非极性键合相主要有各种烷基($C_1 \sim C_{18}$)和苯基、苯甲基等,以 C_{18} 应用最广。

3. **流动相**　理想的流动相溶剂应具备的特征有:不改变填料的性质;高纯度;必须与检测器匹配;低黏度;对样品较好的溶解度;样品易于回收。在化学键合相色谱中,溶剂的洗脱能力直接与它的极性相关。在正相色谱中,溶剂的洗脱强度随极性的增强而增加;在反相色谱中,溶剂的洗脱强度随极性的增强而减弱。

4. **柱温**　温度对溶剂的溶解能力、色谱柱的性能、流动相的黏度都有影响,因此色谱柱要求恒温,恒温精度在±0.5℃之间。为保持柱温的恒定,高效液相色谱仪一般都配置有柱温箱,根据检测方法要求设置柱温,以获得较好的分离度和谱图。

（四）高效液相色谱仪的使用

高效液相色谱仪种类较多,使用前须经过严格的仪器操作培训,按仪器使用说明书进行,其基本操作流程见图 4-45。

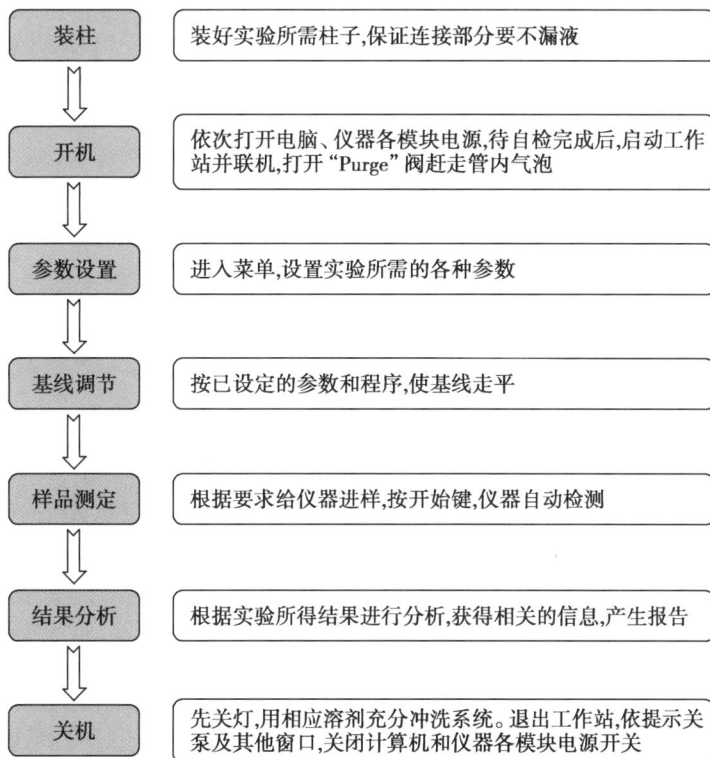

装柱	装好实验所需柱子,保证连接部分要不漏液
开机	依次打开电脑、仪器各模块电源,待自检完成后,启动工作站并联机,打开"Purge"阀赶走管内气泡
参数设置	进入菜单,设置实验所需的各种参数
基线调节	按已设定的参数和程序,使基线走平
样品测定	根据要求给仪器进样,按开始键,仪器自动检测
结果分析	根据实验所得结果进行分析,获得相关的信息,产生报告
关机	先关灯,用相应溶剂充分冲洗系统。退出工作站,依提示关泵及其他窗口,关闭计算机和仪器各模块电源开关

图 4-45　高效液相色谱仪操作流程图

五、色谱仪的日常维护与常见故障处理

（一）气相色谱仪的日常维护与常见故障处理

为保证气相色谱仪能够正常运行,确保分析数据的准确性、及时性,需要对气相色谱仪进行定期维护。

1. **气源检查**　检查发生器或者气体钢瓶是否处于正常状态;检查脱水过滤器、活性炭以及脱氧过滤器,定期更换其中的填料。

2. 管线泄漏检查 定期检查管线是否泄漏,可使用肥皂沫滴到接口处检查。

3. 气化室的维护 气化室包括:进样室螺帽、隔垫吹扫出口、载气入口、分流气出口、进样衬管。不同的部件有不同的维护方式:①进样室螺帽、隔垫吹扫出口、载气入口及分流气出口4个部件需按厂家要求定期清洗:把这几个部件从气化室上拆卸下来,放在盛有丙酮溶液的烧杯中浸泡并超声2h,晾干后使用;若有损坏应及时更换;②进样衬管必须定期进行清洗,先用洗液清洗,然后用丙酮溶液浸泡,再用电吹风吹干备用,及时添加石英棉;若有损坏应及时更换。

4. 检测器的维护 检测器的收集器、检测器接收塔、火焰喷嘴、检测器基部、色谱柱螺帽等处,须用丙酮溶液清洗,一般超声2h,直至清洗干净,清洗后用电吹风吹干备用。

5. 柱温箱的维护 柱温箱的外壳、容积区间,可用脱脂棉蘸乙醇擦洗。

6. 维护周期 气相色谱仪维护周期一般定为3个月。实际工作中可根据仪器工作量和运转情况适当延长或缩短维护周期。

气相色谱仪的常见故障及处理方法见表4-5。

表4-5 气相色谱仪的常见故障及处理方法

故障现象	故障原因	故障排除
各部位不升温	加热器坏	换加热器
	触发板坏	换触发板
	保险丝坏	换保险丝
	双向可控硅坏	换双向可控硅
	温控电路板故障	维修或更换
各部位温度不正常	铂电阻坏	换铂电阻
	温控电路板故障	维修或更换
	接线端松动	拧紧接线端螺丝
峰变宽	载气流量低	增大流量
	柱温低	提高柱温
	存在死体积	检查柱接头
	柱污染	更换或老化柱子
	柱选样错误	更换
	进样器或检测器温低	升温
峰变尖	载气流量低	增大流量
	柱温高	降温
	柱污染	更换或老化柱子
	柱选样错误	更换
基线不稳	供电电源波动	用交流稳压器
	数据处理机的故障	检查数据处理机
	信号接头接触不良	重新连接信号接头
	检测器污染	清洗检测器
	管道污染	清洗管道
	柱污染	更换或老化柱子
	气化室污染	清洗气化室
	载气不纯	更换或过滤
	气路阀件故障 FID 电路板故障	更换阀件
		维修或更换
出现噪声	供电电源波动	用交流稳压器
	数据处理机的故障	检查数据处理机
	FID 电路板故障	维修或更换
	喷嘴污染	更换或清洗

（二）高效液相色谱仪日常维护与常见故障处理

1. 输液泵的日常维护

（1）试验室应常备各种配件备更换。

（2）腐蚀性溶剂或缓冲液在泵内不可过夜,否则会腐蚀泵。若使用腐蚀性物质后应冲洗,先用水再用水-甲醇混合液最后用纯甲醇。

（3）每次更换溶剂都须记录。

（4）避免电机过热,带电机的泵要定期加油。

（5）流动相在使用前要脱气,同时避免使用挥发性很大的溶剂(戊烷、乙醚等)防止系统产生气泡。

（6）经常检查压力限制开关,检查流速。

2. 进样阀日常维护　进样阀注射孔的导管不宜拧得太紧,否则垫圈被挤压过度而封死,无法进样。进样阀的通道十分微细,样品须预先处理(过滤),同时避免注射浓溶液,防止其在进样阀内析出结晶引起堵塞,使系统压力异常上升。

3. 色谱柱日常维护

（1）开机时,流速和柱压要逐渐加强,避免柱头凹陷。

（2）在注射样品前色谱系统须平衡。

（3）柱头不要拧得太紧,过紧易损坏接头螺纹引起渗漏。

（4）气流和阳光都会使色谱柱产生温度梯度,造成基线漂移。

（5）若色谱柱被样品污染,可用溶剂慢慢冲柱过夜。然后再用流动相重新平衡柱 30min。

（6）装卸、更换、贮存需挪动色谱柱时,动作宜轻,勿碰撞,以免柱床因震动而产生空隙。

（7）使用硅胶为基底的色谱柱,流动相的 pH 一般为 2~8。

（8）色谱柱在使用过程中,柱压逐步升高,可能的原因有:柱子被污染或流路堵塞;固定相颗粒破碎或骨架被溶解。解决的办法:在分析柱前加预柱;避免使用碱性强的流动相。

（9）柱要加标签,做好记录,新旧分开。

高效液相色谱仪的常见故障及处理方法见表 4-6。

表 4-6　高效液相色谱仪的常见故障及处理方法

故障现象	故障原因	故障排除
无压力指示	泵密封垫圈磨损	更换泵密封垫
流量不稳定	系统中有空气	排除
压力异常升高	输液管被堵塞	清除异物并彻底洗净
压力降低	系统有泄漏	接头螺帽处均以拧至不漏液为度,不宜过分拧紧
异常峰和噪音	光源问题或混有气泡	更换光源或去除气泡
基线漂移	样品池、参比池或色谱柱被污染	彻底洗净
紫外吸收响应值出现负峰	试剂纯度不足	更换

六、色谱仪的临床应用

气相色谱仪常用于人体微量元素的快速分析;血与尿等体液中的脂肪酸、氨基酸、甘油三酸酯、甾族化合物、糖类、蛋白质、维生素、巴比妥酸等化合物的分析;分析鉴定药物的组成和含量;检测人体的代谢产物,通过气相色谱仪串联质谱,在"兴奋剂"检测中可分析 100 余种违禁药品等。

高效液相色谱仪常用于分析人体体液内正常与异常代谢物质;分析药物的组成和含量,在药物生产中进行中间控制;分析药物在体内的残留量,测定药物在各器官中的代谢产物,进行治疗药物监测;定性测定细胞核中的核苷及核苷酸,分析核酸以及分析氨基酸、酶、糖;激素水平的测定,微生物的鉴定等。

（刘玉枝）

第七节　质谱分析仪

质谱法(mass spectrometer)是一种通过制备、分离、检测气相离子来鉴定化合物的专门技术,质谱分析具有灵敏度高,样品用量少,分析速度快等优点,与色谱联用可以将分离和鉴定一体化进行,广泛应用于生物医药、环境化学、生命科学等多个领域。近年来,将质谱分析法应用于临床检验也得到发展。

一、质谱仪的工作原理

质谱仪离子源使试样分子在高真空条件下离子化,分子电离后因接受了过多的能量进一步碎裂成较小质量的多种碎片离子和中性粒子,它们在加速电场作用下获取具有相同能量的平均动能而进入质量分析器,质量分析器将同时进入其中的不同质量的离子,按质荷比 m/z 大小进行分离,分离后的离子依次进入离子检测器,采集放大离子信号,经计算机处理,绘制成质谱图。

在质谱图中,横坐标表示离子的质荷比(m/z)值,纵坐标表示离子流的强度,通常用相对强度来表示(图 4-46)。

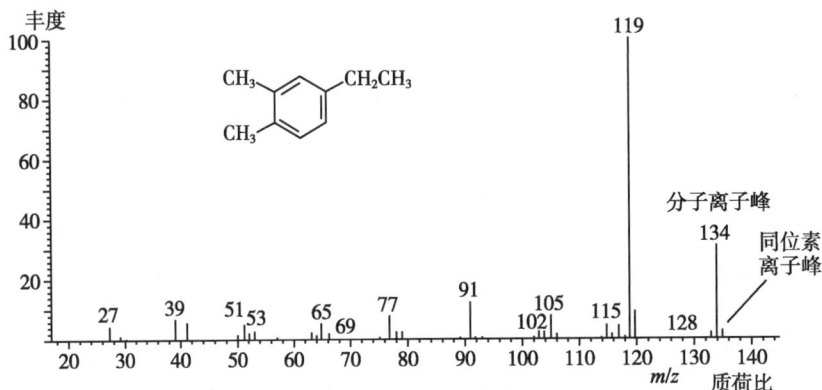

图 4-46　质谱图

二、质谱仪的基本结构

质谱仪一般由样品导入系统、离子源、质量分析器、检测器、数据处理系统等部分组成(图 4-47)。离子源、质量分析器和离子检测器都各有多种类型。

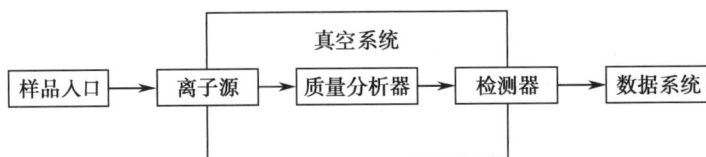

图 4-47　质谱仪的基本结构示意图

在质谱仪中凡是有样品分子和离子存在的区域必须处于真空状态,以降低背景和减少离子间或离子与分子间碰撞所产生的干扰(如散射、离子飞行偏离、质谱图变宽等),且残余空气中的氧气还会烧坏离子源的灯丝。真空度不能过低,否则会使本底增高,甚至会引起分析系统内的电极之间放电。质谱仪的真空度一般保持在 $1.0 \times 10^{-4} \sim 1.0 \times 10^{-7} Pa$。其中尤以质量分析器对真空度的要求最高。

(一)进样系统

将样品导入质谱仪可分为直接进样和通过接口两种方式实现。

1. 直接进样　在室温和常压下,气态或液态样品可通过一个可调喷口装置以中性流的形式导入离子源。

2. **通过接口技术进样** 目前质谱进样系统发展较快的是多种色谱-质谱联用的接口技术,将色谱流出物导入质谱,经离子化后供质谱分析。

（二）离子源

离子源是使样品电离产生带电粒子(离子)束的装置。应用最广的电离方法是电子轰击法,其他还有化学电离、光致电离、场致电离、大气压电离、基质辅助激光解吸离子化、电感耦合等离子体离子化、场解吸电离和快原子轰击电离等。离子源的性能很大程度上决定了质谱仪的灵敏度。

（三）质量分析器

在离子源中产生的不同动能的正离子,在加速器中加速,增加能量后在质量分析器将带电离子根据其质荷比加以分离,常用质量分析器有单聚焦分析器、双聚焦分析器、四极杆分析器、离子阱分析器、飞行时间分析器、傅里叶变换分析器等类型。

（四）检测器

检测器接收和检测分离后的离子。常用的有:电子倍增器、光电倍增管、电荷耦合器件。此外,离子阱、傅立叶变换器本身就是一个检测器。还有离子计数器、法拉第杯、低温检测器等。

（五）数据系统

运用工作站软件控制样品测定程序,采集数据与计算结果、分析与判断结果、显示与输出质谱图(表)、数据储存与调用等。

三、质谱仪的分类

质谱仪种类非常多,分类方法也较多。最基本的分类方法是按所使用的质量分析器类型分为:磁质谱仪(单聚焦质谱仪、双聚焦质谱仪)、四极杆质谱仪(Q-MS)、离子阱质谱仪(IT-MS)、飞行时间质谱仪(TOF-MS)和傅立叶变换质谱仪(FT-MS)等;

按应用范围可分为放射性核素质谱仪、无机质谱仪和有机质谱仪。其中,用途最广的是有机质谱仪,还较多地与色谱联用。它的基本工作原理是:利用一种具有分离技术的仪器,作为质谱仪的"进样器",将有机混合物分离成纯组分进入质谱仪,充分发挥质谱仪的分析特长,为每个组分提供分子量和分子结构信息。先将有机混合物分离成纯组分后再进入质谱仪分析,充分发挥色谱仪分离特长与质谱仪的定性鉴定特长,使分离和鉴定同时进行。

按分辨能力还可分为高分辨、中分辨和低分辨质谱仪;按工作原理可分为静态仪器和动态仪器。

相关链接

串 联 质 谱

两个或更多的质谱连接在一起,称为串联质谱。最简单的串联质谱(MS/MS)由两个质谱串联而成,其中第一个质量分析器(MS1)将离子预分离或加能量修饰,由第二级质量分析器(MS2)分析结果。如:三级四极杆串联质谱。四极杆-飞行时间串联质谱(Q-TOF)和飞行时间-飞行时间(TOF-TOF)串联质谱等,大大扩展了应用范围。

四、质谱仪的性能指标

质谱仪的主要性能指标是分辨率、灵敏度、质量范围、质量稳定性和质量精度等。

（一）分辨率

质谱仪的分辨率是指把相邻两个质谱峰分开的能力,常用 R 表示。质谱仪的分辨率由离子源的性质、离子通道的半径、狭缝宽度与质量分析器的类型等因素决定。质谱仪的分辨能力决定了仪器的性能和价格。分辨率在 500 左右的质谱仪可以满足一般有机分析的需要,仪器价格相对较低;若要进行放射性核素质量及有机分子质量的准确测定,则需要使用分辨率 5000~10 000 及以上的高分辨率质谱仪,其价格会是低分辨率仪器的数倍以上。

（二）灵敏度

质谱仪的灵敏度有绝对灵敏度、相对灵敏度和分析灵敏度等几种表示方法。绝对灵敏度是指产生具有一定信噪比的分子离子峰所需的样品量；相对灵敏度是指仪器可以同时检测的大组分与小组分含量之比；分析灵敏度则是指仪器在稳态下输出信号变化与样品输入量变化之比。

常用绝对灵敏度表示质谱仪的灵敏度。其中，信噪比=检测信号/背景噪声，一般要求信噪比大于10∶1。还可以同时对检测信号的绝对值作要求，如峰高或峰面积下限。

（三）质量范围

质谱仪的质量范围是指其所检测的离子质荷比（m/e）范围。如果是单电荷离子即表示质谱仪检测样品的相对原子质量（或相对分子质量）范围，采用以^{12}C定义的原子质量单位（atomic mass unit, amu, 1amu = 1u = 1Da）来量度。

质量范围的大小取决于质量分析器。不同的分析器有不同的质量范围，彼此间比较没任何意义。同类型分析器则在一定程度上反映质谱仪的性能。

（四）质量稳定性和质量精度

质量稳定性主要是指仪器在工作时质量稳定的情况，通常用一定时间内质量漂移的质量单位来表示。例如某仪器的质量稳定性为：0.1amu/12h，意思是该仪器在12h之内，质量漂移不超过0.1amu。

质量精度是指测定质量的精确程度，常用相对百分比表示。例如，某化合物的质量为1 520 473amu，用某质谱仪多次测定该化合物，测得的质量与该化合物理论质量之差在0.003amu之内，则该仪器的质量精度约为十亿分之二（2ppb）。但质量精度只是高分辨质谱仪的一项重要指标，对低分辨质谱仪没有太大意义。

五、质谱仪的使用、日常维护及常见故障处理

不同类型的质谱仪，操作规程有差异，同一类型质谱仪不同仪器品牌，操作步骤也略有不同。下面以电感耦合等离子体质谱仪（ICP-MS）为例进行介绍。

（一）ICP-MS的使用

ICP-MS离子源是电感耦合等离子体离子化，质量分析器是四极杆分析器（图4-48、图4-49）。

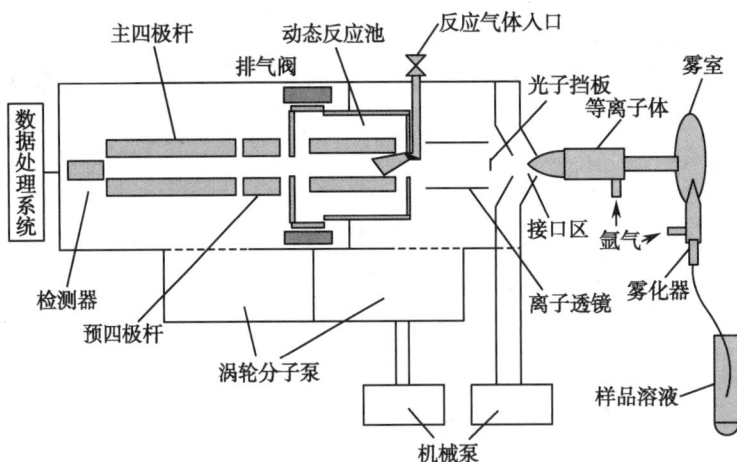

图4-48 电感耦合等离子体质谱仪结构示意图

（二）ICP-MS的维护

1. **仪器安装环境** 防震，防尘，避光，稳定电压，15~25℃，湿度5%~80% RH。

2. **仪器维护** ICP-MS是一台复杂的设备，样品由进样系统引入，在等离子体中形成离子，通过接口区和离子透镜系统导控到质量分析器中。为确保仪器处于最佳状态，日常维护对于ICP-MS而言极为重要的，这将影响ICP-MS的性能和使用寿命。

（1）进样系统：进样系统由蠕动泵、雾化器、雾室和排废液系统等部分组成，进样系统最先接触样品基体，因而是ICP-MS中需要很多维护和注意的地方：①蠕动泵泵管：在ICP-MS中，用蠕动泵以大约

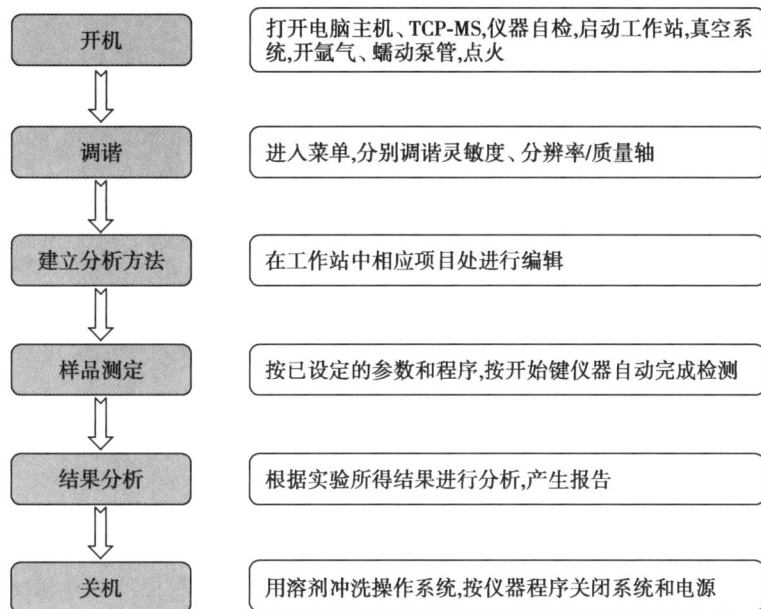

图 4-49　电感耦合等离子体质谱仪基本操作流程图

1ml/min 的提升量,将样品泵入雾化器。蠕动泵泵管一般由聚合物材料制成,每隔几天应该检查泵管的状态,尤其是实验室分析的样品量大或者分析腐蚀性极强的溶液,仪器不进样时,及时释放泵管上的压力。②雾化器:具体选择哪一种雾化器通常由样品的类型和分析的数据质量目标而定。但是,不管采用哪一种,应该注意确保雾化器的喷嘴没有被堵塞。③雾室:雾室的维护重要的是确保排废液管正常排液。排废液管发生故障或泄漏可能导致雾室内的压力发生变化,使得待测元素的信号产生波动,导致数据不稳定或不准确,精密度变差。雾室和等离子体炬管中样品喷射管之间的 O-形圈发生老化也会出现类似问题,但后者老化出现的概率较小。

（2）等离子体炬管:对炬管的维护有以下方面:①检查石英炬管外管上的变色、沉积情况、热变形情况;②检查样品喷射管的堵塞情况;③重新安装炬管时,确保炬管放置在负载线圈的中心,并与采样锥之间保持正确的距离;④检查 O-形圈和球形磨口接头的磨损和腐蚀情况;⑤如果采用金属屏蔽炬与线圈接地,需确保屏蔽炬处于正常的运行状态。

（3）接口区域:接口区是 ICP 和 MS 的连接区域,下面这些提示有助于延长接口和锥的寿命:①检查采样锥和截取锥是否洁净,是否有样品沉淀;②应用仪器制造商推荐的方法拆卸和清洗锥;③不要用任何金属丝来戳锥孔;④分析某些样品基体时镍锥会很快退化,建议使用铂锥分析强腐蚀性溶液和有机溶剂;⑤用 10~20 倍的放大镜周期性检查锥孔的直径和形状;⑥待锥彻底干燥后方能安装回仪器;⑦检查循环水系统的冷却水,可以发现接口区域腐蚀的信息。

（4）离子光学系统:每 2~3 个月(取决于工作负荷和样品类型)检查和清洗该系统,这一步骤应该是完整的预防性维护计划的一个重要组成部分。

（5）机械泵:泵油已呈暗棕色,表明泵油的润滑特性已下降,需要更换。更换泵油时切记关闭仪器电源。

（6）空气过滤器和循环水过滤器:空气过滤器必须经常进行检查、清洗或更换。

（7）需要定期检查的组件:需要重点强调的是,ICP-MS 中其他的组件都有使用寿命,一定时间内需要更换,或至少每隔一段时间视察。这些组件不列为常规维护程序,通常由维修工程人员进行清洗或更换。这些组件包括检测器、涡轮分子泵和质量分析器等。

（三）ICP-MS 常见故障及排除方法

ICP-MS 仪器因厂商品牌的不同,其故障与排除方式略有不同。现代 ICP-MS 的计算机操作软件,普遍带有在线帮助功能,这通常是一套最直接、最完整、最全面的仪器应用教材,方便操作人员在线查阅需要的资料,及时解决问题。

六、质谱仪的临床应用

质谱法以其高灵敏度、低检测限、样本用量少、高通量、检测速度快、样本前处理简单的优势显示出巨大的生命力,尤其和气相、高效液相色谱仪的联用极大地扩展了质谱技术在临床检验中的分析范围。质谱技术在新生儿疾病筛查、药物浓度检测、体内激素和营养素检测等方面发挥着重要作用,尤其是运用于微生物鉴定方面,在临床免疫学检验生物标志物检测方面是现在质谱技术运用于临床上的热点。

质谱技术在临床领域刚刚起步,还有很多问题需要解决。提高质谱仪器的自动化程度、推出商品化的试剂盒、减少操作人员在前处理和仪器使用过程中的操作等是临床质谱技术的一大发展方向。同时,临床质谱的应用领域也在不断开拓,针对不同的应用目的,开发出专用化仪器也是未来发展的热点。

(彭裕红)

第八节 电 泳 仪

电泳是指带电荷的溶质或粒子在电场中向着与其本身所带电荷相反的电极方向移动的现象。利用电泳现象将多组分物质(如氨基酸、多肽、蛋白质、核酸等)进行分离、分析的技术叫做电泳分析技术。电泳分析技术所需要的电泳设备可分为分离系统和检测系统两大部分。可实现电泳分离技术的仪器称为电泳仪(electrophoresis meter),是目前核酸和蛋白分离实验中必不可少的设备。根据自动化程度不同可将电泳仪分为半自动电泳仪和全自动电泳仪;根据分离技术的原理可将电泳仪分为移动界面电泳仪、区带电泳仪和稳态电泳仪。电泳仪发展极其迅速,特别是近年发展起来的自动化电泳分析仪,因其高效、灵敏、快速、所需样品少、应用范围广等优点被临床、科研和教学广泛使用。

知识链接

电泳技术的发展趋势

从 1937 年电泳技术诞生至现在,电泳技术作为一种简单、高效的分离手段,在临床检验工作中得到广泛应用,其发展与实验方法、研究对象及其应用领域的发展是密不可分的。随着电泳技术不断革新,核酸电泳、蛋白电泳、显微细胞电泳系列以及相关的凝胶成像系统等高端实验室仪器设备的国产化,电泳技术与其他分离技术(如色谱)之间的相互借鉴和融合将是一个必然的发展趋势。电泳技术必将加速医疗、生化、分子等领域的技术进步,引领我国科学技术的高速发展。

一、电泳仪的工作原理

电泳分析技术是利用待分离样品中的各种分子(如蛋白质、核酸、氨基酸、多肽、核苷酸等)都具有可电离基团,它们在某个特定的 pH 下可以带正电或负电,由于不同生物分子其自身带电性质、分子本身大小以及形状等差异,在电场作用下,带电分子产生不同的迁移速率,从而达到对样品进行分离、鉴定或纯化的目的(图 4-50)。

电泳过程中同时发生有电解、电泳、电沉积和电渗四种作用,是一个复杂的电化学反应过程:阴极电泳涂料所含的树脂带有碱性基团,经酸中和成盐而溶于水,通直流电后,酸根离子向阳极移动,树脂离子及其包裹的颜料粒子带正电荷向阴极移动,并沉积在阴极上。

影响电泳的外界因素有电场强度、溶液 pH、溶液的离子强度、离子的迁移率、电渗作用、吸附作用、焦耳热、溶液黏度、湿度、电压稳定度、支持物筛孔等。

电泳分析技术原理(动画)

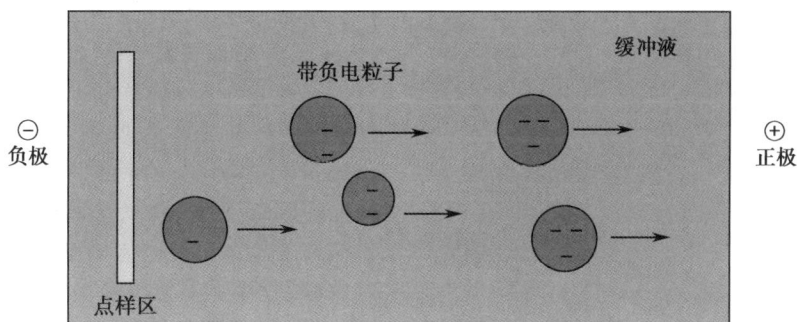

图 4-50 电泳分析技术原理

二、电泳仪的基本结构

包括电泳仪电源、电泳槽、附加装置三个部分。

（一）电泳仪电源

电源是建立电泳电场的装置,在电泳槽中产生电场,驱动带电粒子的迁移。可将电源分为稳流、稳压和稳功率电源。

电泳过程中,正负电极之间的电流由缓冲液和带电粒子来传导。因此,电泳的速率与电流大小成正比。为了获得最佳重复性,电泳时应保持电流的恒定。在要求较高的条件下,电泳仪应具有稳流功能,电流的稳定度应小于 1mA。在支持介质的宽度和缓冲液选定后,电流只受控于电压。电压不稳,势必影响电流。稳压电源的精度最好控制在 1% 以内。电泳仪的供电电源一般为常压交流电(220V±10%、50Hz±2%),也有高压交流电(500~10 000V)。

稳压和稳流电源结合起来,组成稳压稳流的双稳电源。如果增加稳定输出电压、电流乘积的功能,就构成稳定输出功率的电源,亦组成稳定输出功率的电源,亦组成三恒电源,使电泳结果具有良好的重复性,提高测量和计算的精确度。现在,国内外的电泳仪都趋向于控制电压、电流、功率和时间四个参数的三恒电源。

（二）电泳槽或电泳舱

电泳槽(图 4-51)或电泳舱(图 4-52)装置是样品分离的场所,是电泳仪的一个主要部件。槽内装有电极、导电槽、电泳介质支架等。槽上有一个盖子,其作用是防止缓冲液蒸发和防止发生触电危险。为此,有的电泳槽设有"盖开关",盖子一打开,电源即自动切断。电泳槽内装有两电极,电极多用耐腐蚀的金属制成细丝状,贯穿整个电泳槽的长度,其材料有不锈钢丝、镍铬合金丝和铂金丝等。其中以铂金丝性能最好。

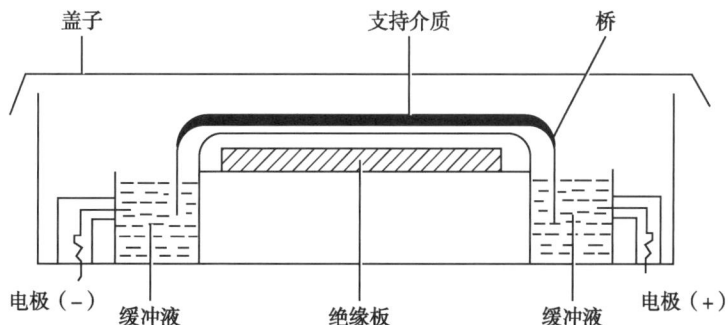

图 4-51 电泳槽装置示意图

电泳槽一般有三个导电槽,两侧各一个,分别注入电泳缓冲液,并各自连接电源的正极和负极;中间槽不用注入电泳缓冲液,而只放电泳支持介质,与两侧的两个导电槽内的缓冲液接触而工作。支持介质架于两槽之间,其两端分别进入导电槽内的缓冲液中。对支持物一般要求不溶于电泳缓冲液、不导电、无电渗、不带电荷、热传导度大、结果均一而稳定、吸液量多而稳定、不吸附蛋白质等其他电泳物

图 4-52　自动电泳仪电泳舱

质,分离后的成分易析出等。

（三）附加装置

完善的电泳仪除了电源和电泳槽之外,还有恒温循环冷却装置、凝胶烘干器、伏时积分器(电压时间积分器)、分析检测装置等附加装置。恒温循环冷却装置主要为多用电泳槽的冷却板提供循环冷却水而使电泳槽控制在一定的温度范围内;凝胶烘干器常配套多用电泳系统中;伏时积分器多用于对电泳时间的控制;分析检测装置如光密度扫描仪,可对染色后的电泳条带直接扫描,得出相对百分比等。目前,一些电泳仪可自动对不同条带的光吸收度进行分析,综合计算后得出报告结果,方便快捷、准确可靠。

三、电泳仪的主要技术指标

一般电泳仪的主要技术指标是指电泳电源的性能指标,主要有以下几项:

1. **输出电压**　直流电压范围为 0~600V,有的同时给出精度。

2. **输出电流**　直流电流范围为 1~1000mA,有的同时给出精度。

3. **输出功率**　直流功率范围为 1~400W,有的同时给出精度。

4. **分辨率**　电压 1V,电流 1mA,功率 1W。

5. **电压稳定度**　电泳仪输出电压的变化量与输出电压的比值,稳定度与性能成反比,即稳定度越小,性能越高;反之性能越低。

6. **电流稳定度**　电泳仪输出电流的变化量与输出电流的比值,稳定度与性能成反比,即稳定度越小,性能越高;反之性能越低。

7. **功率稳定度**　电泳仪输出功率的变化量与输出电流的比值,稳定度与性能成反比,即稳定度越小,性能越高;反之性能越低。

8. **连续工作时间**　可连续正常工作时间为 0~24h。

电泳仪工作时还应注意其他几个方面的指标:①显示方式:对工作电流、电压的显示方式,有指针式仪表和数字式显示两种;②定时方式:电泳时间控制方式,常用电子石英钟控制,有的有预设功率值控制,当电泳功率达到预定值时即可断电;③保护措施:电源电路采用的保护方式,如过流、过压保护等,有的给出限值;④恒温温度:主要用于冷却凝胶温度,有两种形式(一种是在电泳槽中有冷却管或冷却板与外恒温系统相连,另一种是凝胶板下有半导体冷却装置),临床自动化电泳仪多采用后者。

知识链接

毛细管电泳简介

毛细管电泳技术又称高效毛细管电泳,是一类以毛细管为分离管道、以高压直流电场为驱动力,根据样品中各组分之间的迁移速度和分配行为上的差异而实现分离的一种液相分离技术。毛细管电泳仪的结构主要有高压毛细管柱、检测器,以及两个供毛细管两端插入而又可和电源相连的缓冲液槽。毛细管电泳具有高灵敏度、高分辨率、所用样品少、环境污染小、自动化程度高、应用范围广等特点,可分析小到离子、大到蛋白质的多种物质。因此已广泛应用于生命科学、医学、药物分析、化工、环保等领域。

笔记

四、电泳仪的操作流程

（一）手工操作基本步骤

一般实验室使用的电泳仪多为手工操作,电源部分和电泳槽部分是分离的,加样多采用手工方法。虽然不同品牌型号的电泳仪操作上有些不同,但基本步骤一致(图4-53)。

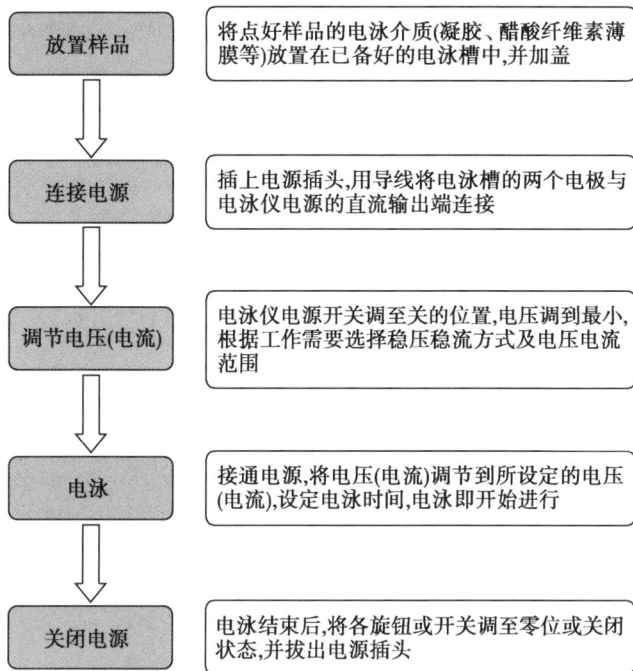

放置样品	→	将点好样品的电泳介质(凝胶、醋酸纤维素薄膜等)放置在已备好的电泳槽中,并加盖
连接电源	→	插上电源插头,用导线将电泳槽的两个电极与电泳仪电源的直流输出端连接
调节电压(电流)	→	电泳仪电源开关调至关的位置,电压调到最小,根据工作需要选择稳压稳流方式及电压电流范围
电泳	→	接通电源,将电压(电流)调节到所设定的电压(电流),设定电泳时间,电泳即开始进行
关闭电源	→	电泳结束后,将各旋钮或开关调至零位或关闭状态,并拔出电源插头

图 4-53　手工操作电泳仪的工作流程图

（二）自动化电泳分析仪基本步骤

临床使用较多的是自动化电泳分析仪,将手工烦琐的程序进行自动化处理,具有电脑程序化管理,快捷简便的人机对话等功能,自动化电泳仪的操作流程如图4-54所示。

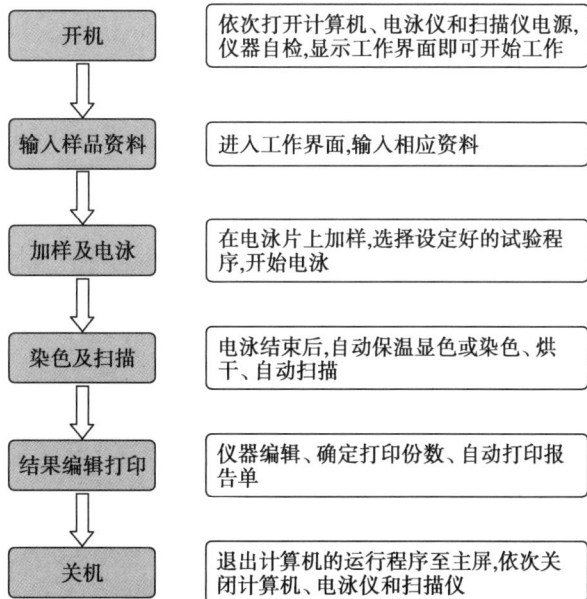

开机	→	依次打开计算机、电泳仪和扫描仪电源,仪器自检,显示工作界面即可开始工作
输入样品资料	→	进入工作界面,输入相应资料
加样及电泳	→	在电泳片上加样,选择设定好的试验程序,开始电泳
染色及扫描	→	电泳结束后,自动保温显色或染色、烘干、自动扫描
结果编辑打印	→	仪器编辑、确定打印份数、自动打印报告单
关机	→	退出计算机的运行程序至主屏,依次关闭计算机、电泳仪和扫描仪

图 4-54　自动化电泳仪的工作流程

自动蛋白电泳仪的操作(视频)

五、电泳仪的维护与常见故障处理

（一）电泳仪的维护

电泳仪在整个电泳设备中起着非常关键的作用，电泳设备的正常运行是电泳分析技术的基本保证，所以对电泳设备的日常维护显得非常重要。在平时的工作过程中应做到每日维护、每周维护、每月维护以及按需维护。每日维护的重点应当是电极的维护，电泳工作结束后，应当用干滤纸擦净电极，避免电泳缓冲液沉积于电极上或酸碱对电极的腐蚀。每月维护的重点应是扫描系统的滤镜及光源。在日常的运行过程中应做到：①仪器使用环境应清洁，经常擦去仪器表面的尘土和污物；②不要将电泳仪放在潮湿的环境中保存；③长时间不用应关闭电源，同时拔下电源插头并盖上防护罩。

（二）电泳仪的常见故障及处理

电泳仪属于精密仪器，在操作过程中要严格遵守操作规程，但不可避免会出现各种各样的故障，若运行时出现故障报警，应立即停止电泳，先检查负载是否短路或开路，输出电压或电流的设定值，电泳实验的装置。下面以毛细管电泳仪常见故障及解决方法为例进行介绍（表4-7）。

表 4-7 毛细管电泳仪常见故障及故障排除方法

故 障 信 息	引起故障可能原因	解 决 方 法
转盘识别错误	细微灰尘吸附在灯上	仪器关机，用洁净棉签轻轻拭去上面的灰尘，仪器开机后再进行 C32 的测定
样品识别错误	血清分离不好或者有灰尘吸附	关机状态，拆开仪器内透明有机玻璃，用无水乙醇擦拭加样针外壁，然后安装好，再用仪器内程序进行加样针清洗，洗完 1～2 次后，进行 C27 加样针加样感应定位
仪器报警出现缺少稀释杯或稀释杯感应错误	仪器稀释杯位置错误	观察稀释杯位置，如果没有处于正常位置，可手动将其移动到其原来位置，然后进行稀释杯感应定位
曲线不理想，显示不稳定	毛细管的长期使用出现不清洁	毛细管清洗程序进行清洗，然后按激活程序进行激活即可
电泳时出现峰丢失	未接入检测器，或检测器不起作用	检查设定值
	进样温度太低	检查温度，并根据需要调整
	柱箱温度太低	检查温度，并根据需要调整
	无载气流	检查压力调节器，并检查泄漏，验证柱进样流速
仪器运行过程中突然断电	电流量不稳定或仪器内有短路现象	采用稳压措施，咨询工程师更换保险

六、电泳仪的临床应用

电泳仪的临床应用较广泛，目前临床最常用的是血清蛋白电泳。新鲜血清经醋酸纤维薄膜或琼脂糖电泳、染色后，通常可见 5 条区带，即白蛋白、α_1 球蛋白、α_2 球蛋白、β 球蛋白、γ 球蛋白。通过血清蛋白电泳图谱能帮助我们对某些疾病进行诊断及鉴别诊断，一般常见的是白蛋白降低，某个球蛋白区域升高，提示不同的临床意义。如急性炎症时，可见 α_1、α_2 区百分率升高；肾病综合征、慢性肾小球肾炎时呈现白蛋白下降，α_1 球蛋白升高，β 球蛋白也升高；缺铁性贫血时可由于转铁蛋白的升高而呈现β区带增高；而慢性肝病或肝硬变呈现白蛋白显著降低，γ 球蛋白升高 2～3 倍，主要是免疫球蛋白多克隆(polyclonal)增高,甚至可见 β-γ 融合的桥连现象。还可在 γ 区呈现细而密的寡克隆(oligoclonal)区带,对 HCV、HIV 感染后引起的免疫球蛋白亚型的升高和器官移植后的排异反应者有一定参考作用。此外,由单一克隆浆细胞异常增殖所产生的无抗体活性的均一的免疫球蛋白称 M 蛋白(monoclonal protein,MP),可在电泳区带的 $\beta_2 \sim \gamma$ 区呈现致密而深染且高度集中的蛋白克隆增生的区带,称其为 M 蛋白区带,扫描后形成高而狭窄的单株峰,此峰在 γ 区其峰高与峰底宽之比>2∶1,且由于正常免疫球蛋白合成限制造成背景染色浅,因此,血清蛋白电泳是其首选的实验诊断方法。由 M 蛋白所导致的一组疾病如:多发性骨髓瘤,巨球蛋白血症,重链病,游离轻链病,半分子病,良性单株丙球血症和双 M 蛋白血症等,目前这类疾病已不属罕见。另外,电泳仪还可进行尿蛋白电泳、血红蛋白及糖化血红蛋白电泳、免疫固定电泳以及同工酶电泳等。

（徐喜林）

本章小结

　　本章重点介绍了紫外-可见分光光度计、自动生化分析仪、电解质分析仪、血气分析仪、原子吸收光谱仪、色谱仪、质谱仪、电泳仪等八种临床化学检验仪器。这些仪器的共同点都是以生物体内的化学物质为检测目标。

　　紫外-可见分光光度计是用于测量和记录物质分子对紫外光、可见光的吸光度及紫外-可见吸收光谱,并进行定性、定量以及结构分析的仪器。自动生化分析仪是依据紫外-可见分光光度法的检测分析原理,利用现代化自动控制技术,完全模仿手工加样、加试剂、混匀、恒温孵育、比色、计算及清洗等操作。原子吸收光谱仪是记录原子化待测元素对光源发射的特征谱线的吸收而使投射光强度减弱的仪器,用于定量测定金属、非金属元素。

　　电解质分析仪和血气分析仪属于电化学分析仪器。电解质的测定常采用离子选择性电极法;血气分析仪是利用电极对人全血 pH、PCO_2 和 PO_2 进行定量测定,其工作原理是待测血液样品在管路系统的抽吸作用下进入到样品室,样品中 pH、PCO_2 和 PO_2 分别被相应测量电极所感测,电极产生对应参数的电信号,经放大和模数转换后由微机处理运算处理。

　　色谱仪、质谱仪、电泳仪属于分离分析仪器,将分离技术与定量检测技术相结合,在临床化学物质的定性、定量分析中得到越来越广泛的应用。色谱仪是以流动相冲洗色谱柱而分离物质,常以紫外分光光度计为检测器。质谱仪是将分析物气化成离子后,按质荷比(m/z)分开并进行定性、定量和结构分析的仪器。而电泳仪是先利用带电荷的溶质或粒子在电场中定向迁移分离物质再进行定量分析的仪器。

（彭裕红）

04章 扫一扫，测一测

扫一扫,测一测

思考题

　　1. 简述分立式生化分析仪的基本结构。全自动生化分析仪该如何进行保养?

　　2. 电解质分析仪基本结构有哪些? 电解质分析仪如何进行电极系统的保养?

　　3. 简述血气分析仪的基本组成及工作原理。其中 pH 玻璃电极、PCO_2 电极、PO_2 电极是如何进行测定的?

笔记

4. 为什么原子吸收光谱仪常用元素的特征谱线作为分析线进行定量分析？原子吸收光谱仪在临床检验中的应用有哪些？

5. 根据质谱仪的仪器基本组成框架结构,画出液质联用仪器的基本组成框架结构,通过查阅资料(网络或图书)列举 1 至 2 个液质联用在医学检验中的应用。

6. 电泳的基本原理是什么？临床上进行电泳分析时易出现的问题有哪些？

第五章 临床免疫检验仪器

05章 PPT

学习目标

1. 掌握：酶免疫分析仪、发光免疫分析仪、免疫比浊分析仪的工作原理。
2. 熟悉：酶免疫分析仪、发光免疫分析仪、免疫比浊分析仪的基本结构、性能评价、使用与维护及常见故障处理。
3. 了解：酶免疫分析仪、发光免疫分析仪、免疫比浊分析仪的临床应用。
4. 能够指认酶免疫分析仪、发光免疫分析仪、免疫比浊分析仪的基本结构。
5. 能学会酶免疫分析仪、发光免疫分析仪、免疫比浊分析仪的基本操作及日常保养。

免疫分析技术利用抗原抗体反应来检测标本中的微量物质，具有高特异性和高敏感性，是临床检验中最为重要的技术之一。各类型临床免疫分析仪器都是以免疫分析技术为基础工作原理设计而成，因具有准确、灵敏、快速、高效等特征而被临床广泛使用。本章重点介绍酶免疫分析仪、发光免疫分析仪以及免疫比浊分析仪。

第一节　酶免疫分析仪

酶免疫分析（enzyme immunoassay，EIA）是标记免疫分析中的一项重要技术，是以酶标记的抗体（抗原）作为主要试剂，将抗原抗体反应的特异性与酶催化底物反应的高效性、专一性结合起来的一种免疫检测技术，具有高敏感性、高特异性、试剂稳定、操作简便、对环境污染小等优点，是临床检验、生物学研究、食品和环境科学中广泛应用的主导技术。目前常用的酶免疫分析仪都是基于 ELISA 技术，称为酶免疫分析仪。

一、酶免疫分析仪的工作原理

0501

酶标仪的检测原理及使用方法（视频）

酶免疫分析仪的基本工作原理与光电比色计或分光光度计相同，临床上常用的酶免疫分析仪基本上都是在光电比色计或分光光度计的基础上根据酶联免疫吸附测定的特点进行设计的。以临床上最常用的酶标仪为例，酶免疫分析仪的工作原理如图 5-1 所示。

光源灯发出的光束通过滤光片或单色器后，成为一束单色光，再经微孔板中的待测标本吸收一部分后，另一部分透过标本照射到光电检测器上，光电检测器将接收到的光信号转变为电信号，再经过前置放大、对数放大、模数转换等模拟信号处理后，进入微处理器进行数据的处理和计算，最后的检测结果在显示器上显示并可以直接打印出来。在特定波长下，同一种被检测物的浓度与被吸收的光成定量关系。酶标仪就是利用以上原理通过测定一定波长下待测物的吸光度值来得出待测物的相应浓度。

笔记

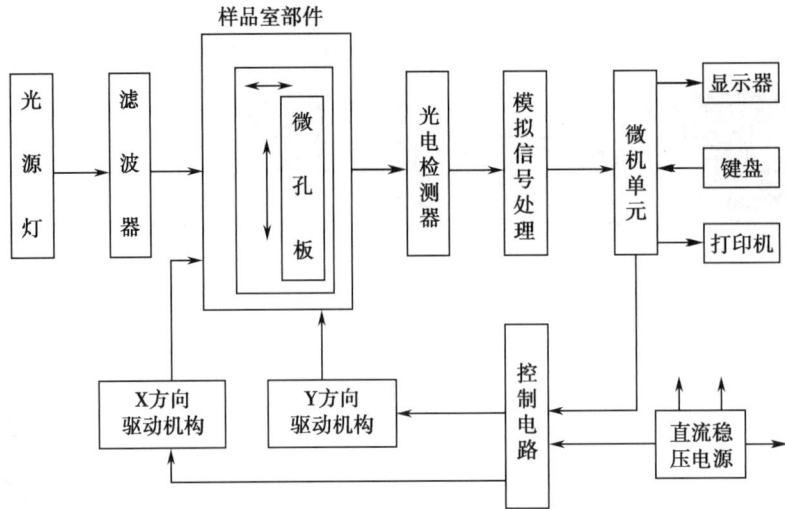

图 5-1 酶标仪工作原理图

二、酶免疫分析仪的分型

根据固相支持物(如微孔板、试管、聚苯乙烯微粒、磁微粒)的不同可将酶免疫分析仪分为微孔板固相酶免疫分析仪、管式固相酶免疫分析仪、微粒固相酶免疫分析仪和磁微粒固相酶免疫分析等。

微孔板固相酶免疫分析仪即临床上最为常用的酶标仪,也称为 ELISA 测读仪(ELISA reader)。根据通道的多少可分为单通道和多通道酶标仪;根据自动化程度可分为半自动和全自动两类,多通道酶标仪检测速度快,一般均为自动化型;根据波长是否可调节又分为滤光片酶标仪和连续波长酶标仪。

三、酶免疫分析仪的基本结构

临床上最常用的酶免疫分析仪是微孔板固相酶免疫分析仪,国际上多使用 96 孔板作为 ELISA 测定的固相载体。全自动的微孔板固相酶免疫分析仪主要包括两个部分,即主机部分和微机部分。主机部分为仪器的运行反应测定部分,包括原材料配备部分、液路部分、机械传动部分、光路检测部分(图 5-2)。微机部分是仪器的控制中心,其功能有程控操作、自动监测、指示判断、数据处理、故障诊断等。

酶标仪与普通光电比色计的不同之处就在于:①盛放比色液的容器不是比色皿而是微孔板;②光束是垂直通过待测液,方向既可以是从上到下,也可以是从下到上穿过;③酶标仪通常用光密度(optical density,OD)来表示吸光度。

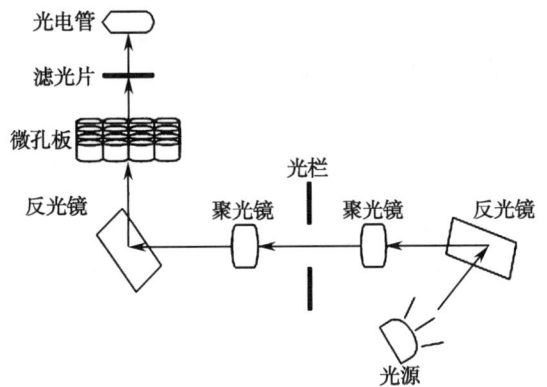

图 5-2 酶标仪光路图

四、酶免疫分析仪的性能评价

酶免疫分析仪的迅速发展使得酶免疫分析技术在临床上的应用越来越普及,为了对各种不同型号的酶免疫分析仪进行系统的评价,以提高酶免疫分析仪检测结果的准确性和可靠性,相关专家建立了一套评价的标准。

1. 准确度评价 准确配制 1mmol/L 的对硝基苯酚水溶液,以 10mmol/L 氢氧化钠溶液 25 倍稀释,加入 200μl 稀释液于微孔中,以 10mmol/L 的氢氧化钠溶液调零,于波长 490nm(参比波长 650nm)处检测,其吸光度靶值为 0.4。

2. 灵敏度评价 准确配制 6mg/L 的重铬酸钾溶液,加 200μl 重铬酸钾溶液于微孔杯中,以

0.05mol/L硫酸溶液调零,于波长490nm(参比波长650nm)处检测,其吸光度应大于0.01。

3. **精密度评价**　每个通道3只小杯,分别加入200μl高、中、低三种不同浓度的甲基橙溶液,蒸馏水调零,采用双波长做双份平行测定,每日测定两次,连续测定20d。分别计算其批内精密度、日内批间精密度、日间精密度和总精密度及相应的变异系数。

4. **线性测定**　准确配制5个系列浓度的甲基橙溶液,于490nm(参比波长650nm)处用蒸馏水调零平行检测8次。计算回归方程、相关系数(r)及标准误$S_{y,x}$,并用±1.96$S_{y,x}$表示样品的95%测量范围。

5. **滤光片波长精度检查及其峰值测定**　用高精度紫外-可见分光光度计(波长精度±0.3nm)在可见光区对不同波长的滤光片进行光谱扫描,检测值与标定值之差即为滤光片波长精度,其差值越接近于零且峰值越大表示滤光片的质量越好。

6. **通道差与孔间差检测**　通道差检测:取一只酶标板小杯置于不同通道的相应位置,蒸馏水调零,于490nm处连续测三次,观察其不同通道之间测量结果的一致性,可用极差值来表示其通道差;孔间差的测定:选择同一厂家、同一批号酶标板条(8条共96孔)分别加入200μl甲基橙溶液(吸光度调至0.065~0.070)先后置于同一通道,蒸馏水调零,于490nm处采用双波长检测,其误差大小用±1.96s衡量。

7. **零点漂移**　取8只小孔杯,分别置于8个通道的相应位置,均加入200μl蒸馏水并调零,采用双波长或单波长(490nm)每隔30min测定一次,观察8个通道4h内的吸光度变化,其与零点的差值即为零点漂移。观察各个通道4h内吸光度的变化。

8. **双波长评价**　取同一厂家、同一批号酶标板条(每个通道2条共24孔)每孔加入200μl甲基橙溶液(吸光度调至0.065~0.070)先后于8个通道分别采用单波长(450nm)和双波长(测定波长450nm、参比波长630nm)进行检测,计算单波长和双波长测定结果的均值、标准差,比较各组之间是否具有统计学差异以考察双波长清除干扰因素的效果。

9. **测量速度(96孔板)**　不同机器的测量速度有所不同。选择单波长测定时5s、10s、25s、30s不等;选择双波长测定时6s、7s、8s、33s不等。

五、酶免疫分析仪的使用、维护与常见故障处理

(一)酶免疫测定仪的使用

酶免疫测定仪在使用的过程当中对环境条件有一定的要求,一定要注意防电、防震,远离强磁场,避免日光直接照射,温度保持在10~30℃,相对湿度要≤70%,交流电源电压保持在220V±10%范围内,并且要在机器两边留出足够的空间以保证空气流通。具体的操作程序不同型号的酶免疫测定仪会有所不同,操作人员应严格按照仪器的操作说明书进行检测。图5-3是以酶标仪为例概括讲述酶免疫测定仪的基本操作过程。

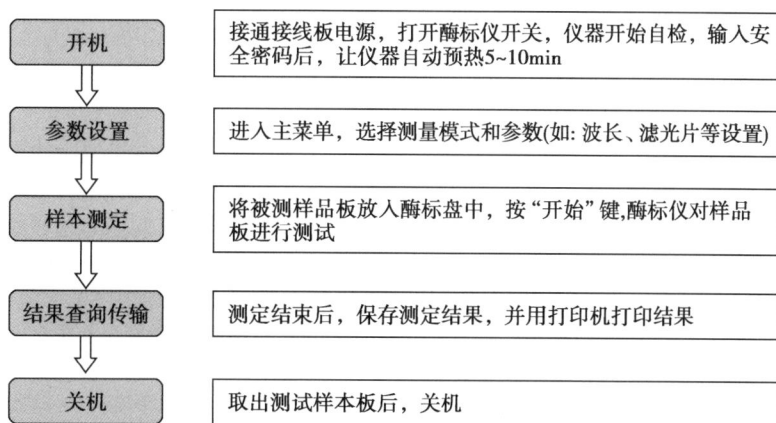

开机	接通接线板电源,打开酶标仪开关,仪器开始自检,输入安全密码后,让仪器自动预热5~10min
参数设置	进入主菜单,选择测量模式和参数(如:波长、滤光片等设置)
样本测定	将被测样品板放入酶标盘中,按"开始"键,酶标仪对样品板进行测试
结果查询传输	测定结束后,保存测定结果,并用打印机打印结果
关机	取出测试样本板后,关机

图5-3　酶标仪操作流程图

（二）酶免疫分析仪的维护

1. 日常维护 ①仪器外部的清洁,用柔软的湿布,蘸取柔性清洁剂轻轻擦拭仪器外壳,清除灰尘和污物。②清洁仪器内部微孔板托架周围的泄漏物质,如果泄漏物质带有病菌,则必须用杀菌剂处理。③丢弃托盘内已使用过的微孔板。

2. 月维护 ①使用仪器自身提供的软件执行检查程序,打印检查结果报告并归档;②检查微孔探测器是否有堵塞物,如果有则可用细钢丝贴着微孔板底部轻轻将其除去;③检查支撑机械臂的轨道是否牢固,并检查机械臂及其轨道上是否有灰尘,如果有,可用干净的布将其擦净。

3. 光学部件维护 酶免疫分析仪主要是通过吸光度或光密度来反映被测物质的含量,所以如果想让酶免疫分析仪的结果准确可靠,就要把维护的重点放在光学部分,而光学部分的维护主要是防止滤光片霉变,应定期检测校正,保持其良好的工作性能,做到:①定期核对滤光片波长;②定期清洁仪器表面,保护光学零件不沾灰尘;③定期检查、清洗滤光片,如果出现破裂或霉点则要更换。

（三）酶免疫分析仪常见故障处理

酶免疫分析仪是由光、机、电等多部分组成的精密仪器,为了保证测定结果的准确可靠,我们不但要严格按照仪器的操作规程进行检测,注意对仪器进行正确的安装调试及保养,还应该了解并能排除仪器常见故障。

酶免疫分析仪常见故障和排除方法(以酶标仪为例)如表 5-1 所示。

表 5-1 酶标仪常见故障及其处理方法

常见故障	故障原因	处理方法
开机后无反应	电源未接通	电源线是否接好,保险丝是否烧断
仪器无法与计算机通讯	①连线不通 ②设置问题	①计算机接口与打印机接口接反 ②检查仪器通讯的波特率是否与计算机的相匹配
仪器显示"酶标板错误"	卡板	关机后用手推载板架,同时检查有无异物造成阻碍
目测结果与酶标仪测定结果差异较大	滤光片设置错误	重新按滤光片轮中实际的情况设置滤光片参数
重复性差	光路及机械传动部分不稳定	①应重点检查光源是否稳定(测试光源电压) ②程控放大器输出是否稳定 ③导轨移动是否平稳,导轨应保持清洁,加涂一些润滑脂
打印机不工作	①连接问题 ②仪器设置问题 ③打印机方面故障	①检查打印机与仪器的接口是否正常 ②仪器内置打印机是否关闭 ③检查仪器有无设置外置打印机 ④打印机无纸或纸未装好 ⑤注意打印机开机顺序,以及打印机是否与仪器兼容
花板	①携带污染 ②洗液变质 ③管路污染 ④板条放置不平导致洗液测流 ⑤清洗液注入量超过 400µl	①清洗检测探头,调试加样和加试剂模块(全自动),手动加样避免挂壁或溅出,避免微孔板上壁沿有样本液或试剂污染探头 ②重配洗液,清洗洗液瓶 ③清洗管路 ④调试自动抓手模块;手动放置保证放平 ⑤设置注液量

六、酶免疫分析仪的临床应用

酶免疫分析仪在临床上主要用于定性或定量检测,可用于感染性疾病的抗原或抗体的检测,如病毒性肝炎(甲肝抗体、乙肝抗体与抗原、丙肝抗体、丁肝抗体、戊肝抗体)血清标志物检测、TORCH(风疹病毒、巨细胞病毒、单纯疱疹病毒、弓形体)感染检测,梅毒螺旋体抗体检测,HIV 感染筛查等。也可用于蛋白质、肿瘤标志物的检查,如 AFP、CEA。

(张会生)

第二节　发光免疫分析仪

发光免疫分析仪是将具有高特异性的免疫反应与高灵敏度的化学发光测定技术相结合的检验分析技术,可用于检测抗原、抗体、蛋白质、激素、酶、维生素、药物等多种物质,特别是在肿瘤标志物检测方面应用极为广泛。与酶免疫分析技术、免疫比浊分析技术等比较,该分析技术具有更高的检测灵敏度及测量分析范围;相较于放射免疫分析技术,发光免疫分析仪技术的检测试剂更加稳定、环保。

全自动化学
发光免疫分
析仪(图片)

一、化学发光免疫分析仪的工作原理

(一)全自动直接化学发光免疫分析仪

化学发光免疫分析技术又称为微量倍增技术,包括两种方法。①竞争法:多用于测定小分子抗原物质。用过量的预先包被在磁珠上的抗体,与待测的抗原及定量的预先用吖啶酯标记过的抗原一起加入反应杯中温育,两种抗原(待测抗原及标记抗原)与包被在磁珠上的抗体竞争结合,再通过电磁分离技术留下所有磁珠,同时也留下了所有的抗原抗体免疫复合物,然后加入 NaOH 和 H_2O_2 溶液诱导吖啶酯发光,检测到的光的强度与待测抗原浓度成反比。②夹心法:多用于测定大分子的抗原物质。吖啶酯标记的抗体、待测抗原与包被在磁颗粒上的抗体一起加入到反应杯中温育,生成包被抗体-测定抗原-标记抗体的双抗体夹心的免疫复合物,再通过电磁分离技术留下所有磁珠,同时也留下了所有的抗原抗体免疫复合物,加入 NaOH 和 H_2O_2 溶液从而诱导吖啶酯发光,检测到的光的强度与待测抗原浓度成正比。吖啶酯标记的化学发光免疫分析反应原理见图5-4。

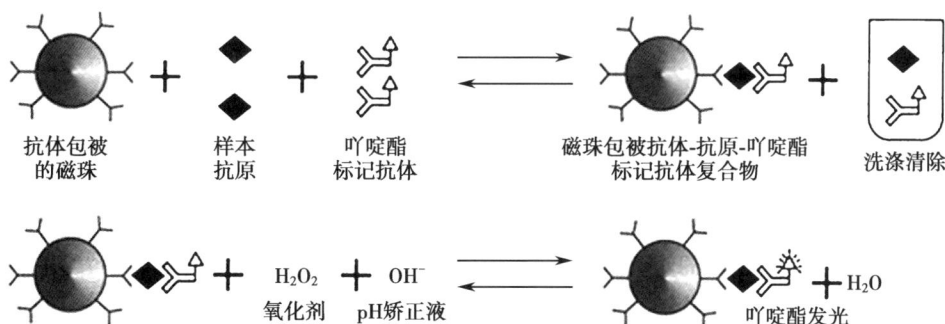

抗体包被　　　样本　　　吖啶酯　　　磁珠包被抗体-抗原-吖啶酯　　　洗涤清除
的磁珠　　　抗原　　　标记抗体　　　标记抗体复合物

H_2O_2　＋　OH^-　　　　　吖啶酯发光　＋H_2O
氧化剂　　pH矫正液

图 5-4　吖啶酯标记的化学发光免疫分析反应原理

(二)全自动化学发光酶免疫分析仪的工作原理

应用经典的免疫学原理,采用单克隆抗体试剂,以磁性微粒作为固相载体,碱性磷酸酶为标记物,发光剂采用 3-(2′-螺旋金刚烷)-4-甲氧基-4-(3″-磷酰氧基)苯-1,2-二氧杂环丁烷(AMPPD),小分子物质采用竞争法或抗体捕获法进行测定,而大分子物质采用夹心法(图5-5)进行测定。

(三)全自动电化学发光免疫分析仪

将待测标本与包被抗体的顺磁性微粒和发光剂标记的抗体混合在反应杯中共同温育,形成磁性微珠包被抗体-抗原-发光剂标记抗体复合物。当磁性微粒流经电极表面时,被安装在电极下的磁铁吸

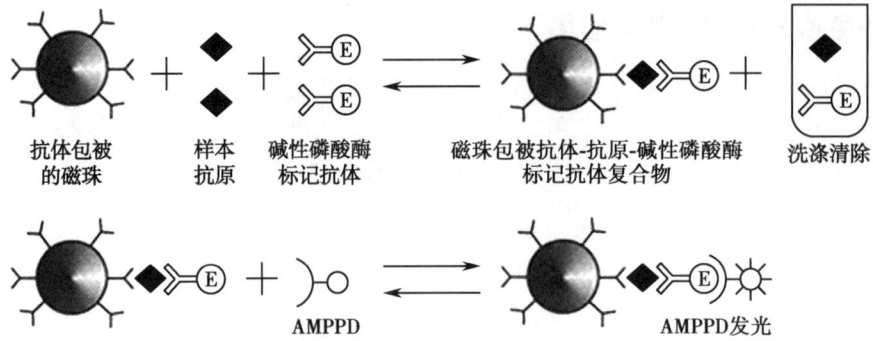

图 5-5 碱性磷酸酶标记的微粒子化学发光免疫分析反应原理

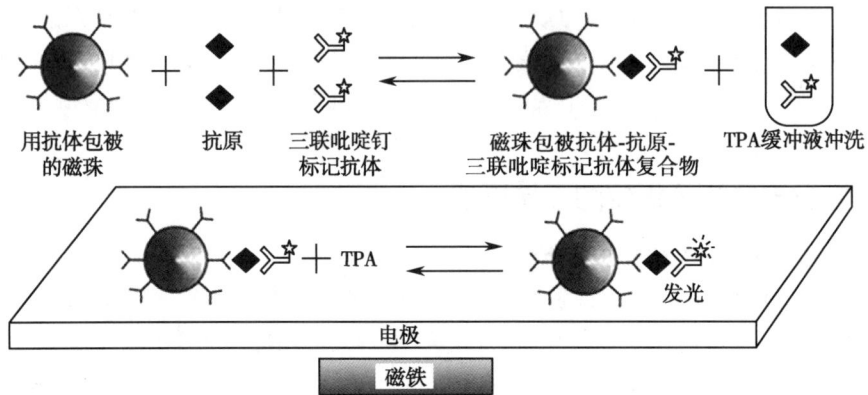

图 5-6 三联吡啶钌标记的电化学发光免疫分析反应原理

引住,而游离的发光剂标记抗体被缓冲液冲洗走。同时在电极加电压,使发光剂标记物三联吡啶钌 $[Ru(bpy)_3]^{2+}$ 在电极表面进行电子转移,产生电化学发光,光的强度与待测抗原的浓度成正比。抑制免疫法用于小分子量蛋白质抗原检测;夹心免疫法用于大分子量物质检测(图 5-6)。

(四)光激化学发光免疫分析仪的工作原理

光激化学发光免疫分析(又称发光氧通道免疫试验,LOCI)的原理(图 5-7)是用抗体包被感光磁球,抗原包被发光微球,免疫反应发生后,抗体与抗原结合,其中的感光微球在 680nm 激发光照射下,使周围氧分子激发变成单线态氧,后者扩散至发光微球并传递能量,发光微球发射 520~620nm 荧光信号并被单光子计数器探测。此过程中,单线态氧的半衰期只有 4μs,在反应体系中只能扩散大约 200nm。因此,只有结合态发光微球才能获得单线态的能量并发光;非结合态发光微球由于相距较远,无法获得能量而不发光。因此发光的强度与样品中的待测抗原量成

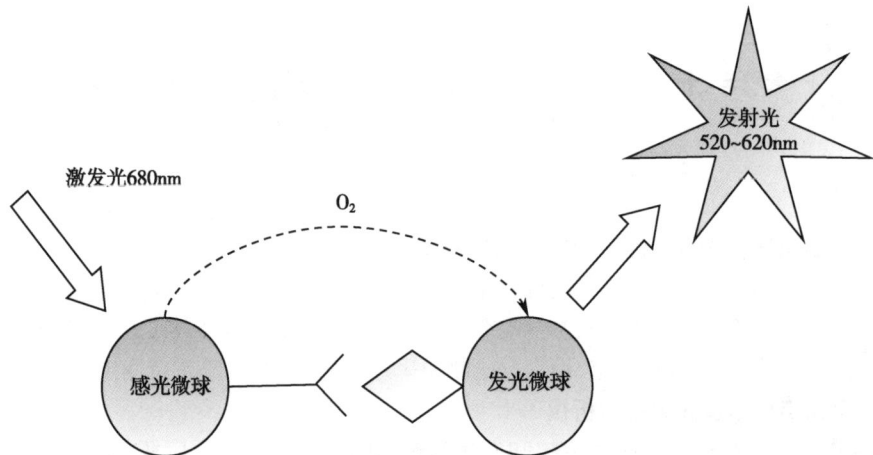

图 5-7 LOCI 反应原理

反比。

（五）时间分辨荧光免疫分析仪的工作原理

时间分辨荧光免疫分析是用镧系三价稀土离子"如铕（Eu^{3+}）、钐（Sm^{3+}）、铽（Tb^{3+}）、镝（Dy^{3+}）等"及其螯合物作为示踪剂，代替传统的荧光物质、放射性核素、酶和化学发光物质，来标记抗原、抗体、多肽、激素、核酸或生物活性细胞，待反应体系发生后，根据稀土离子螯合物有长寿命荧光的特点，通过电子设备控制荧光强度测定时间，待短寿命的自然本底荧光完全衰退后，再进行产物的长寿命荧光强度测定，以此来判断反应体系中被测物质的浓度。时间分辨荧光免疫检测原理见图5-8。

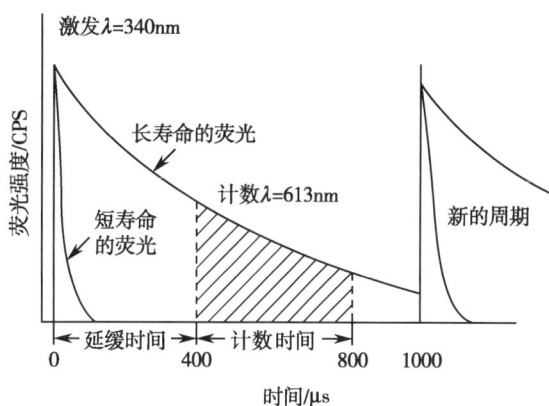

图 5-8 时间分辨荧光免疫检测原理图

二、化学发光免疫分析仪的分类及特点

（一）化学发光免疫分析的基本种类

化学发光免疫根据标记物的不同，有直接化学发光免疫分析、电化学发光免疫分析、化学发光酶免疫分析、光激化学发光免疫分析和生物发光免疫分析等分析方法（表5-2）。根据发光反应检测方式的不同，发光免疫分析又可分为液相法、固相法和均相法等测定方法。

表 5-2 化学发光免疫分析的基本分类、常用化学发光标记物和发光底物

种　类	化学发光剂	发光底物
直接化学发光免疫分析	吖啶酯	$NaOH-H_2O_2$
电化学发光免疫分析	三联吡啶钌	电激发
化学发光酶免疫分析仪	ALP；HRP	金刚烷；鲁米诺
光激化学发光免疫分析仪	感光微球	发光微球
时间分辨荧光免疫分析仪	镧系三价稀土离子及其螯合物	光激发

（二）发光免疫分析仪的特点

1. **全自动直接化学发光免疫分析仪**　采用化学发光技术和磁性微粒子分离技术相结合，是一个全自动、随机存取、软件控制的智能分析系统。在反应体系中，固相载体用磁性颗粒，其直径仅1.0μm，大大增加了包被表面积，使抗原或抗体的吸附量增加，反应速度加快，清洗和分离也更加简单。具有操作灵活，结果准确可靠，试剂贮存时间长，自动化程度高等优点。

2. **全自动化学发光酶免疫分析仪**　利用标记酶的催化作用使发光剂发光，使其不需要外来光源的照射，避免不稳定因素给分析带来的影响；线性范围宽，发光强度在4～6个数量级之间与测定物质浓度呈线性关系，这有助于检测浓度较高的临床标本，并避免"钩状效应"；光信号持续时间较长且稳定，使得检测重复性好。

3. **全自动电化学发光免疫分析仪**　电化学发光免疫分析是一种在电极表面由电化学引发的特异性化学发光反应，属于第三代化学发光免疫分析技术。与其他免疫技术相比具有十分明显的优点：①由于所用标记物三联吡啶钌可与蛋白质、半抗原激素、核酸等各种化合物结合，因此检测项目很广泛；②由于磁性微珠包被采用"链霉亲和素-生物素"新型固相包被技术，使检测的灵敏度更高，线性范围更宽，反应时间更短。

4. **光激发化学发光免疫分析仪**　光激化学发光免疫分析仪具有诸多优点：采用纳米微粒，增加了反应表面积，从而提高了检测灵敏度；恰当的荧光波长及时间分辨模式，有效地提高了信噪比，增加了特异性；均相反应模式实现了一步法免清洗检测。另外，检测过程还不易受到荧光淬灭、样本常见干扰物质、pH、离子强度及温度等影响，保证了检测的稳定性；样本用量少，有利于实现小型化、高通量

检测。

5. 时间分辨荧光免疫分析仪　采用镧系三价稀土离子及其螯合物作为标记物,将荧光信号检测的敏感性与抗原抗体反应的特异性融为一体,因无须洗涤分离,所以具有较高的分析精密度和较快的分析速度。

6. 量子点标记化学发光免疫分析仪　量子点光亮度强,较高的光化学稳定性可以保证其存留数天乃至数月,便于检测;在同一激光激发下,通过调整纳米颗粒的大小,可发出不同颜色的光。量子点能迅速、稳定的吸附蛋白质,而蛋白质的生物活性几乎不会发生改变,非常适合用于小分子抗原和半抗原的检测。

三、化学发光免疫分析仪的基本结构

（一）全自动化学发光免疫分析仪的组成

全自动化学发光免疫分析仪主要由样品管理系统、试剂管理系统、加样系统、反应系统、清洗与分离系统、光信号检测系统、计算机软件系统等组成。常见化学发光免疫分析仪的基本结构见图5-9。

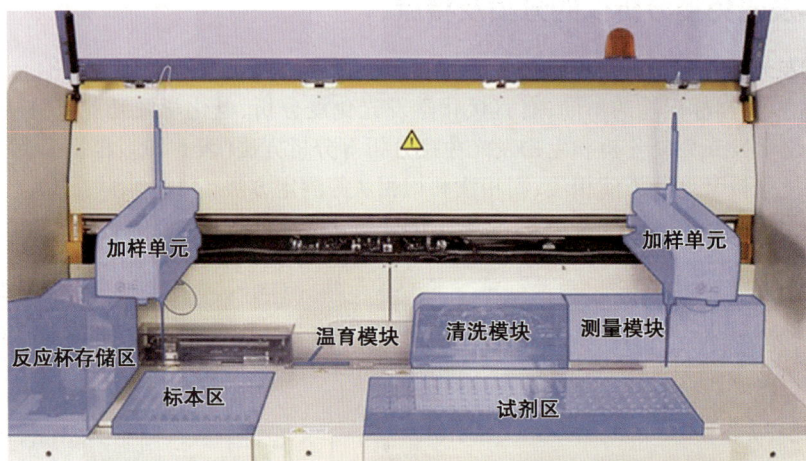

图5-9　化学发光免疫分析仪的基本结构图

（二）样本管理系统

样本管理系统一般由样本承载装置、传动装置、定位装置组成。样本承载装置有样本盘式和样本架式两种。样本盘式(图5-10)为一可放置样本并能转动的圆盘状架子,仪器通过转动圆盘来实现对样本的定位管理。样本架式(图5-11)多为单排单架管理,每五至十个样本为一架,通过轨道及传动带来实现对样本的定位管理。

不管是样本盘还是样本架,功能都是把样本准确可靠的定位到吸样位置,样本盘式结构的主要优点是结构相对简单,成本低,故障率低,但样本放置数量受到结构空间限制,且测试过程中相对不便于随时追加样本;而轨道进样的主要优点是方便随时追加样本,特别适合于模块互联和实验室自动化系统。

（三）试剂管理系统

试剂管理系统由试剂仓、试剂瓶、定位装置、开盖装置等组成。

1. 试剂仓　试剂仓内具有多个试剂位。试剂位的数量,决定了仪器同时可分析项目的数量。为保证试剂的稳定性,试剂仓相对密闭,同时具有24h不间断制冷功能。常见的冷藏温度要求是2~8℃,在此范围内试剂的稳定性可以得到更好的保证。

2. 试剂瓶　试剂瓶由三个小瓶组装而成,分别装有两种检测试剂及磁珠。试剂盖为特制的可使用仪器的自动开盖器开关的活动结构。试剂瓶由黑色不透光的硬质塑料制成。

3. 定位装置　定位装置由定位器、感应器、条码识别器等部件组成,它让仪器及时感应到试剂仓中各种试剂的位置,保证了试剂的自动识别与定位。

4. 开盖装置　开盖装置是负责将试剂瓶瓶盖在吸取试剂前打开,在吸取试剂后再盖上的装置。

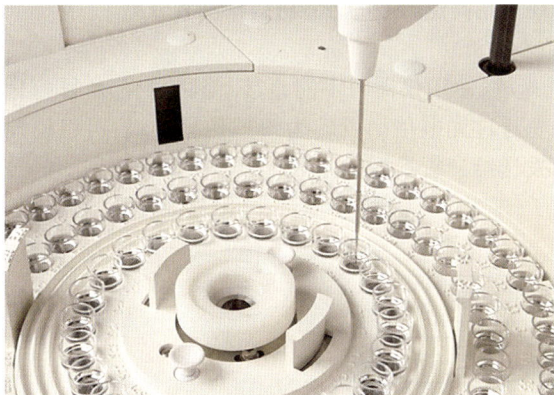

图 5-10　盘式样本架

图 5-11　架式样品本架

（四）加样系统

加样系统的机械结构部分大多由加样针、加样臂、注射器、步进电机、电磁阀门等组成；电路控制部分包括电机驱动电路、液面检测传感器、探针堵塞传感器、位置传感器及液路系统等。加样针通过加样管路与注射器相连。高精度步进马达根据加样量的大小产生定量运动，带动注射器驱动液体流入或流出采样针从而实现定量加样。

1. **加样针**　加样针有两种设计，一种是针尖表面进行了特殊处理，易于清洗，可避免液体黏附造成交叉污染；另一种是自动装卸一次性加样吸头，通过更换吸头来防止交叉污染。加样针除了基本的加样功能，还具有液面检测功能、随量跟踪功能、堵针检测功能、防撞功能及气泡检测功能等。

2. **加样臂**　加样臂由步进马达带动，沿传动轴移动，带动吸样针吸取相应液体。加样臂内带有加样管及控制电路。

3. **高精度步进马达**　高精度步进马达的精确性决定了加样精度，因此它是化学发光分析仪准确度的核心控件之一。注射器每天需要来回做活塞运动上千次，所以必须选用高耐磨材质（如陶瓷），才能保证长期取样的稳定性。

（五）反应系统

化学发光免疫分析仪的反应系统主要由反应装置、混匀模块、温育模块构成。

1. **反应装置**　反应装置由反应盘、反应杯及机械抓手组成。反应盘用于承载反应杯，并将反应杯依次旋转并精确定位到工作位置，包括加样本位、加试剂位、搅拌位、检测吸取位等。圆盘式的结构，结合每个周期的工作时序设计，可以使检测能够持续不断地进行下去。过程中使用的反应杯通过机械抓手抓取送入反应盘中，反应结束后再通过机械抓手将它扔至废物盒中。

2. **混匀模块**　一般仪器有三个混匀模块，一个样本和反应试剂的混匀模块，一个是清洗分离加底物后的混匀模块，一个是磁性微粒试剂的防凝集混匀模块。常采用旋转混匀和微震荡混匀的方式进行混匀。

3. **温育模块**　由于抗原抗体反应对温度的稳定性及温度的范围要求较高，理想的孵育温度波动应小于±0.1℃。常用三种保持恒温的方式：①恒温液循环间接加热：在比色杯周围充盈有一种特殊的恒温液（具有无味、无污染、惰性、不蒸发等特点），比色杯和恒温液之间有极小的空气狭缝，恒温液通过加热狭缝中的空气达到恒温。恒温液循环间接加热在温度稳定性方面优于空气浴恒温式，和水浴循环式相比又不需要特殊保养。②水浴循环：即在比色杯与加热器之间隔有水，由加热器控制水的温度，特点是温度恒定，但需要特殊的防腐剂以保证水质的洁净，且需要定期更换循环水。③空气浴恒温：即在比色杯与加热器之间隔有空气，特点是方便、快捷，不需要特殊材料，但稳定性和均匀性较水浴稍差。

（六）清洗、分离系统

在全自动化学发光免疫分析仪中，清洗系统一般是利用磁铁或电磁铁将反应后磁性微粒吸附，然后通过清洗将游离物去除。通过这种方式来保留免疫复合物的方法简便直接快速，但缺点是不能将未反应物完全洗干净，从而降低了实验的灵敏度。此外，目前还采用高速离心的方式进行清洗和分离。

（七）光信号检测系统

由于是检测微弱的光信号，所以检测部是严格避光的，使用仪器时不能直接看到检测部。目前化学发光信号多采用单光子计数器进行检测。光信号先通过光电倍增管转为模拟信号，然后再将模拟信号进行放大，经由 A/D 转换电路转换为数字信号，发送给分析系统。分析系统再根据检测到的信号大小计算出检测结果（图 5-12）。

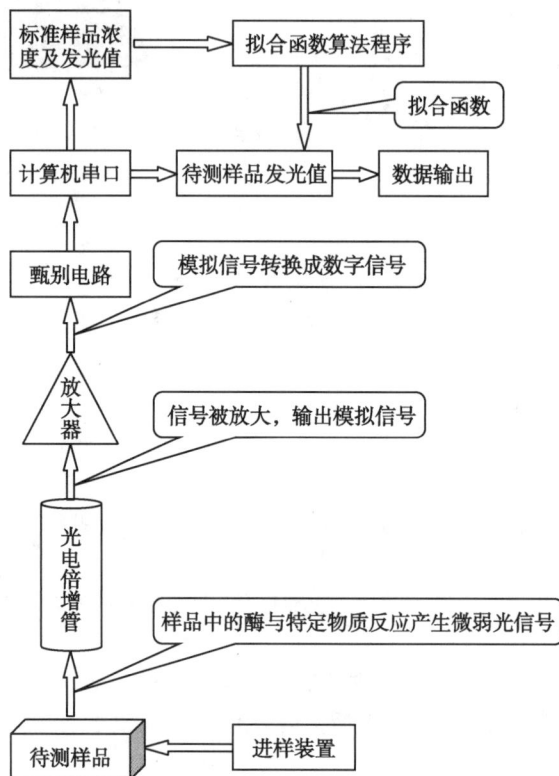

图 5-12 化学发光免疫分析仪信号的收集、传输以及计算机输出示意图

1. **单光子计数器** 单光子计数器的核心部件是光电倍增管（图 5-13），分为两种，①端窗型：入射光从玻璃壳的顶部射入；②侧窗型：入射光从玻璃壳侧面射入。

2. **A/D 转换器** 光电倍增管阳极产生的电流经过运算放大器放大后，由 A/D 转换器转换成数字信号输入计算机。

（八）计算机软件系统

软件系统自动化学发光分析仪的控制中心。负责处理多种数据、下达用户指令、监控仪器运行状态、记录检测结果并保存检测过程信息。

（九）辅助装置

辅助装置包括稳压不间断电源、专用制水机、打印机、LIS 系统及工作电脑等。稳压不间断电源是仪器持续稳定工作的基本保障；专用制水机为仪器提供清洗及稀释用水；打印机是打印

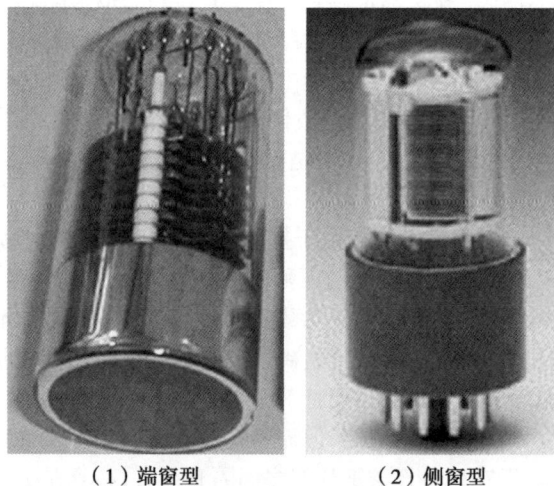

（1）端窗型　　（2）侧窗型

图 5-13 光子计数器

仪器运行记录及发出检测报告的工具;LIS 系统及工作电脑装配实验室管理系统后与仪器的软件系统连接,能及时接收仪器的检测结果,用于存储及审核检测结果。

四、化学发光免疫分析仪的性能评价

目前临床应用的发光免疫分析仪具有检测速度快、精度好、重复性高、拥有条码识别系统、能够 24h 待机、系统稳定等特点。几种全自动发光免疫分析方法的比较见表 5-3。

表 5-3　几种发光免疫分析方法的比较

项目	直接化学发光	酶促化学发光	电化学发光	光激化学发光	时间分辨荧光
性质	定量	定量	定量	定量	定量
光信号	闪光	辉光	电激发光	辉光	荧光
反应速度	快速	较快	快速	快速	非常快
影响结果的因素	较少	较多	少	少	少
检测成本	高	较低	高	低	较低
重复检测	不可	不可	不可	不可	多次
本底噪音	较低	较高	低	低	零
线性范围	较宽	窄	较宽	较宽	宽
均相/非均相	非均相	非均相	非均相	均相	均相

五、化学发光免疫分析仪的使用、维护与常见故障处理

(一)化学发光免疫分析仪的使用

化学发光免疫分析仪种类较多,仪器自动化程度较高,不同仪器的具体操作略有不同,但其基本的操作流程大致相同(图 5-14)。

(二)化学发光免疫分析仪的维护

要获得可靠的分析结果,延长仪器使用寿命,减少维修频率,提高检测效率,必须建立化学发光免疫分析仪使用规范及严格的维护保养程序。全自动化学发光免疫分析仪的维护包括以下几个方面:

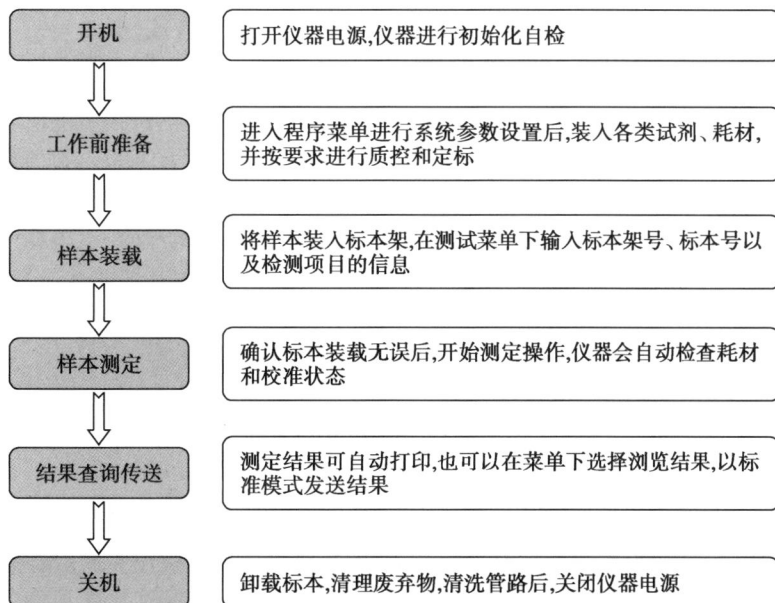

化学发光分析仪的操作及维护(视频)

```
开机 ──→ 打开仪器电源,仪器进行初始化自检
  │
  ↓
工作前准备 ──→ 进入程序菜单进行系统参数设置后,装入各类试剂、耗材,并按要求进行质控和定标
  │
  ↓
样本装载 ──→ 将样本装入标本架,在测试菜单下输入标本架号、标本号以及检测项目的信息
  │
  ↓
样本测定 ──→ 确认标本装载无误后,开始测定操作,仪器会自动检查耗材和校准状态
  │
  ↓
结果查询传送 ──→ 测定结果可自动打印,也可以在菜单下选择浏览结果,以标准模式发送结果
  │
  ↓
关机 ──→ 卸载标本,清理废弃物,清洗管路后,关闭仪器电源
```

图 5-14　化学发光免疫分析仪基本操作流程图

1. **日保养** 每天要保持机器表面干净,以免灰尘进入仪器。做日常常规保养之前一定要检查系统温度状态、液路部分、耗材部分、废液罐、缓冲液等是否全部符合要求,之后再按保养程序进入清洗系统进行保养操作。

2. **周保养** 检查主探针上导轨,检查完毕后用无纤维拭子清洁主探针下导轨,然后按要求在主菜单下进入保养程序进行特殊清洗,清洗完毕后用乙醇拭子清洁主探针上部,然后检查废液罐过滤器。检查孵育带上的感应点是否有灰尘,用无纤维拭子擦干净。每周保养后一定要做系统检测,以确保系统检测数据在控制范围内。

3. **月保养** 每月用专用不锈钢小刷刷洗 1 次主探针、标本采样针、试剂针的内部,以除污物。由于针内部空隙小,刷洗后用注射器吸取生理盐水反复冲洗针内部,使污物全部冲干净。针外部可用酒精擦拭干净。

4. **每季维护** 检查并更换注射器的垫圈等。

5. **不定期维护** 是指对一些易磨损的消耗部件进行检查与更换。检查各冲洗管路是否畅通,有无漏气现象,并用专用清洗液进行管路清洗。检查各机械运转部分是否工作正常,并添加专用润滑剂。

(三)化学发光免疫分析仪的常见故障处理

化学发光免疫分析仪自动化程度较高,都具备自我诊断功能。一旦有故障发生时,仪器一般能自动检测到,显示错误信息并伴有报警声。常见故障主要有以下几个方面。

1. **压力表指示为零** 进行真空压力测试,能听到泵的工作声音,但压力表指示为零。首先检查废液瓶所接的真空管,测试真空压力判断该故障是否因漏气或压力表损坏引起。检查各管道的接口有无漏气,检查相关的四只电磁阀(在真空压力测试时,这四只电磁阀不工作,为关闭状态),对有问题的管道或电磁阀及时修复或者更换。

2. **真空压力不足** 进行真空压力测试,若测试结果正常,可知是因真空传感器检测不到真空压力引起。该机的压力测试由两个传感器分别检测高、低压力,对有问题的传感器进行调整或清洗后,再次测试真空压力,压力正常后调节传感器螺丝使高、低压力指示在规定范围内。

3. **发光体错误** 检查发光体表面发现有液体渗出,该故障分三步检查:①检查废液探针、相关管路及清洗池是否有堵塞、漏液;②检查加样电磁阀、排液电磁阀,电磁阀有污物会引起进水或排水不畅;③检查与废液探针管路相连接的碱泵清洗管路是否有漏气以及碱泵是否有裂缝。

4. **轨道错误** 该故障因标本架在轨道中错位而使轨道无法运行引起,因轨道很长,而且密闭不易拆卸,一般先检查与轨道相接的水平升降机,如果正常,再检查轨道,只要取出错位的标本架,故障即可排除。

六、化学发光免疫分析仪的临床应用

化学发光检测技术的高灵敏度及检测项目的多样性,使该检测技术在临床上应用极为广泛。如在内分泌系统疾病的诊断中对甲状腺激素、性激素的检查;在肿瘤疾病的诊断与筛查中对肿瘤标记物的检测;在心血管疾病的诊断中对心肌损伤标志物的检测;在糖尿病的治疗与监测中对胰岛素、血清C-肽的检测;在病原微生物感染性疾病中对病原体血清相关抗原抗体的检查;在药物治疗监测中对血药物浓度的监测等。同时,随着放射免疫技术的逐步淘汰,人体内一些其他非常微量的、但对人类疾病的诊断与治疗又非常有用的检测指标,大多都采用化学发光分析仪进行检测。

(张会生)

第三节 免疫比浊分析仪

免疫比浊分析仪是集电子学、光学、免疫学、自动化控制及计算机技术等多学科技术于一体的临床实验室检测仪器。能将免疫检验分析过程中的取样、加试剂、混匀、恒温孵育、检测、结果计算与存储、结果显示和打印以及试验后的清洗等步骤自动化。免疫比浊测定由经典的免疫沉淀反应发展而来,可对各种液体介质中的微量抗原、抗体、药物及其他小分子半抗原物质进行定量测定。

免疫比浊分析仪(组图)

笔记

根据检测原理的不同,免疫比浊技术分为透射比浊法(turbidimetry)和散射比浊法(nephelometry)(图5-15)。免疫比浊分析仪具有稳定性好、敏感度高、分析简便快速、避免标本交叉污染和标本用量少的特点,是临床常用的检测仪器。

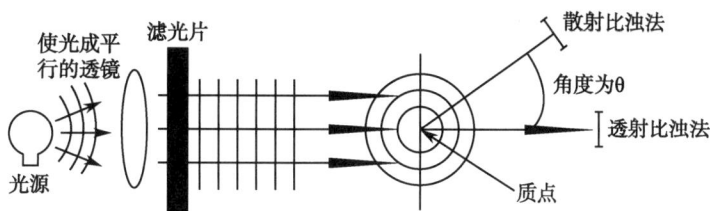

图5-15　透射比浊法和散射比浊法原理示意图

一、免疫比浊分析仪的工作原理

(一)免疫透射比浊测定工作原理

免疫透射比浊测定可分为沉淀反应免疫透射浊度测定法和免疫胶乳浊度测定法。

1. **免疫透射浊度测定法原理**　抗原抗体在特殊缓冲液中快速形成抗原-抗体复合物,使反应液出现浊度。当反应液中保持抗体过剩时,形成的复合物随抗原增加而增加,反应液的浊度亦随之增加。被测物质与浊度呈正相关关系,通过计算可得出其含量。

2. **免疫胶乳浊度测定法原理**　将抗体预先吸附于大小适中、均匀一致的胶乳颗粒上,与相应抗原相遇时,会发生凝集。单个胶乳颗粒大小必须在入射光波长之内,这样光线可利用其波动性透过去。当胶乳颗粒凝集时,其颗粒直径大于光波,使透射光减少,减少的程度与胶乳凝聚成正比,即相当于与抗原量成正比。

临床实验室常使用生化分析仪进行透射免疫比浊分析测定,其仪器原理与结构可参见全自动生化分析仪章节。

(二)散射比浊测定工作原理

散射免疫比浊是液相的免疫沉淀反应和散射光谱原理相结合而形成的免疫分析技术。可溶性抗原与抗体在液相中特异性的结合后,形成免疫复合物而引起液体浊度改变,用激光沿水平轴照射,通过溶液时碰到小颗粒的抗原-抗体复合物时,光线会被折射发生偏转。偏转角度可为0°~90°,这种偏转的角度可因光线波长和粒子大小不同而不同。散射光的强度与抗原-抗体复合物的含量成正比(图5-16),同时也和散射夹角成正比,和波长成反比。

散射比浊测定根据测定方式的不同分为终点散射比浊法、定时散射比浊法、速率散射比浊法和乳胶增强免疫比浊法。

1. **终点散射比浊法**　在抗原与抗体反应达到平衡,复合物浊度不再受时间影响,通常在反应30~120min进行测定。但此法易形成大颗粒沉淀而至结果偏低,另外空白本底较高也是其较大的弱点,所以此法在临床使用较少。

2. **定时散射比浊法**　通过扣除抗原、抗体初始反应

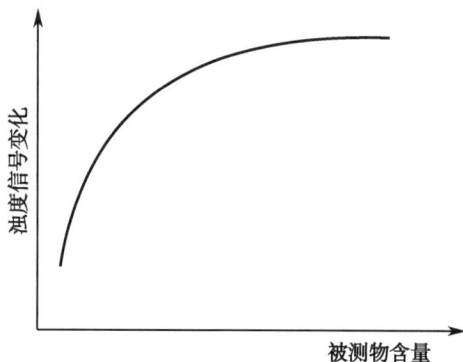

图5-16　散射比浊反应曲线

时的不稳定阶段的光信号值来消除干扰,获得与待测抗原浓度成正相关的光信号值。具体操作方式是保证抗体过量的情况下,在抗原、抗体反应一段时间后测定第一次信号值,待反应进行一段时间后再测定第二次信号值,用第二次信号值扣除第一次信号值来计算待测抗原的浓度,信号值的大小与待测抗原含量成正比。

3. **速率散射比浊法**　测定抗原与抗体反应过程中,单位时间内复合物的生成速度。速率法选择在抗原与抗体反应的最高峰(约1min内)测定复合物形成的量。该法具有快速、准确、灵敏度和特异

性好的特点。

4. 乳胶增强免疫比浊法 选择大小适中、均匀一致的胶乳颗粒,预先吸附或交联抗体,在液相状态下,当其与相应抗原相遇时,会发生凝集。单个胶乳颗粒大小必须在入射光波长之内,这样光线可利用其波动性透过去。当胶乳颗粒上的抗体与抗原结合而发生凝集时,形成的凝集颗粒直径大于光波,使透射光减少,散射光增加,散射光的增加程度与胶乳凝聚成正比,也与抗原量成正比。

二、免疫比浊分析仪的基本结构

免疫比浊分析仪器的种类繁多,结构各异,但基本都包括样本管理系统、试剂管理系统、加样系统、反应装置与混匀系统、恒温孵育系统、检测系统、清洗系统、计算机软件系统及辅助装置。

(一)样本管理系统

样本管理系统由样本承载装置、传动装置、定位装置及指令控制电路组成。负责样本的移动与定位,为准确取样提供保障。

(二)试剂管理系统

试剂管理系统由试剂盘、试剂瓶、传动装置、定位装置、冷藏装置及指令控制电路组成。负责仪器内试剂的保存与定位,为仪器准确吸取试剂及确保试剂在有效期内使用提供保障。

(三)加样系统

加样系统由样品针、试剂针、加样臂、加样管路、高精度步进马达、注射器、电磁阀及指令控制电路组成。负责将样本与试剂准确加至反应体系中。

(四)反应装置与搅拌系统

反应装置由反应杯与相关组件组成。是样品与试剂进行免疫反应的场所,它由特殊的硬塑料制成,透光性好是其最大的特点。

混匀系统实现方式多样,有搅拌杆、磁性搅拌子、吸吐法等。较常见的混匀系统由搅拌棒、搅拌臂、步进马达组成。搅拌棒在加完样本与试剂时,对反应体系进行搅拌混匀。其表面有特殊不粘涂层,可避免液体黏附,减少交叉污染。

(五)恒温孵育系统

恒温孵育系统由加热器、温度感应器、动力泵(空气泵或液体泵)、温控电路组成。保障反应体系温度均匀稳定。

(六)检测系统

由光源、透镜和检测器组成。检测光路是分析仪最为核心的部件,它的稳定性与仪器性能密切相关。

(七)清洗系统

清洗系统由真空泵、清洗管道、清洗机构、电磁阀、冲洗站或冲洗池、清洗液、废液桶组成。通过清洗消除交叉污染,保障仪器结果准确及持续正常运转。

(八)软件系统

软件系统负责控制仪器运行、处理多种数据、下达用户指令、监控仪器运行状态、记录检测结果并保存检测过程信息,部分仪器的软件系统还具备自我诊断功能。

(九)辅助装置

辅助装置包括稳压不间断电源、打印机、LIS 系统工作电脑等。

三、免疫比浊分析仪的性能评价

对免疫比浊分析仪性能评价的常用指标有检测准确度、自动化程度、分析效率、检测成本等。

1. 检测准确度 检测准确度包括正确度和精密度,是分析仪最重要的性能指标。它由检测仪器、试剂、校准品等共同组成的检测系统决定。

2. 线性范围 精确配制 5~8 个系列浓度的定值参考血清,平均测定 8 次,分析评价其线性范围。

3. 自动化程度　自动化程度指仪器能够独立完成检验操作程序的能力。自动化程度越高使用越简单、越方便。常用的评价指标有：能否自动处理样本、自动加样、自动清洗、自动开关机；单位时间处理样本的能力；可同步分析项目数量；自动报警功能；探针触物保护功能；试剂剩余量的提示功能；自动数据分析处理功能；故障自我诊断功能等。

4. 分析效率　分析效率是指在分析方法相同的情况下分析速度的快慢，常用的评价方式是每小时能完成的测试数目。与样品针及试剂针的取样速度、分析盘的大小等参数相关。

5. 检测成本　在能达到临床要求的检测准确度的同时，能减少试剂的用量，从而降低检测成本。所以仪器的最少取液量、最少反应体积等也是仪器的重要的性能指标。

四、免疫比浊分析仪的使用、维护与常见故障处理

（一）免疫比浊分析仪的使用

免疫比浊分析仪种类较多，不同仪器自动化程度也有区别，因此不同仪器的具体操作略有不同，但其基本的操作流程大致相同。如图 5-17 所示。

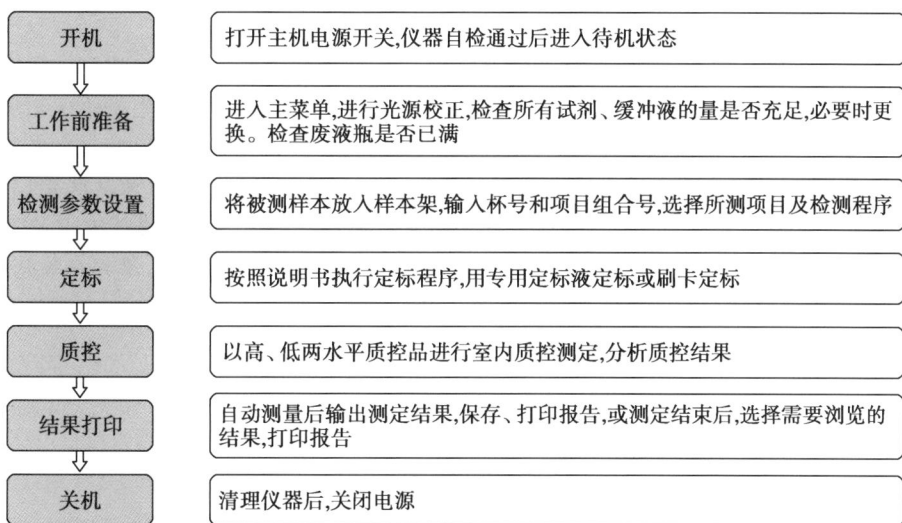

0507

免疫比浊分析仪的使用流程（视频）

开机	打开主机电源开关，仪器自检通过后进入待机状态
工作前准备	进入主菜单，进行光源校正，检查所有试剂、缓冲液的量是否充足，必要时更换。检查废液瓶是否已满
检测参数设置	将被测样本放入样本架，输入杯号和项目组合号，选择所测项目及检测程序
定标	按照说明书执行定标程序，用专用定标液定标或刷卡定标
质控	以高、低两水平质控品进行室内质控测定，分析质控结果
结果打印	自动测量后输出测定结果，保存、打印报告，或测定结束后，选择需要浏览的结果，打印报告
关机	清理仪器后，关闭电源

图 5-17　免疫比浊分析仪操作流程图

（二）免疫比浊分析仪的维护

良好的保养可以延长机器的使用寿命并减少故障的发生，因此检验工作者应严格按照操作手册，对仪器做好定期保养。

1. 日保养　每次开机之前应先检查注射器，稀释液、缓冲液及抗体试剂中液体的体积，废液桶中的废液是否已经装满，并及时处理。在检测之前必须对所有光路进行光路校正。关机时，要进行所有管道冲洗，以防止血液中的蛋白成分沉积或者缓冲液中的化学成分因水分蒸发在管道末端析出而造成管道阻塞。

2. 周保养　每周做针保养及反应杯保养。

3. 每月保养　①更换注射器插杆顶端，以保证注射器的密封性；②取下空气过滤网并用清水冲洗；③用细针疏通标本探针和抗体探针的内部。

4. 半年保养　①重新更换钳制阀上管道和泵周管道；②给机械传动部分的螺丝上润滑油。

（三）免疫比浊分析仪的常见故障处理

1. 机械传动问题　开机自检数秒后机内发出咔、咔声，错误信息提示样本/试剂针出现了机械传动上的问题。可能原因有：①样本/试剂针的机械传动部分润滑不良或有物体阻挡；②电机下部的光耦合传感器及嵌于电机转子上的遮光片配合不合理，或控制电路板上信号连接线插头与插座之间有松动、接触不好。

处理对策：①对样本/试剂针的机械传动部分进行清洁及上油处理；②检查传感器与遮光片，使其

配合合理;检查信号连接线插头与插座,使其接触良好。

2. 流动池液体外流故障　主要原因:①废液瓶内废液已盛满;②蠕动泵管运转不良;③管路有堵塞。

处理对策:①检查废液是否需要倾倒,连接废液瓶的管路是否堵塞;②检查蠕动泵管是否老化,若老化应更换新的备件;③打开分析仪前面的面板,按照液体流程图对管路进行检查。若有堵塞,用注射器打气加压使其导通,再进行冲洗。

3. 信息处理系统无检测信号　首先应检查信号传输线插头是否脱落或接触不良;其次检查主机设置情况是否得当;然后再考虑信息处理系统故障,必要时联系工程师检修。

五、免疫比浊分析仪的临床应用

免疫比浊分析仪目前在临床上主要用于特定蛋白质及药物浓度测定,如血液中免疫球蛋白、类风湿因子、C反应蛋白、铜蓝蛋白、治疗性药物浓度等的测定以及尿微量蛋白的测定等。

本章小结

　　临床免疫分析仪是利用抗原与抗体的特异性结合反应与光学检测技术相结合的临床检测仪器。酶免疫分析仪是利用了抗原抗体反应的高特异性与标记酶催化底物后发生的吸光度变化来判定检测物的量;发光免疫技术是利用了抗原抗体反应的高特异性与发光标记物发出光信号的强弱来检测待测物的浓度;免疫比浊分技术是利用抗原抗体反应引起反应体系浊度改变,从而对光的阻挡或折射程度不同来检测待测物的量。由于免疫检测的高特异性并结合了光学检测的高敏感性,加上全自动化技术的发展,免疫检测分析仪有着无可比拟的检测优势,使其在疾病诊断、疾病预防、治疗监测及科学研究等各个领域都有着不可替代的作用。

（柏　彬）

扫一扫,测一测

思考题

1. 什么是酶免疫分析? 酶免疫分析技术有哪几类?
2. 简述电化学发光免疫分析的原理。
3. 简述化学发光免疫分析的原理。
4. 全自动化学发光免疫分析仪的基本结构有哪些?
5. 简述免疫浊度测定的基本原理和分类。
6. 免疫透射比浊和散射比浊在测定的原理上有哪些不同?

笔记

学习目标

1. 掌握：自动血培养系统的检测原理及分类；微生物自动鉴定及药敏分析系统的工作原理、基本结构与功能。
2. 熟悉：自动血培养系统的基本结构与功能、临床应用、常见故障及处理；微生物自动鉴定及药敏分析系统的性能特点。
3. 了解：自动血培养系统的性能特点；微生物自动鉴定及药敏分析系统的常见故障及处理方法。
4. 学会自动血培养仪及微生物自动鉴定及药敏分析系统的使用及日常保养。
5. 能对仪器常见故障做出正确的判断并进行初步排除。

长期以来，临床微生物实验室一直沿用传统的微生物学鉴定方法。这些传统的鉴定方法不仅过程烦琐，费时费力，且在方法学和结果的判定、解释等方面易因检验者的主观、片面认识而引起检验结果的误差，难以进行质量控制。随着微电子学、计算机、分子生物学、物理、化学等先进技术的飞速发展并向微生物学交叉渗透，微生物的鉴定逐渐向快速化、自动化方向发展，且已取得了许多突破性的进展，出现了许多自动化检测系统。这些快速、准确、敏感、简易、自动化程度高的方法技术，大大缩短了临床检测的工作时间，提高了检测的阳性率和准确性。目前微生物鉴定的自动化系统大致分为两大类：一类是自动血培养检测和分析系统，主要功能是通过连续监测标本中是否有微生物存在，计算机自动扫描进行连续监测，当微生物生长代谢导致某些生长指数超标时，仪器自动报警提示有细菌生长；另一类是自动微生物鉴定及药敏分析系统，主要功能是将分离的微生物进行鉴定，同时进行抗生素敏感试验。本章将分别介绍这两类系统。

第一节　自动血培养系统

菌血症和败血症是临床上严重危及患者生命的疾病，准确、快速地培养并检测出血液中的细菌对感染性疾病的诊断和治疗具有极为重要的意义。此外，血培养系统还可用于其他无菌部位标本如脑脊液、关节腔液、腹腔液、胸腔液等体液病原微生物的检测。本节主要介绍临床常用的连续检测血培养仪（continuous-monitoring blood culture system，CMBCS）。

一、自动血培养系统的工作原理

常用的自动血培养仪可以对血培养瓶实施连续、无损伤瓶外监测。通过监测培养基(液)中的混浊度、pH、代谢终产物 CO_2 的浓度、荧光标记底物或其他代谢产物的变化,定性地检测微生物的存在。目前已有多种类型自动血培养系统在临床微生物实验室应用,其检测原理主要有三种。

1. **应用光电比色原理监测的血培养检测系统**　该系统是目前国内外应用最广泛的血培养检测系统。其基本原理是各种微生物在代谢过程中必然会产生终末代谢产物 CO_2,导致培养基的 pH、氧化还原电势或荧光物质的改变,利用光电比色检测血培养瓶中这些代谢产物量的变化,判断培养瓶内有无微生物生长。根据检测手段的不同,分为 BacT/Alert 系统、Bactec 9000 系列、BioArgos 系统和 Vital 系统。其中临床上以 BacT/Alert 系统和 Bactec 9000 系列最为常见。

(1) BacT/Alert 系统:每个培养瓶底部都带有含水指示剂的 CO_2 感受器。感受器与瓶内液体培养基之间有一层只允许 CO_2 通过的离子排斥膜。当有微生物在培养瓶内生长时,释放出的 CO_2 可通过离子排斥膜与感受器上的饱和水发生化学反应使 pH 下降,使指示剂的颜色发生变化。由光电探测器测量其产生的反射光强度并传送至计算机后,由计算机根据程序来分析判断培养瓶中是否有微生物生长(图 6-1)。

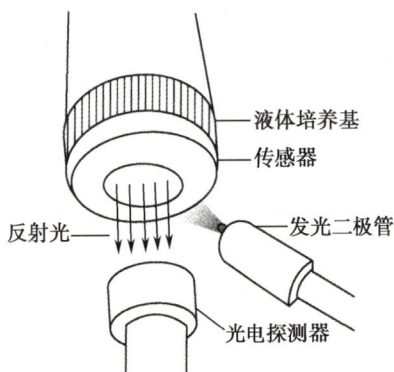

图 6-1　BacT/Alert 系统检测原理示意图

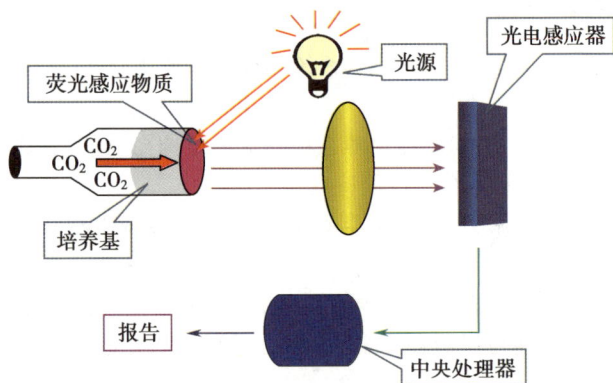

图 6-2　Bactec 系统检测原理示意图

(2) Bactec9000 系列:是 Bactec 系统的最新产品,根据可同时检测标本的数量不同分为三种型号。该系统利用荧光法作为检测手段。其 CO_2 感受器上含有荧光物质。当培养瓶中有微生物生长时,释放 CO_2 形成的酸性环境促使感受器释放出荧光物质。荧光物质在发光二极管发射的光激发下产生荧光,光电比色检测仪直接对荧光强度进行检测。计算机可根据荧光强度的变化分析细菌的生长情况,判断阳性或阴性(图 6-2)。

2. **应用测压原理的血培养检测系统**
微生物生长过程中,常伴有产生或消耗气体的现象,如 O_2、CO_2、H_2、N_2 等,导致培养瓶内压力改变,系统可通过检测培养瓶内压力的变化来判断瓶内是否有微生物生长。ESP (extre sending power)血培养仪检测原理见图 6-3 所示。

3. **检测培养基导电性和电压的血培养检测系统**　由于培养基中含有不同的电解质而具有一定的导电性能。微生物在代谢过程中会产生质子、电子、各种带电荷的原子团(如在液体培养基中 CO_2 反应后变成 HCO_3^-),使培养基的导电性和电压发生改变,通过电极检测培养基的导电性和电压变

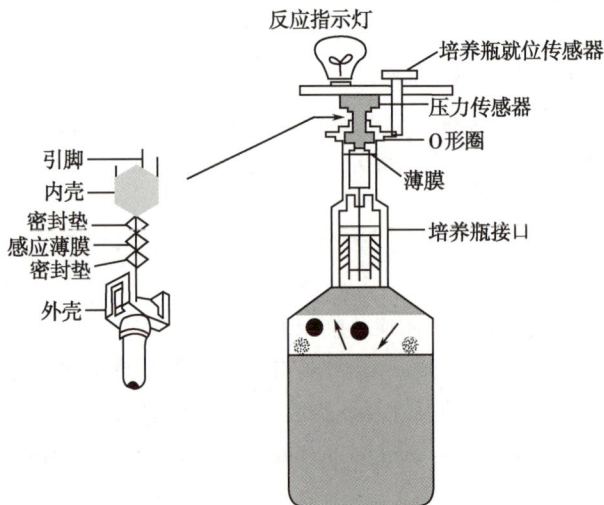

图 6-3　ESP 血培养仪检测原理示意图

化来判断培养基内有无微生物的生长。

二、自动血培养系统的基本结构与功能

通常血培养系统主要由培养瓶、培养仪和数据管理系统三部分组成。

1. **培养瓶**　是一次性无菌培养瓶(图 6-4),瓶内为负压。可根据微生物对营养和气体环境的要求不同、受检者的年龄和体质不同及培养前是否使用抗菌药物等要素,提供不同细菌繁殖所需的增菌液体培养基和适宜的气体成分。有需氧培养瓶、厌氧培养瓶、小儿专用培养瓶、分枝杆菌培养瓶、高渗培养瓶、中和抗生素培养瓶等。根据临床不同需要灵活选用,极大地提高了标本的阳性检出率。培养瓶上一般贴有条形码,用条形码扫描器扫描后就能将该培养瓶信息输入到计算机内。常用的血培养瓶的使用方法见表 6-1。

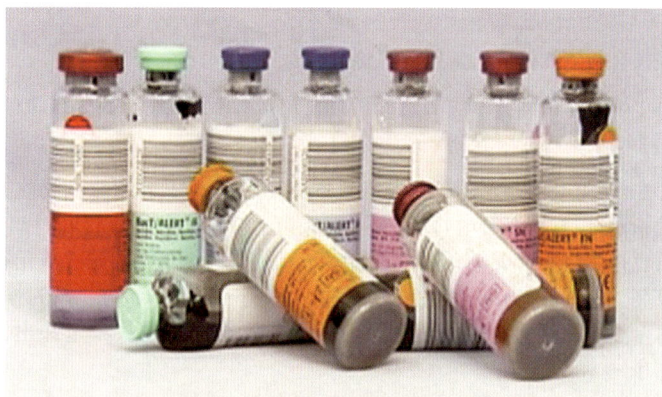

图 6-4　不同类型的血培养瓶

表 6-1　常用血培养瓶的使用方法

名　称	采血量	培养基体积	适用标本
成人需氧菌培养瓶	3~10ml	25ml	未使用过抗生素患者的标本
成人厌氧菌培养瓶	3~10ml	25ml	未使用过抗生素患者的标本
中和抗菌药物需氧菌培养瓶	3~10ml	25ml	已使用过抗生素患者的标本
中和抗菌药物厌氧菌培养瓶	3~10ml	25ml	已使用过抗生素患者的标本
儿童需/厌氧菌培养瓶	1~3ml	25ml	儿童或其他采血困难的标本

知识链接

不同类型血培养瓶中培养基的特点

需氧培养瓶中加入含有复合氨基酸和碳水化合物的胰酶消化豆汤培养基,并用氧气和二氧化碳的混合气体填充,用于监测血液和人体其他无菌部位体液的需氧微生物。厌氧培养瓶中加入含有消化物、复合氨基酸和碳水化合物的胰酶消化豆汤培养基,并用氮气和二氧化碳的混合气体填充,用于监测血液和人体其他无菌部位体液的厌氧微生物。分枝杆菌培养瓶中加入 Middlebrook7H9 肉汤,并用氧气、氮气和二氧化碳的混合气体填充,使用前还应在其中加入营养添加剂,用于监测无菌部位的样本以及血液和经消化去污染的标本中的分枝杆菌。为了减少使用抗生素后对血培养检测结果的影响,临床常用到可中和抗生素的血培养瓶,如在培养瓶中添加了活性炭,用于吸附标本中可能存在的抗微生物药物;或用稀释法,将样本与培养基按 1:9 的比例稀释后培养,以消除抗生素对微生物生长的影响。

笔记

2. 培养仪　设有恒温装置、振荡培养装置及检测装置。培养瓶放入仪器后进行培养并借助固相反射光光度计连续监测每个培养瓶的状态。培养仪的基本组成见表 6-2。

表 6-2　培养仪的组成

名　　称	功　　能
电源开关	打开和关闭仪器
显示屏	显示培养瓶和系统信息,用于操作者输入、选择数据的触摸屏
条码阅读器	用于装入或卸去培养瓶时扫描条形码确认培养瓶
键盘	提供另一种输入方式,作为触摸屏或条形码阅读器输入失败时使用
压缩驱动器	允许将系统资料制成压缩资料磁盘
内部温度监测器	监测培养仪内部温度,预设温度为 35~37℃
孵育箱	提供有利于细菌生长繁殖所需要的温度
瓶位	每个孵育箱由标有不同的名称的抽屉组成,每个抽屉有一定数量的瓶架组成,可容纳 50 到 240 个不等的培养瓶
指示灯	①主灯:灯亮时指示培养仪与微机不交流信息,它只在有限的功能方式中运转;②抽屉黄色指示灯:抽屉打开时灯亮,关上抽屉指示灯灭。若抽屉打开时间过长或出现错误状况黄色指示灯将会闪烁;③抽屉绿色指示灯:当选择了与抽屉或单元有关的操作,绿色指示灯亮。若抽屉打开时间过长,绿色指示灯亮和黄色指示灯一起闪烁;④单元指示灯:位于每个瓶位的旁边。灯亮时指示培养瓶应放在哪里或从哪里卸出,同时也指示阴、阳性结果
接口	如数据柜接口、微机接口、打印机接口、调制解调器接口、LIS(实验室信息系统)接口等

3. 数据管理系统　血培养系统均配有计算机,提供了必要的数据管理功能。数据管理系统是血培养系统不可分割的一部分,主要由主机、监视器、键盘、条形码阅读器及打印机等组成,主要功能是收集并分析来自血培养仪的数据,判读并发出阴性或阳性报告结果。通过条码识别样品编号,记录和打印检测结果,进行数据的存储和分析等。

三、自动血培养系统的性能

目前临床上广泛使用的第三代自动血培养检测系统具有以下性能特点:

1. 培养瓶中的培养基营养丰富,检测范围广泛。针对不同微生物对营养和气体的要求不同、患者的年龄和体质差异及培养前是否使用抗生素三大要素,不仅提供细菌繁殖所必需的营养成分,而且瓶内空间还充有合理的混合气体,无须外界气体。最大限度检出所有阳性标本,防止假阴性结果。

2. 以连续恒温震荡方式培养,使细菌易于生长,使平均阳性标本检出时间缩短,阳性率提高。

3. 采用封闭式非侵入性的瓶外检测方式,避免标本之间的交叉污染。

4. 自动连续检测,缩短了检测出细菌生长的时间,85% 以上的阳性标本均能在 48h 内被检出,保证了阳性标本检测的快速、准确。

5. 培养瓶多采用双条形码技术,查询患者结果时,只需用电脑上的条形码阅读器扫描报告单上的条码,就可直接查询到患者的结果及生长曲线。

6. 仪器多具有 60、120、200、400 等多个培养瓶位,满足不同医院患者使用量的要求,随时置瓶、取瓶,不会影响到阳性报告时间。

7. 检测范围广,血液培养仪不仅可进行血液标本的检测,也可以用于临床上所有无菌体液的细菌培养检测,如胸水、腹水、脑脊液、骨髓、关节液、腹透液、膀胱穿刺液、心包积液等。

8. 数据处理功能强大,数据管理系统随时监视感应器的读数,依据读数判定标本的阳性或阴性,并可进行流行病学的统计与分析。

四、自动血培养系统的常见故障处理

自动血培养仪的使用方法较为简单(图6-5),但仪器使用过程中,不可避免地会出现各种各样的问题,当仪器提示存在错误或警告信息时,操作者应立即对不同情况予以处理(表6-3)。

自动血培养仪的使用流程(微课)

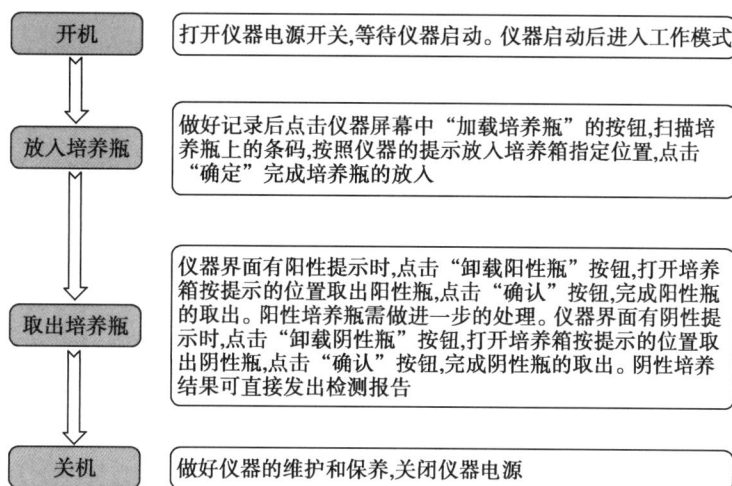

图 6-5　自动血培养仪的使用流程图

表 6-3　自动血培养系统常见故障及处理办法

常见故障	处 理 办 法
温度异常(过高或过低)	多数情况下是由于仪器门打开的次数太多或打开时间过长引起的。需要注意尽量减少仪器门开关次数,并确保培养过程中仪器门是紧闭的。通常仪器门要关闭30min后才能保持温度稳定。血培养仪对培养温度要求比较严格,必须在35～37℃范围内,为维持适宜的培养温度,应经常进行温度核实与校正
瓶孔被污染	如果培养瓶破裂或培养液外漏,需按要求及时进行清洁和消毒处理
数据管理系统与培养仪失去信息联系或不工作	此类故障只在计算机与血培养仪相对独立的系统(如 BacT/Alert 系统)中出现。此时培养仪仍可监测标本,但只能保留最后72h的数据,检测时也只能打印阳性或阴性标本的位置。此时放置培养瓶时,必须注意要先扫描条形码,再把培养瓶放入启用的瓶孔内,患者、检验号、培养瓶的信息要等到计算机系统工作之后才能输入
仪器对测试中的培养瓶出现异常反应	有的仪器在运行时,其测定系统认为某一瓶孔目前是空的,实际上孔内有一个待测的培养瓶,常见原因是培养瓶未经扫描条码就放入仪器或虽扫描但未放入规定的瓶孔中。此时应查找出存在问题的瓶孔号,重新扫描后再置入正确的瓶孔中

五、自动血培养系统的临床应用

菌血症或败血症的发生是因为微生物侵入正常人的血液迅速繁殖超出机体免疫系统清除能力而引起的。在感染初期或抗菌药物治疗后,大部分患者血流中的细菌数量低,此时血培养检查系统的快速和准确的判断是否存在微生物的感染对疾病的诊断和治疗具有极其重要的意义。在使用自动血培养系统时要注意几个问题。

1. 培养瓶的选择　如果患者未使用抗生素,可选择一般需氧培养瓶,如果已经使用抗生素则选用可中和血液中抗生素的培养瓶。

2. 采血时间　对入院患者中有高热、寒战、白细胞增多或疑有感染者,最好在使用抗生素前采血送检。住院患者出现发热等败血症症状时,应及时采血,尽可能在使用抗生素前采血。已使用抗生素

的患者最好在下次使用抗生素前采血。

3. 采血方法 一般从肘静脉采血,要严格做到无菌采血。使用真空采血系统,利用配套的一次性静脉无菌采血针,血液因负压作用进入培养瓶中。要求先需氧瓶后厌氧瓶。

4. 采血量 一般情况下每名患者短时间内采血2~3套,每套两瓶,分别为需氧瓶和厌氧瓶。每瓶血液8~10ml,小儿1~3ml,2~5d内不用重复采血。但怀疑为持续性菌血症,如心内膜炎、导管相关败血症时,要有间隔地(如24h内)多次取血监测、捕捉,特别是疑似金黄色葡萄球菌感染时。

5. 标本送检 采血后应及时送检,检验者收到血培养瓶后应尽快上机。如不能及时送检,应将血培养瓶放置室温或35~37℃保存,切勿冷藏。

6. 结果认定 对于仪器报警为阳性或阴性的血培养瓶,应及时取出,转种观察培养基上有无微生物生长以确定检测结果。

7. 结果报告 血培养阳性结果报告流程为:当仪器报警为阳性时,及时取出阳性培养瓶,将瓶中标本接种于血平板上并进行革兰染色,及时革兰将染色结果报告临床医生,以供参考;将阳性血培养瓶中的标本直接涂布接种至水解酪蛋白琼脂(MHA)平板,并根据革兰染色结果选择合适的抗生素进行K-B纸片法药敏试验,第二天报告初步药敏试验的结果;同时挑取血平板上生长的菌落进行鉴定及药敏分析,第三天将正式的微生物鉴定及药敏检测结果的报告发出。

知识链接

自动血培养仪的发展史及发展趋势

从20世纪70年代至今,血培养技术的发展经历了观察指标从肉眼观察到放射性标记、再到非放射性标记;操作从手工操作到半自动、再到全自动;结果判断从终点到连续判读,出现阳性结果随时报告几个阶段。到目前为止,血培养仪的发展已经历了三代,第一代采用放射性^{14}C标记血培养肉汤中碳源,若有微生物生长便可分解碳源产生$^{14}CO_2$,用γ计数仪对$^{14}CO_2$的含量进行检测,表示为生长指数(GI);第二代培养基中不含放射性物质,检测CO_2非放射性的红外光谱仪,检测速度更快,操作更灵活;第三代采用光电原理监测的血培养系统,其工作原理是微生物在代谢过程中必然会产生代谢产物CO_2,引起培养基pH及氧化还原电位改变,利用光电比色检测血培养瓶中某些代谢产物量的改变,可判断有无微生物生长。

今后自动血培养仪的发展趋势要求做到以下几个方面:检出的范围更广,阳性率更高,能同时检出需氧菌、苛氧菌、厌氧菌、分枝杆菌和真菌等;灵敏度更高,并采用非放射性标记和全封闭系统,污染率、假阳性率和假阴性率应降至最低;自动化和计算机的智能化程度更强,包括条形码识别功能、专家系统和便于网络化的数据分析和储存系统;体积更小,仅需极微量的血液样品即可检出所有的微生物,同时仪器和设备的单位体积也要大大减少;检验周期更短,工作效率更高;成本更低,收费降低,使血培养检查更容易被患者接受。

(王 婷)

第二节 微生物自动鉴定及药敏分析系统

相对于传统的微生物鉴定及药敏分析方法,微生物自动鉴定及药敏分析系统不仅具有特异性高、敏感度强、重复性好、操作简便、检测速度快等特点,而且自动化程度高,因此适用于临床微生物实验室、卫生防疫和商检系统。主要用于细菌鉴定、细菌药物敏感性试验及最低抑菌浓度(minimum inhibitory concentration,MIC)的测定等。1985年第一台自动化细菌分析仪器进入中国并成功使用,经过三十多年的发展,目前已有多种微生物自动鉴定及药敏测试系统问世。微生物鉴定自动化方法,包括:①临床微生物鉴定系统;②气液色谱分析:鉴定厌氧菌和分枝杆菌,多用于研究;③核酸杂交:多用于研究;④化学发光技术:可鉴定一些细菌、少数分枝杆菌属和一些真菌。

知识链接

微生物自动鉴定及药敏分析系统的发展史

20世纪70年代以后,随着微生物学和工程技术的发展结合,逐步发明了许多微量快速培养基和微量生化反应系统和自动化检测仪器,使原来的手工操作实现了自动化和机械化。20世纪80年代到90年代发展迅速,并广泛用于临床。1985年第一台自动化细菌分析仪器Vitek-AMS进入我国并成功使用。1999年底法国梅里埃公司推出VITEK-2系统,从接种物稀释、密度计比较及卡充填和封卡等步骤均实现了全自动化。目前已有多种微生物自动鉴定及药敏测试系统问世,如VITEK、MicroScan、PHOENIX、Sensititre、Biolog等。这些自动化系统具有先进的微机系统,广泛的鉴定功能,适用于临床微生物实验室、卫生防疫和商检系统,主要功能包括细菌鉴定、细菌药物敏感性试验及最低抑菌浓度(MIC)的测定等。其准确性和可靠性均已大大提高。

0604
微生物自动鉴定及药敏分析系统(组图)

一、微生物自动鉴定及药敏分析系统的工作原理

(一)微生物自动鉴定原理

临床微生物自动鉴定系统的原理是通过数学的编码技术将细菌的生化反应模式转换成数字模式,给每种细菌的反应模式赋予一组数码,建立数据库或编成检索本。通过对未知菌进行有关生化试验并将生化反应结果转换成数字或编码,查阅检索本或数据库,得到细菌名称。其实质就是计算并比较数据库内每个细菌条目对系统中每个生化反应出现的频率总和,是由光电技术、电脑技术和细菌八进位制数码鉴定相结合的鉴定过程。

知识链接

细菌数码鉴定原理

微生物自动鉴定的基本原理是计算比较数据库内每个细菌条目对系统中每个生化反应出现的频率总和。以VITEK-AMS系统,每个用于鉴定的测试卡内有30项生化反应,从第一项开始,每3项生化反应归为一组,共10组。鉴定过程中,若组内的第1项生化反应为阳性,则将该项的值记为"4",若第二项反应为阳性则将该项的值记为"2",若第三项反应为阳性则将该项的值记为"1",反应为阴性的各项则记为"0"。然后将每组3项反应的阴、阳性结果转换成的数值相加,如此每组可得到一个数值。10组共产生10个数值,将各组反应的组值按顺序排列在一起,30项生化反应可得到一组10位数的生物数码。在鉴定时有时还需外加补充试验,共可获得11位生物数码。Sensititre的96孔鉴定板中共有32个生化反应,每4项生化反应为一组,第1项生化反应阳性值为"8",第二项反应阳性值为"4",第三项反应阳性值为"2",第四项反应阳性值为"1",各项反应阴性记为"0"。将每组4项反应的阴、阳性结果转换成数值并相加,如2、3项生化反应为阳性,其组值为"6"。若组值超过9,则以字母代表,如第1、3项生化反应为阳性,组值应为"10",此时就以"A"表示,若组值为11,则以"B"表示,以此类推。将各组反应的组值相加,32项生化反应可得到一组8位数的生物数码。计算机系统自动将这些生物数码与编码数据库进行对比,获得相似系统鉴定值。

微生物自动鉴定系统的鉴定卡通常包括常规革兰阳(阴)性卡和快速荧光革兰阳(阴)性卡两类,其检测原理有所不同。常规革兰阳(阴)性卡对各项生化反应结果的判定是根据比色法的原理,系统以各孔的反应值作为判断依据,组成数码并与数据库中已知分类单位相比较,获得相似系统鉴定值;快速荧光革兰阳(阴)性卡则根据荧光法的鉴定原理,通过检测荧光底物的水解、荧光底物被利用后的pH变化、特殊代谢产物的生成和某些代谢产物的生成率来进行菌种鉴定。

0605
拓展阅读:微生物自动鉴定卡常用生化反应

(二)药敏试验(抗生素敏感性试验)的检测原理

自动化抗菌药物敏感性试验是使用药敏测试板(卡)进行测试的,其实质是微型化的肉汤稀释试验。将抗菌药物微量稀释后放在反应孔中,再加入细菌悬液孵育后放入仪器或在仪器中直接孵育,仪

笔记

器每隔一定时间自动检测小孔中细菌的生长状况,得出待检菌在不同浓度的抗菌药物中的生长浊度,或测定培养基中荧光指示剂的强度、荧光原性物质的水解程度,来观察细菌生长情况,得出待检菌在各药物浓度的生长斜率,经回归分析得到 MIC 值,并根据临床和实验室标准化协会(Clinical and Laboratory Standards Institute,CLSI)标准得到相应敏感度:敏感"S(sensitive)"、中度敏感"MS(middie-sensitive)"和耐药"R(resistance)"。

药敏测试板也分为常规测试板和快速荧光测试板两种。常规测试板采用的是比浊法,快速荧光测试板采用的是改良的微量肉汤稀释 2~8 孔,在每一反应孔内加参考荧光底物,若细菌生长,表面特异酶系统水解荧光底物,激发荧光,反之无荧光。以无荧光产生的最低药物浓度为最低抑菌浓度(MIC)。

二、微生物自动鉴定及药敏分析系统的基本结构与功能

1. **测试卡(板)** 测试卡(板)是微生物自动鉴定及药敏分析系统的工作基础,不同的测试卡(板)具有不同的功能。最基本的测试卡(板)包括革兰氏阳性菌鉴定卡(板)和革兰氏阳性菌药敏试验卡(板)、革兰氏阴性鉴定卡(板)和革兰氏阴性菌药敏试验卡(板)。使用时应根据涂片、革兰氏染色结果进行选择。此外,有些系统还配有特殊鉴定卡(板)(鉴定奈瑟菌、厌氧菌、酵母菌、需氧芽胞杆菌、嗜血杆菌、李斯特菌和弯曲菌等菌种)以及多种不同菌属的药敏试验卡(板)。各测试卡(板)上附有条形码,上机前经条形码扫描器扫描后可被系统识别,以防标本混淆。

2. **菌液接种器** 绝大多数微生物自动鉴定及药敏分析系统都配有自动接种器,大致可分为真空接种器和活塞接种器,一般以真空接种器较为常用,操作时只需把稀释好的菌液放入仪器配有的标准麦氏浓度比浊仪中确定浓度即可。

3. **培养和监测系统** 孵育箱/读数器是培养和监测系统。一般在测试卡(板)接种菌液放入孵育箱后,监测系统要对测试板进行一次初扫描,并将各孔的检测数据自动储存起来作为以后读板结果的对照。有些通过比色法测定的测试板经适当的孵育后,系统会自动添加试剂,并延长孵育时间。

监测系统每隔一定时间对每孔的透光度或荧光物质的变化进行检测。常规测试板通过光感受二极管测定通过每个测试孔的光量所产生相应的电信号,从而推断出菌种的类型及药敏结果;快速荧光测定系统则直接对荧光测试板各孔中产生的荧光进行测定,并将荧光信号转换成电信号,数据管理系统将这些电信号转换成数码,与原已储存的对照值相比较,推断出菌种的类型及药敏结果。

4. **数据管理系统** 数据管理系统始终保持与孵箱/读数器、打印机的联系,控制孵箱温度,自动定时读数,负责数据的转换及分析处理,就像整个系统的神经中枢。当反应完成时,计算机自动打印报告,并可进行菌种发生率、菌种分离率、抗菌药物耐药率等流行病学统计。有些仪器还配有专家系统,可根据药敏试验的结果提示有何种耐药机制的存在,对药敏试验的结果进行"解释性"判读。在一些大型的实验室,数据管理系统的终端还与实验室信息系统(LIS 系统)和医院信息系统(HIS 系统)连接,临床医师可在第一时间查询到报告结果,缩短了诊断时间,达到及时治疗的目的。

三、微生物自动鉴定及药敏分析系统的性能与评价

微生物自动鉴定及药敏分析系统相对于传统的分析方法具有很大的优势,具体的性能评价见表 6-4。

表 6-4 微生物自动鉴定及药敏分析系统的性能评价表

性 能 特 点	要 求
自动化程度较高	可自动加样、联机孵育、定时扫描、读数、分析、打印报告等
功能范围大	包括需氧菌、厌氧菌、真菌鉴定及细菌药物敏感试验、最低抑菌浓度(MIC)测定
检测速度快	绝大多数细菌的鉴定可在 4~6h 内得出结果,快速荧光测试板的鉴定时间一般为 2~4h,常规测试板的鉴定时间一般为 18h 左右
系统具有较大的细菌资料库	鉴定细菌种类可达 100~700 余种不等,可进行数十种甚至 100 多种不同抗生素的敏感性测试

笔记

续表

性 能 特 点	要 求
使用一次性测试卡(板)	可避免因交叉污染引起人为误差
数据处理软件功能强大	可根据用户需要,自动对完成的鉴定样本及药敏试验结果做出统计学分析并生成统计学报告,且软件可以不断进行升级,检测功能和数据统计功能不断更新,使设备不易老化
数据管理系统和测试卡(板)	大多可不断升级更新,检测功能和数据统计功能不断增强
设有内部质控系统	保证检验结果的准确和可靠性
减少人员与标本接触的频率	系统自动化的作业方式减少工作人员与标本接触的频率,在一定程度上减少了工作人员职业暴露的机会,保证了实验室的生物安全

四、微生物自动鉴定及药敏分析系统的使用、维护与常见故障处理

(一)微生物自动鉴定及药敏分析系统的使用

自动微生物鉴定和药敏分析系统型号众多,使用方法有异,基本的操作步骤见图 6-6。

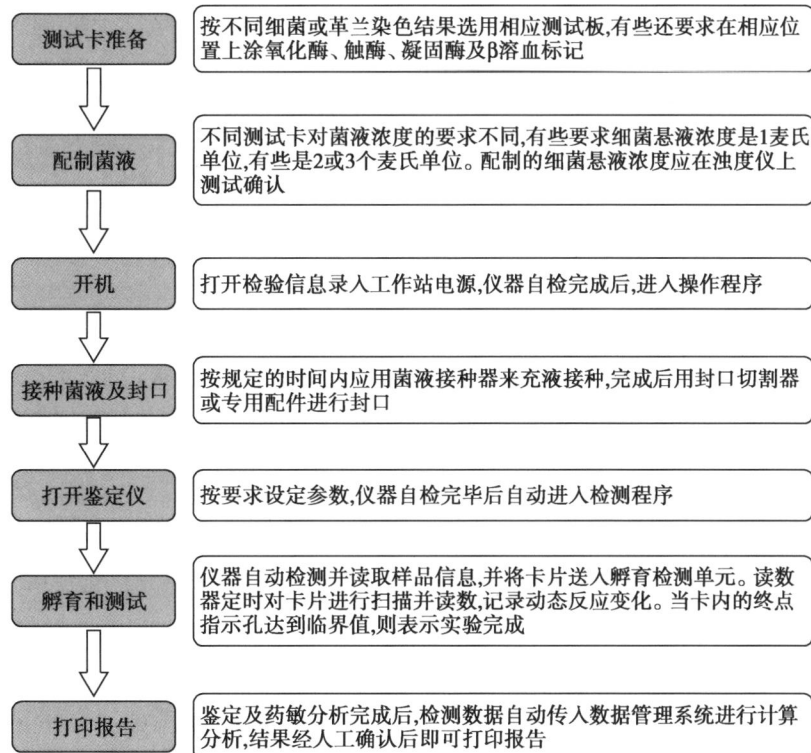

微生物自动鉴定及药敏分析系统(视频)

测试卡准备	→	按不同细菌或革兰染色结果选用相应测试板,有些还要求在相应位置上涂氧化酶、触酶、凝固酶及β溶血标记
配制菌液	→	不同测试卡对菌液浓度的要求不同,有些要求细菌悬液浓度是1麦氏单位,有些是2或3个麦氏单位。配制的细菌悬液浓度应在浊度仪上测试确认
开机	→	打开检验信息录入工作站电源,仪器自检完成后,进入操作程序
接种菌液及封口	→	按规定的时间内应用菌液接种器来充液接种,完成后用封口切割器或专用配件进行封口
打开鉴定仪	→	按要求设定参数,仪器自检完毕后自动进入检测程序
孵育和测试	→	仪器自动检测并读取样品信息,并将卡片送入孵育检测单元。读数器时对卡片进行扫描并读数,记录动态反应变化。当卡内的终点指示孔达到临界值,则表示实验完成
打印报告	→	鉴定及药敏分析完成后,检测数据自动传入数据管理系统进行计算分析,结果经人工确认后即可打印报告

图 6-6 微生物自动鉴定及药敏分析系统使用流程

(二)微生物自动鉴定及药敏分析系统的维护

1. 严格按操作手册规定进行开、关机及各种操作,防止因程序错误造成设备损伤和信息丢失。

2. 定期清洁比浊仪、真空接种器、封口器、读数器及各种传感器,避免由于灰尘而影响判断的正确性。

3. 定期用标准比浊管对比浊仪进行校正,用 ATCC 标准菌株测试各种试卡,并作好质控记录。

4. 建立仪器使用以及故障和维修记录,详细记录每次使用情况和故障的时间、内容、性质、原因和解决办法。

5. 建立仪器保养程序,保证仪器正常工作。①每日检查仪器表面是否清洁、有无污染,用软布擦拭四周及表面。②每日检查仪器冲液器表面是否清洁、有无污染,软布擦拭清洁。③每日检查切割机

口是否清洁、有无污染,擦拭干净。④每日清洁计算机屏幕、键盘、鼠标等附属设备。⑤每月清洗、更换标本架,检查有无破损。⑥定期由工程师作全面保养,并排除故障隐患。

(三)微生物自动鉴定及药敏分析系统常见故障处理

1. 当仪器出现故障时,会发出声音警报、可视警报或者两种方式同时警报。

(1)声音警报:即仪器可通过设置选择声音警报,当出现故障时仪器发出警报声。

(2)可视警报:这种警报方式显示在操作屏幕上,当这种警报方式启动时,屏幕会闪动,提示用户有新的警报或错误信息,应及时处理。

2. 当仪器初始化或测试卡正在检测时出现错误警报,即需要用户进行干预。

(1)在填充测试卡时出现警报,根据系统提示应立即终止操作,先检查填充门是否能关闭,不能关闭者应选择删除测试卡 ID,放弃测试卡,再根据用户使用说明一一进行错误信息处理。

(2)填充完成后,测试卡架装载至装载箱中时出现警报,应删除测试卡 ID,放弃测试卡。

3. 条形码读数错误,可使用仪器上用户界面的数字键盘输入测试卡 ID 号。

4. 操作不能继续,仪器发出干预警报时,应先确认测试卡架在装载/卸载区内放置位置是否正确,填充门是否关闭,若没有此类问题,再检查是否出现阻塞,仪器可以检测出测试卡在仪器中的任何位置,根据提示打开用户门去除阻塞物。注意:当排除阻塞时,不可交换转盘部件和单个测试卡,防止出现不正确的结果。

一般情况下根据系统提示进行操作即可排除故障,出现无法处理故障时应及时联系专业技术人员进行检查维修。

五、微生物自动鉴定及药敏分析系统的临床应用

微生物自动鉴定及药敏分析系统的主要功能是对临床分离的细菌进行菌种鉴定和耐药性分析试验,以指导临床医生正确实施抗感染个体化治疗。药敏分析仪的使用有利于控制院内感染和耐药菌株的流行,指导临床对抗菌药物的选用。该系统不仅可用于临床检测、疾病控制、动物疫病防治,也可用于工业、农业、环境等多领域的微生物检测与科研活动。

随着微生物自动鉴定及药敏分析系统迅速发展,其自动化程度也越来越高,可鉴定的微生物种类范围不断扩大,鉴定速度越来越快。特别是基于质谱分析技术的自动化微生物快速鉴定系统的应用可使微生物鉴定在数分钟内完成,这也是临床微生物在检测手段上一个很大的进步。另外,近来推出的一些新型检测仪中,加入了专家系统,可根据药敏试验的结果提示有何种耐药机制的存在,对临床正确、合理使用抗生素有很大的帮助。

知识链接

微生物鉴定质谱仪

微生物鉴定质谱仪通过每种细菌分离物的生物质谱,可得到每种细菌唯一的肽模式或指纹图谱来鉴定细菌。由于蛋白质在细菌体内的含量较高,生物质谱可用于细菌属、种、株的鉴定。串联质谱还可针对脂类的脂肪酸、糖类组成进行鉴定。此外,通过对生物样本进行处理,串联质谱还可从单细胞水平发现和确定病原菌及孢子。对特殊脂质成分的分析则可了解样本中病原菌的活力和潜在感染。用放射性核素质谱的方法检测微生物代谢物中放射性核素的含量也可以达到检测该病原菌的目的,同时也为放射性核素质谱在医学领域的应用打开了方向。

微生物质谱鉴定仪具有以下几项特点:①操作简单,单个微生物菌落经简单的样品全处理后可直接用质谱仪进行鉴定,不需要革兰染色、调制菌液、初步鉴定等步骤;②鉴定快速,在几分钟内就可完成鉴定,数据库资源强大,包括常见的细菌、真菌等;③耗材少,除了靶板和基质外,不需要其他试剂;④系统是开放性的,微生物蛋白特征指纹图谱数据库系统采用开放式的设计,用户可以添加和扩展数据;⑤可直接鉴定血培养阳性标本中的细菌和真菌,还可以对经过一定处理后的尿液和脑脊液等无菌体液标本进行鉴定;⑥微生物质谱鉴定技术也尝试用于临床耐药菌株的耐药性研究。

笔记

本章小结

　　本章主要介绍了目前临床最为常见的两类自动化微生物检测系统：自动血培养系统和微生物自动鉴定及药敏分析系统。

　　自动血培养系统主要由一个培养系统和一个检测系统组成。通过自动监测培养基（液）的混浊度、pH、代谢终产物 CO_2 的浓度、荧光标记底物或代谢产物等的变化，定性地检测微生物的存在。根据检测原理的不同可分为三类：检测培养基导电性和电压为基础的血培养系统、应用测压原理的血培养系统、采用光电原理监测的血培养系统。自动血培养系统主要由培养瓶、培养仪和数据管理系统三部分组成。微生物自动鉴定及药敏分析系统通常采用微生物数码鉴定原理，即通过数字编码技术将细菌的生化反应模式转换成数学模式，给每种细菌的反应模式赋予一组数码，建立数据库或编成检索本。然后将待检菌的有关生化试验结果转换成数字编码，与编码数据库进行对比，得到细菌名称。自动化抗生素敏感性试验，其实质是微型化的肉汤稀释试验，通过测定细菌生长的浊度或培养基中荧光指示剂的强度或荧光原性物质的水解，观察细菌的生长情况，得出待检菌在各药物浓度中的生长斜率，经分析得到最低抑菌浓度 MIC 值，并根据 CLSI 标准得到相应敏感度。微生物自动鉴定及药敏分析系统主要由测试卡（板）、菌液接种器、培养和监测系统、数据管理系统组成。

（王　婷）

06章 扫一扫 测一测

扫一扫,测一测

思考题

1. 自动血培养系统按检测原理可分为哪几类？各类型的工作原理是什么？
2. 简述自动血培养仪的性能特点。
3. 简述微生物自动鉴定及药敏分析系统的检测原理。
4. 简述微生物自动鉴定及药敏分析系统的性能特点。

笔记

<table>
<tr><td>第七章</td><td>临床细胞分子生物学检验仪器</td></tr>
</table>

学习目标

1. 掌握：流式细胞仪、PCR 核酸扩增仪、DNA 测序仪的工作原理和基本结构；蛋白质测序和生物芯片的概念。

2. 熟悉：流式细胞仪的光学系统组成、主要性能指标及测量方法；PCR 核酸扩增仪的温度控制方式；实时荧光定量 PCR 仪的原理、分类和特点；全自动 DNA 测序仪的性能指标；蛋白质测序仪和生物芯片技术的原理。

3. 了解：流式细胞仪检测信号的意义、主要应用领域；PCR 核酸扩增仪的性能评价和临床应用；全自动 DNA 测序仪和蛋白质测序仪的维护与常见故障处理；生物芯片的分类、发展及应用领域。

4. 学会流式细胞仪检测标本的处理和影响因素分析，普通 PCR 核酸扩增仪、DNA 测序仪、蛋白质测序仪的使用流程。

5. 能够对流式细胞仪和 PCR 核酸扩增仪常见故障做出正确的判断并初步排除；能从凝胶电泳图谱读出待测序列；能对生物芯片进行维护。

随着免疫标记技术和单克隆抗体技术的发展，流式细胞仪在医学检验中的应用越来越广泛，而分子生物学技术发展以及在医学领域的广泛应用，使许多疾病的诊断正逐步从细胞水平深入到分子水平，医学检验也不断向分子水平扩展。为此，许多临床实验室陆续开展了分子生物学检验项目，购置了分子细胞生物学仪器。本章主要介绍临床实验室常用的流式细胞仪、PCR 核酸扩增仪、DNA 测序仪、蛋白质测序仪和生物芯片等细胞分子生物学检验相关仪器。

第一节　流式细胞仪

流式细胞仪（flow cytometer，FCM）是利用流式细胞术进行细胞分析或分选的新型高科技仪器。流式细胞术（flow cytometry，FCM），是利用多种分离和检测技术对处于快速流动的细胞或其他生物微粒进行多参数定量分析或（和）分选，是现代医学研究和临床检验最先进的分析技术之一。该技术综合了光学、电子学、流体力学、细胞化学、免疫学、激光技术和计算机科学等多门学科和技术，使待检测的细胞或微粒在鞘液的包绕下，依次通过聚焦的光源，产生电信号，这些信号代表光散射、荧光等参数，以此反映出细胞或微粒的物理和化学性质，并可根据这些性质分选出高纯度的细胞亚群，以对其进一步培养或分析。因此，流式细胞术具有检测速度快、精确、测量指标多、采集数据量大、分析全面、方法灵活等特点。

笔记

160

一、流式细胞仪的类型

（一）根据功能分类

按照流式细胞仪的功能和用途可将其分为临床型和科研型。临床型也称台式机,构造比较简单,光路调节系统固定,自动化程度高,操作简便,易学易掌握。临床型只有分析功能,没有分选功能。科研型也称大型机,既可以进行分析,又可以快速将所感兴趣的细胞分选出来,并且将单个或指定个数的细胞收集到特定的培养孔或培养板上,同时可选配多种波长类型的激光器,适用于更广泛的科学研究。

（二）根据结构分类

按照结构的不同可将其分为普通流式细胞仪和狭缝扫描流式细胞仪。普通流式细胞仪的激光光斑为椭圆形,直径大于被检细胞体积,只能提供细胞内某种生物化学成分的参数,不能对细胞形态和亚细胞形态进行分辨。而狭缝扫描流式细胞仪是一种高分辨率的检测仪器,激光光束为线状扁平光斑,直径在 $3\sim5\mu m$,小于被检细胞,可以对细胞各部分依次扫描,得到一维的细胞轮廓组方图,计算出细胞直径、核直径、核质比例等一系列形态学信息的定量资料,也可以通过三个坐标轴方向设置的光信号探测器,得到细胞的三维轮廓图。

二、流式细胞仪的工作原理与结构

（一）流式细胞仪的工作原理

1. **细胞分析的原理**　FCM 检测的是带有荧光标记的、快速流动的单个细胞,因此对样品进行处理、制备高质量的单细胞悬液并进行特异荧光染色是分析的前提,而保证液流以单细胞快速通过检测区是该技术的关键。这一关键是利用流体力学的原理,通过层流技术实现的。

在样品泵气体压力作用下,悬浮在样品管中的单细胞经管道进入流式细胞仪的流动室,沿流动室的轴心向下流动形成样品流(图 7-1)。同时,鞘液泵驱使鞘液在流动室轴心至外壁之间向下流动,形成包绕样品流的鞘液流。鞘液流和样品流在喷嘴附近形成一个圆柱流束,自喷嘴的圆形孔喷出,与水平方向的激光束垂直相交,相交点即为测量区。

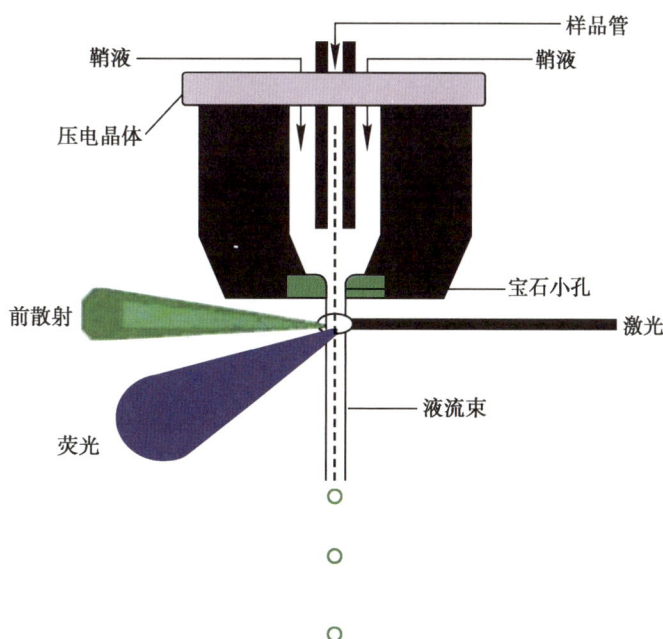

图 7-1　流式细胞仪的流动室示意图

在测量区,荧光染色的细胞被激光激发后发射荧光,同时产生光散射。这些信号分别被光电倍增管和光电二极管接收,转换为电子信号,再经过模数转换为数字信号,被计算机软件储存、计算、分析后,就可得到细胞的大小、核酸含量、酶和抗原的性质等信息(图 7-2)。

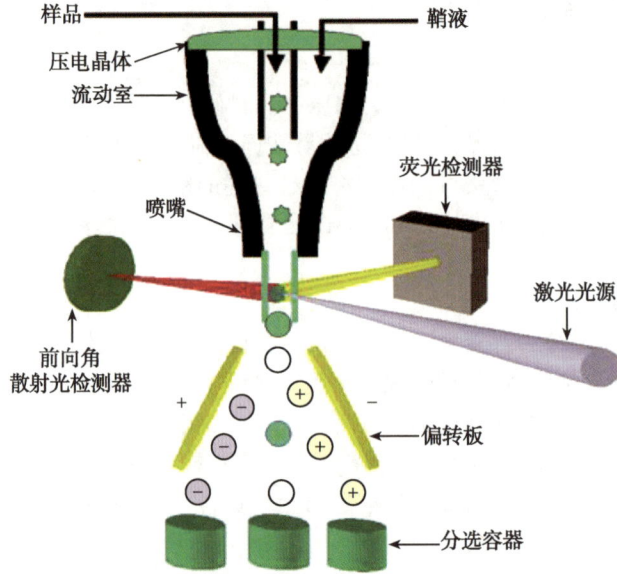

图 7-2　流式细胞仪工作原理示意图

2. 细胞分选的原理　在定性分析基础上,将符合预设参数的细胞分离出来就是分选。这一技术是通过流动室振动和液滴充电实现的(图 7-2)。

压电晶体加上 30kHz 的脉冲信号,就会产生同频率的机械振动。该振动带动流动室振动时,就会导致通过测量区的液柱断裂成一连串均匀的液滴。此前各类细胞的特性信息在测量区已被测定,并储存在计算机中。当符合分选条件的细胞通过形成液滴时,流式细胞仪就为其充以特定的电荷,而不符合分选条件的含细胞液滴和不含细胞的空白液滴不被充电。带有电荷的液滴向下落入偏转板间的静电场时,依所带电荷的不同分别向左偏转或向右偏转,落入指定的收集器内。不带电的液滴不发生偏转,垂直落入废液槽中被排出,从而达到细胞分类收集的目的。

(二)流式细胞仪的基本结构

流式细胞仪的基本结构包括五个部分,分别是流动室与液流驱动系统、激光光源与光束形成系统、光学系统、信号检测与分析系统、细胞分选系统。

1. 流动室与液流驱动系统(图 7-3)　流动室是流式细胞仪的核心部件,大多由石英材料制成,其中镶嵌一块宝石。宝石中央开一个孔径为 $430\mu m \times 180\mu m$ 的长方形孔,让细胞单个流过。检测区在该孔的中心或下方,被测样品在此与激光束相交。由石英制成的流动室光学特性良好,可收集的细胞信号光通量大,配上广角收集透镜,可获得很高的检测灵敏度和测量精密度。

流动室内充满了鞘液,样品流在鞘液流的环抱下形成流体动力学聚焦,使样品流不会脱离液流的轴线方向,并且保证每个细胞

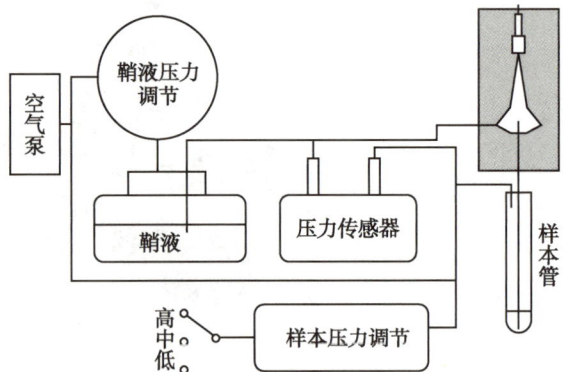

图 7-3　流动室与液流驱动系统示意图

通过激光照射区的时间相等,从而得到准确的细胞信息。

空气泵产生压缩空气,通过鞘流压力调节器在鞘液上施加一个恒定的压力,这样鞘液以匀速运动流过流动室,在整个系统运行中流速是不变的。调高样本的进样速率,可以提高采样分析的速度。但这并不是提高样本流的速度,而是缩短细胞间的距离,使单位时间内流经激光照射区的细胞数增加。

检测区激光焦点处的能量呈正态分布(图 7-4),中心处能量最高。当样本速率选择高速时,处在样本流不同位置的细胞或颗粒,受激光照射的能量不同,被激发出的荧光强度也有差异,这可能引起

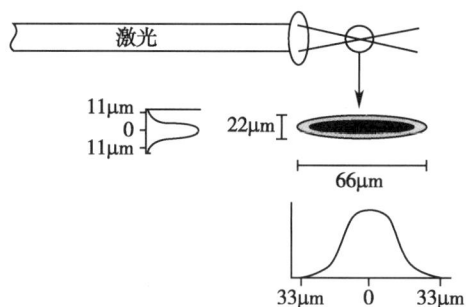

图 7-4　激光聚焦及焦点能量分布示意图

测量误差。所以,当检测分辨率要求高时,进样速率应选用低速进样。

2. 激光光源与光束形成系统　激光是一种相干光源,它能提供单波长、高强度和高稳定性的光照,所以激光是细胞微弱荧光快速分析的理想光源。多数流式细胞仪采用氩离子气体激光器,可以产生488.0nm 和 514.5nm 两种波长的激发光,有些仪器可增配小功率半导体激光器(波长 635nm),拓宽了荧光染料的应用范围。

由于细胞的快速流动,每个细胞经过光照区的时间仅为 $1\mu s$ 左右,且细胞所携带荧光物质被激发出的荧光信号强弱与被照射的时间和激发光的强度有关,因此细胞必须达到足够的光照强度。激光光束在到达流动室前,先经过透镜将其聚焦,形成几何尺寸约为 $22\mu m \times 66\mu m$ 即短轴稍大于细胞直径的光斑。

3. 光学系统　流式细胞仪的光学系统由若干组透镜、滤光片和小孔组成(图 7-5),其作用是将不同波长的光信号进行分离、聚集后,送入不同的光电转换和电子探测器。

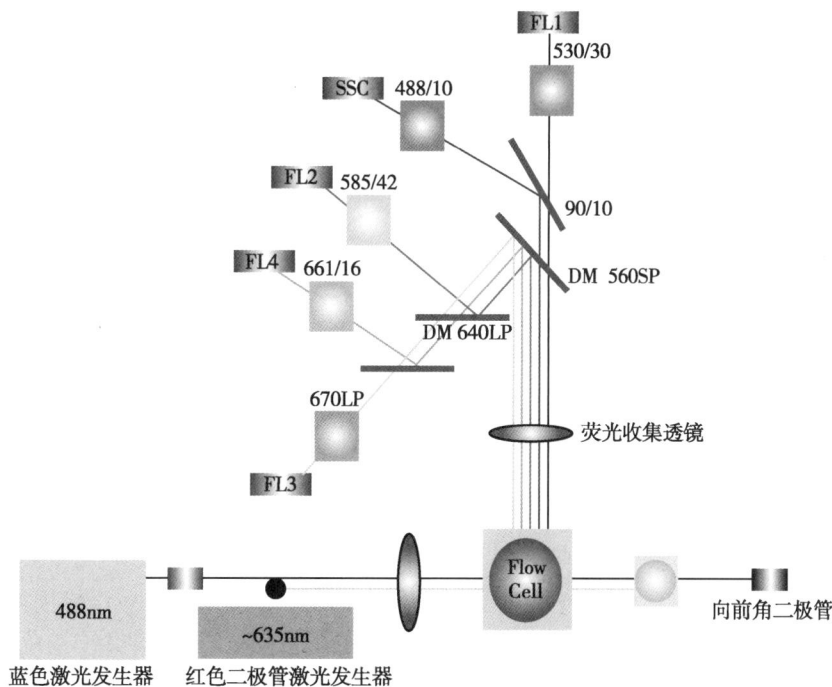

图 7-5　光学系统的工作原理示意图

滤光片是主要的光学元件,可以分为三类:长通滤光片、短通滤光片和带通滤光片。长通滤光片只允许特定波长以上的光通过,特定波长以下的光不能通过,用 LP 表示,如 LP500 滤光片,可以让500nm 以上的光通过,500nm 以下的光被吸收或返回;短通滤光片与长通滤光片相反,特定波长以下的光通过,特定波长以上的光被吸收或返回,用 SP 表示;带通滤光片允许一定波长范围内的光通过,其滤光片上有两个数值,一个为允许通过波长的中心值,另一个为允许通过光波段的带宽,如 BP500/50表示其允许 475~525nm 波长的光通过。

4. 信号检测与分析系统　流式细胞仪收集和分析的光信号包括激光信号和荧光信号,其光电转换元件主要是光电倍增管,能将这些光信号转换成电信号,电信号输入到放大器进行线性放大或对数放大。

(1)激光信号:来自于激发光源,波长与激发光相同,分为前向角散射和侧向角散射。前向角散射与被测细胞的大小有关,用于测定细胞的直径;侧向角散射是指与激光束正交90°方向的散射光信号,对细胞膜、细胞质、核膜的折射率更为敏感,可提供细胞内精细结构和颗粒性质的信息。

目前采用这两个参数组合,可区分裂解红细胞后外周血白细胞中淋巴细胞、单核细胞和粒细胞三个细胞群体,或在未进行裂解红细胞处理的全血样品中找出血小板和红细胞等细胞群体。

(2)荧光信号:当激光光束与细胞正交时,标记在细胞内的特异荧光素受激发后发射荧光信号,通过对这类荧光信号的检测和定量分析可以了解所研究细胞的数量和生物颗粒的情况。

荧光信号的种类和强弱除了与待测物质有关外,还与荧光染色选用的荧光素的激发和发射光谱密切相关。各类荧光素的分子结构不同,其荧光激发谱与发射谱也各异,因此在选择染料或单抗所标记的荧光素时必须考虑仪器所配置的光源波长。目前 FCM 常配置的激光器波长为488nm,通常选用的染料有碘化丙啶(propidium iodide,PI)、藻红蛋白(phycoerythrin,PE)、异硫氰酸荧光素(fluorescein isothiocyanate,FITC)和多甲藻素叶绿素蛋白(peridinin chlorophyll protein,PerCP)和五甲川菁(pentamethyl cyanine,Cy5)等。有些仪器还配置了半导体激光器,其激发波长为635nm,可激发别藻蓝蛋白(Allophycocyanin,APC)等染料,拓宽了 FCM 的应用范围。

此外,要注意光谱重叠的校正。当细胞携带两种以上荧光染料时,受激光激发会发射两种以上不同波长的荧光,理论上可通过选择滤片使每种荧光仅被相应的检测器检测。但由于目前所使用的各种荧光染料都是宽发射谱性质,虽然它们之间发射峰值各不相同,但发射谱范围有一定的重叠,如 FITC 探测器将探测到少量的 PE 光谱,而 PE 探测器则检测到较多的 FITC 光谱。为了减少各荧光间的相互补偿,可以采用双激光立体光路技术的四色 FCM 系统(图 7-6)。

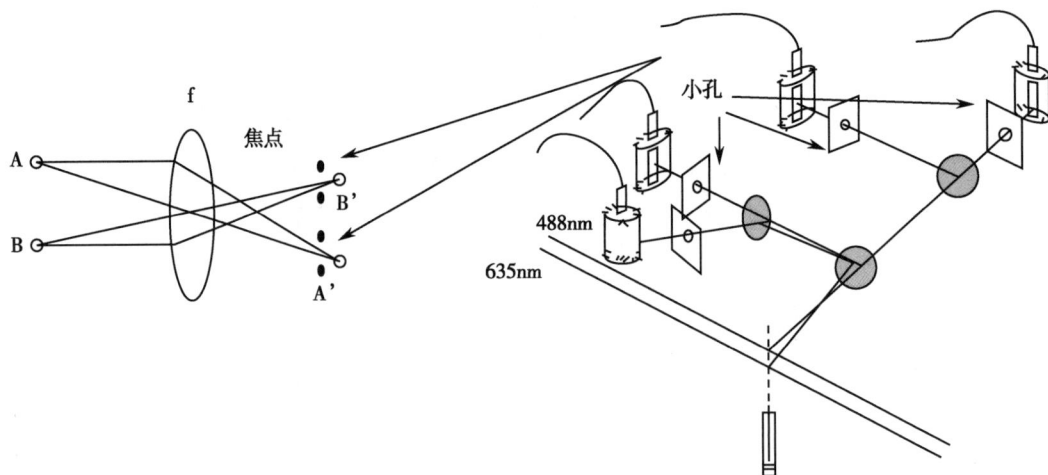

图 7-6　双激光立体光路示意图

流式细胞仪检测的主要是荧光信号。当携带荧光素的细胞与激光束正交时,荧光素受激发发出荧光,经滤光片分离不同波长的光信号分别到达不同的光电倍增管,光电倍增管将光信号转换成电信号,经不同的电子线路放大后进行测量和分析。线性放大器的输出与输入是线性关系,细胞 DNA 含量、RNA 含量、总蛋白质含量等的测量一般选用线性放大测量。在免疫学样品测量中,通常使用对数放大器。

5. 细胞分选系统　大型流式细胞仪还有细胞分选系统,由水滴形成、水滴充电和水滴偏转三部分组成。

(1)水滴形成:安装在流动室上的压电晶体带动流动室一起振动。使自喷孔喷出的流束形成水滴。液流从喷孔出来后,需要经过一段距离才形成水滴。这段距离大约10~20个波长,测量区应尽量靠近喷嘴以避免受振动干扰。喷嘴的振动频率即每秒产生水滴的数目。当喷嘴直径为50μm 时,信号频率为40kHz,则每秒产生4万个水滴。若每秒流出的细胞是1000个,则平均每40个水滴中只有1个水滴是有细胞的,其他皆为空白。

(2)水滴充电:为了分选细胞,需要细胞在经过测量区时,流式细胞仪判断出哪个细胞满足了分选的条件,并产生一个逻辑信号。此信号驱动充电脉冲发生器,使之产生充电脉冲,当满足分选条件的细胞将要形成水滴时,充电脉冲正好对它进行充电。可见给水滴充电的脉冲并不是在做出分选决定时立即产生并加到流束上的,而是当细胞将要形成水滴时才加上的,这一段等待时间依赖于喷孔的直径、细胞与激光束相交点的位置等因素。

（3）水滴偏转:当水滴从流束上将要断开时,给含有这个水滴的流束充电,则水滴从流束上断开后便带有同极性的多余表面电荷。水滴如果在与流束将分离时,未被充电,则离开流束的水滴不带电荷。下落的水滴通过一对平行板电极形成的静电场时,带正电荷的水滴向带负电的电极板偏转,带负电荷的水滴向带正电的电极板偏转,不带电的水滴垂直下落不改变其运动方向,这样就可用容器分别收集各种类型的水滴。

三、流式细胞仪的性能指标

流式细胞仪的性能指标分为分析指标和分选指标,前者包括灵敏度、分辨率和分析速度等,后者包括分选速度、分选纯度和收获率等。

（一）分析指标

1. **灵敏度** 是衡量仪器检测微弱荧光信号的重要指标,包括荧光检测灵敏度和前向角散射光检测灵敏度。荧光检测灵敏度一般以能检测到单个微球上最少标有 FITC 或 PE 荧光分子数目来表示,现在的流式细胞仪均可达到检测小于 100 个荧光分子的指标。前向角散射光检测灵敏度是指能够检测到的最小颗粒大小,目前商品化的流式细胞仪可以测量到直径为 $0.2 \sim 0.5 \mu m$ 的生物颗粒。

2. **分辨率** 分辨率是衡量仪器测量精度的指标。

3. **分析速度** 分析速度以每秒分析的细胞数来表示。当细胞流过测量区的速度超过流式细胞仪响应速度时,细胞产生的荧光信号就会丢失,这段时间称为流式细胞仪的死时间(dead time)。死时间越短,则仪器处理数据越快,一般可达到 $300 \sim 6000$ 个/s 左右,有些流式细胞仪已经达到每秒几万个细胞。

（二）分选指标

1. **分选速度** 它指每秒可提取所选细胞的个数,目前一般流式细胞仪的分选速度为 300 个/s,高性能的流式细胞仪最高分选速度可达每秒上万个细胞。

2. **分选纯度** 它指流式细胞仪分选的目的细胞占分选细胞百分比,一般 FCM 的分选纯度可以达到 99% 左右。

3. **分选收获率** 它指被分出的细胞占原来溶液中该细胞的百分比。通常情况下,分选纯度和收获率是互相矛盾的,纯度提高则收获率降低,反之亦然。这是由于细胞在液流中并不是等距离一个接着一个有序地排着队,而是随机的。一旦两个细胞挨得很近时,在强调纯度和收获率不同的条件下,仪器会做出取舍的决定。因此,选择何种模式要视具体实验要求而定。

四、流式细胞仪的使用方法

（一）流式细胞仪的分析流程

1. **检测样品制备** 流式细胞仪测定的标本,无论是外周血细胞、培养细胞还是组织细胞,首先要保证是单细胞悬液。不同来源细胞的处理程序不同,但制备高质量的单细胞悬液是进行流式分析关键的一步。

2. **荧光染色** 荧光染料的选择和标记方法也是保证流式分析结果的关键技术。制备成单细胞悬液后,要选择带有荧光素标记的单克隆抗体进行荧光染色,才能上机进行检测。

3. **上机检测** 这是流式分析的主要过程。

4. **结果分析** 根据输出的数据或图像,结合相关专业知识进行检测结果的综合分析,提示相关的生物学意义。

（二）流式细胞仪的使用方法

流式细胞仪的检测方法包括开机程序、预设模式文件、仪器的设定和调整、样品分析和关机程序等步骤。

流式细胞仪
结构与使用
（微课）

笔记

1. **开机程序** 打开稳压器电源,进行储液箱和鞘液桶处理,检查所有管路。然后打开仪器开关,预热 5~10min,排出过滤器内的气泡,冲洗管道。

2. **预设模式文件** 从视窗中选取图形资料来源,并确定适当的 x 轴和 y 轴参数。选取绘图工具绘出直方图,储存于文件夹中,下次进行相同实验时可直接调用。

3. **仪器的设定和调整** 为每个参数选择适当的倍增模式。放上待检测的样品,选择运行程序和流速,调整 FSC 和 SSC 探测器中的信号倍增度。在靶细胞周围设定区域线,调整荧光检测器的倍增程度,同时调整荧光染色所需的荧光补偿。

4. **样品分析** 打开预设的模式文件,选择决定储存的细胞数、参数、信号道数。决定文件存储位置、文件名称、样品代号以及各种参数的标记,然后开始分析测定。当一定数目的细胞被测定后,获取会自动停止,并会自动存储数据。

5. **关机程序** 当所有样品分析完毕,换上纯化水,保护激光管。选择"Quit"退出软件,用稀释的漂白水和纯化水依次进行冲洗,在仪器处于"STANDBY"状态 10min 后再依次关掉计算机、打印机、主机、稳压电源,以延长激光管寿命,并确保应用软件的正常运行。

五、流式细胞仪的维护与常见故障处理

(一)流式细胞仪的维护

日常维护包括使用前、中、后的一些基本措施,如使用不间断电源(UPS),或加用过保护装置,并用稳压器,使激光电源的电压波动范围应小于±10%;冷却水必须使用过滤器,并保证压力和流量,以避免水道阻塞造成激光源的损坏;环境温度应保持室温在 18~24℃,相对湿度小于 85%;安装可靠地线等。定期维护主要是样品管和鞘液管道每周应用漂白粉液清洗,避免一些微生物生长;流式细胞仪的室内应注意避光、防尘、除湿等,还包括人员的培训与管理。

(二)流式细胞仪常见故障及排除

FCM 常见故障及简单排除方法见表 7-1。

表 7-1 流式细胞仪的常见故障及简单排除方法

故障信息	引起故障的可能原因	解决方法
清洗液高度错误	清洗液少了	加清洗液
清洗液高度警示	清洗液传感器失灵	与制造商联系
数据处理速率错误	数据太大,难以处理	稀释样品
文件名错误	输入的文件名与系统冲突	输入另一个文件名
存取数据时发生错误	流式细胞仪不能存取数据	关开计算机重试
程序错误	软件不能执行该程序	选择主菜单上的重建项
程序号太大	程序号不能大于 32	取消一些程序,再输入相应的号码
没有激光束	激光器关闭	检查电源,开激光器
激光器开启错误	激光器门打开	关激光器门
参数太多	选择的参数应小于 8 个	取消某些参数,重新选择
参数不存在	程序中无此参数	重新建立程序
样品压力错误	因为样品管坏了,样品不能被压入流动室	换一个样品管
建立样品压力错误	流式细胞仪连接错误	检查连接,开关机重试

六、流式细胞仪的临床应用

流式细胞仪目前已经广泛应用于基础医学、临床医学和医学检验多学科的医疗实践和科学研究中,特别是在免疫学、细胞生物学、血液学、肿瘤学、医学检验等领域显示了广阔的应用前景。

1. 在免疫学中的应用　FCM 在淋巴细胞及其亚群分析、功能分析、免疫分型、免疫细胞的系统发生及特性研究、机体免疫状态的监测、肿瘤细胞的免疫检测、细胞周期或 DNA 倍体分析、细胞表面受体及抗原表达与疾病的关系研究、免疫活性细胞的分型与纯化、淋巴细胞亚群与疾病的关系分析、免疫缺陷病的诊断和器官移植后的免疫学监测等诸多方面都得到了广泛应用。

2. 在血液学中的应用　在血液学上 FCM 主要应用于血液细胞的分类、分型,造血细胞分化的研究、血细胞中各种酶(如过氧化物酶)的定量分析等方面。如用 NBT 和 DNA 双染色法,FCM 可研究白血病细胞分化与细胞增殖周期变化的关系;检测母体血液中 Rh(+)或抗 D 抗原阳性细胞,可以了解胎儿因 Rh 血型不合而发生严重溶血的可能性;检测血液中循环免疫复合物可以诊断自身免疫性疾病(如红斑狼疮),可以用于血液病及淋巴瘤的发病机制、诊断方法、治疗措施和预后评价的研究等。

3. 在细胞生物学中的应用　FCM 在细胞生物学领域应用最多的是细胞周期分析,包括细胞周期、DNA 倍体、细胞表面受体和抗原表达的相互关系,细胞周期各时相的百分比和细胞周期动力学参数的测定等。在方法学上还有抗溴脱氧尿嘧啶核苷单克隆抗体技术,通过该技术可以进行免疫活性细胞的分型与纯化、分析淋巴细胞亚群与疾病的关系、免疫缺陷病研究。细胞测量和分选技术在染色体、精子和精细胞的研究以及分子遗传学方面也都有用武之地,在微生物、病毒、高等植物等领域也均有广泛应用。

4. 在肿瘤学中的应用　FCM 近年来已应用 DNA 倍体测定技术,对白血病、淋巴瘤、肺癌、膀胱癌、前列腺癌等多种实体瘤细胞进行检测。特别是近年来随着荧光细胞化学技术的发展和荧光标记单克隆抗体探针的完善,为利用流式细胞技术研究各种肿瘤抗原、肿瘤蛋白、致癌基因提供了新方法,极大地提高了肿瘤学的研究水平。

5. 在艾滋病检测中的应用　FCM 用于 AIDS 免疫功能检测,采用三参数荧光标记计数对 T 淋巴细胞及亚群进行分析,并通过动态监测 T 细胞亚群可以区别 HIV 感染者和 AIDS 发病者。仅为 HIV 携带者,病毒未复制时,其 CD_4^+T 辅助细胞(Th 细胞)下降不明显;当发展为 AIDS 时,Th 细胞水平明显下降,如 Th1 细胞<Th2 细胞时,HIV 在细胞间的传播和感染更强,更易发生 AIDS。

(李平法)

第二节　PCR 核酸扩增仪

20 世纪 60 年代,分子生物学的理论体系逐步形成,实验技术也不断完善,但如何特异、高效、简便、快速地进行核酸片段的扩增一直是这一领域的难题之一。聚合酶链反应(polymerase chain reaction,PCR)技术是生物医学的一项革命性创举,为该难题的破解带来了转机,推动了现代医学由细胞水平向分子水平、基因水平的发展,应用于分子生物学的各个领域,也已成为现代分子生物学领域不可缺少的实验技术。

用 PCR 方法进行核酸扩增的仪器叫 PCR 核酸扩增仪(PCR nucleic acid amplifier),简称 PCR 仪。PCR 技术的发展,促使各种 PCR 仪的诞生。从 1988 年世界上第一台 PCR 仪被推出,至今多种自动化 PCR 扩增仪相继问世,促进了 PCR 技术的广泛应用。其中实时荧光定量 PCR 仪以其特异性强、灵敏度高、重复性好、定量准确、速度快、全封闭反应等优点已成为分子生物学领域的重要工具。

一、PCR 核酸扩增仪的工作原理

(一)PCR 技术的原理

PCR 技术的基本原理类似于 DNA 的天然复制过程,其特异性依赖于与靶序列两端互补的寡核苷酸引物(Primers)。PCR 由变性—退火—延伸三个基本反应步骤构成(图 7-7)。

1. DNA 的变性　双链 DNA 加热到变性温度(93℃左右)并保温一定时间后,解开螺旋成为两条 DNA 单链,均可作为扩增的模板。

2. 模板 DNA 与引物的退火(复性)　经加热变性成单链的模板 DNA 在温度降至退火温度(55℃左右)后复性。由于引物长度远小于模板,而且摩尔浓度高,因此在退火温度下引物更容易按碱基序列互补配对原则结合到模板链上。

3. **引物的延伸** 与 DNA 模板结合的引物在 DNA 聚合酶的作用下,以 dNTP 为反应原料,靶序列为模板,Mg^{2+} 和合适 pH 缓冲液存在条件下,按碱基配对原则与半保留复制原理,合成一条新的与模板 DNA 链互补的新链。

上述三个步骤称为一个循环,约需 2~4min,每一循环新合成的 DNA 片段继续作为下一轮反应的模板,经多次循环(25~40 次),约 1~3h,即可将待扩增的 DNA 片段迅速扩增至上千万倍。

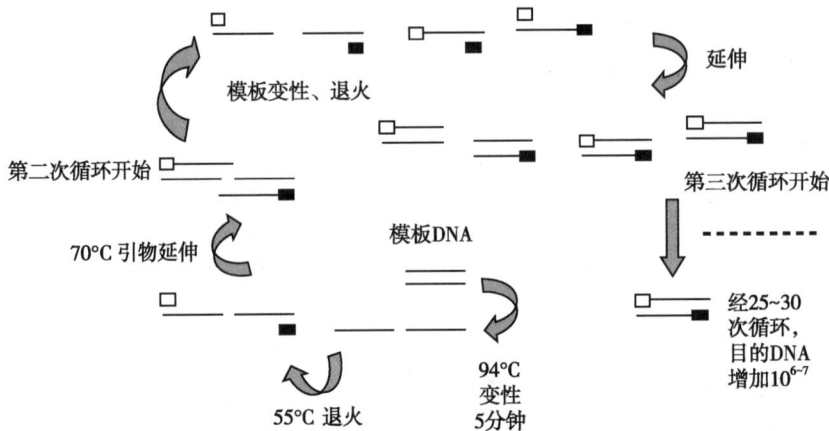

图 7-7 PCR 的基本原理示意图

(二) PCR 仪的工作原理

PCR 仪是利用 PCR 技术在体外对特定基因大量扩增,用于以 DNA/RNA 为分析对象的实验或检测。PCR 技术的关键因素是反应温度,因此 PCR 仪的工作关键是温度控制,是由"变性温度—退火温度—延伸温度"三个梯度构成的程控循环升降温度过程。PCR 仪的控温方式主要有以下四种:

1. **水浴锅控温** 以不同温度的水浴锅串联成一个控温体系,用机械臂将样品在不同水浴锅间移动,实现温度循环。这种控温方式的特点是样品与水直接无缝接触,控温准确,温度均一性好,无边缘效应,但这类仪器体积大,自动化程度不高,需人为干预,更换水浴锅时控温不稳定,目前已少用。

2. **压缩机控温** 由压缩机自动控温,一台机器便可完成整个 PCR 流程,控温较水浴锅方便。但升温过程中,由于一些加热元件,比如半导体、金属块本身会积蓄能量,虽然温度探头探测温度到达了设定温度,但半导体、金属块上积蓄的能量仍然会传给 PCR 体系,这种升温惯性导致实际的温度高于设定的温度,叫 overshooting 现象。仪器停止加热后需经过一个平衡时间才能从 overshooting 状态中回复到真正的设定温度。同理,在降温过程中造成的实际温度短时间内会低于设定温度称为 undershooting,而退火温度过低则有可能影响引物与模板的特异性结合,从而影响扩增效率。

3. **半导体控温** 半导体控温器是电流换能型器件,既能制冷,又能加热,通过控制输入电流的大小和方向,可实现高精度的温度控制。该控温方式具有控温方便,体积小,相对稳定性好。但仍有边缘效应,温度均一性尚有欠缺,各孔扩增效率可能不一致,并且仍存在温度 overshooting 现象。

4. **离心式空气加热控温** 由金属线圈加热,采用空气作为导热媒介,温度均一性好,各孔扩增效率高度一致,能够满足荧光定量 PCR 的高要求,直接发展为离心式的定量 PCR 仪。

二、PCR 核酸扩增仪的分类和结构

(一) PCR 仪的分类

在生命科学和医学领域中,常用的 PCR 仪根据 DNA 扩增的目的和检测的标准可以分为两大类:普通 PCR 仪和实时荧光定量 PCR 仪;普通的 PCR 扩增仪又衍生出带梯度 PCR 功能的梯度 PCR 仪和带原位扩增功能的原位 PCR 仪。

1. **普通的 PCR 仪** 一次 PCR 扩增只能运行一个特定退火温度的 PCR 仪,叫传统的 PCR 仪,也叫普通的 PCR 仪。如果要做不同的退火温度的扩增需要多次运行,其主要是做一些简单的,对单一退火温度的目的基因进行扩增。

2. **梯度 PCR 仪** 一次 PCR 扩增可以设置一系列不同的退火温度条件(温度梯度),通常为 12 种

温度梯度,这样的 PCR 仪就叫梯度 PCR 仪。因为被扩增的 DNA 片段不同,它们的最适退火温度也不同,通过设置一系列的梯度退火温度进行扩增,从而进行一次 PCR 扩增,就能够筛选出表达量高的最适退火温度,从而进行有效的扩增。其主要用于研究未知 DNA 退火温度的扩增,这样既可以节省试验时间、提高实验效率,又能够节约实验成本。

3. **原位 PCR 仪** 将具有细胞定位能力的原位杂交技术运用于从细胞内靶 DNA 的定位分析,在细胞内实现基因扩增的 PCR 仪叫原位 PCR 仪。当待测的病原基因或目的基因在细胞内时,为保持细胞或组织的完整性,使用原位 PCR 仪能够使反应体系渗透到组织和细胞内,在细胞的靶 DNA 所在的位置上进行基因扩增。这样不但可以检测到靶序列,又能标出靶 DNA 在细胞内的位置,对从细胞和分子水平上研究疾病的发病机制、临床过程和病理的转变有重要的应用价值。

4. **实时荧光定量 PCR 仪** 在普通 PCR 仪的基础上增加一个荧光信号采集系统和计算机分析处理系统,就构成了荧光定量 PCR 仪。其 PCR 扩增原理和普通 PCR 仪扩增原理相同,只是 PCR 扩增时加入的引物是利用荧光素进行标记,使引物和荧光探针同时与模板进行特异性结合,然后扩增的结果通过荧光信号采集系统实时采集信号并输送到连接的计算机分析处理系统,从而实时输出量化的结果,我们将这样的 PCR 仪叫做实时荧光定量 PCR 仪。实时荧光定量 PCR 仪有单通道、双通道和多通道,当只用一种荧光探针标记的时候,选用单通道,有多种荧光标记的时候用多通道。

QZ04

各类 PCR 仪（组图）

（二）PCR 仪的基本结构

不同类型的 PCR 仪,其基本的工作原理非常相似,但结构和组成部件却各有不同:

1. **普通 PCR 扩增仪** 普通 PCR 扩增仪即通常所指的定性 PCR 扩增仪。按照控温方式的不同,普通 PCR 扩增仪可分为水浴式、变温金属块式和变温气流式 3 类:①水浴式 PCR 仪:由三个不同温度的水浴槽和机械臂组成,采用半导体传感技术控温,由机械臂完成样品在水浴槽间的放置和移动。由于该类仪器体积较大,自动化程度低,已基本淘汰。②变温金属块式 PCR 仪:其中心是由铝块或不锈钢制成的热槽,上有不同数目、不同规格的凹孔,用来放置样品管。这类仪器采用半导体加热和冷却,由计算机控制恒温和冷热处理过程。③变温气流式 PCR 仪:由机壳、热源、冷空气泵、控制器及辅助元件等组成。这类仪器的热源由电阻元件盒和吹风机组成,热空气枪借空气作为热传播媒介,大功率风扇及制冷设备提供外部空气的制冷,精确的温度传感器构成不同的温度循环。配上计算机和相应软件,可灵活编程控制。

梯度 PCR 仪是由普通 PCR 仪衍生出的带梯度 PCR 功能的基因扩增仪。仪器每个孔的温度可以在指定范围内按照梯度设置,根据扩增的结果,一步就可以摸索出最适反应条件,使用梯度 PCR 仪,多次实验可在一台仪器上完成。

原位 PCR 仪是由普通 PCR 仪衍生出的带原位扩增功能的基因扩增仪。其样品基座上有若干平行的铝槽,每条铝槽内可垂直放置一张载玻片,每张载玻片面均与铝槽紧密接触,温度传导极佳,控温很精确。

2. **实时荧光定量 PCR 仪** PCR 反应过程中,有时不仅需定性,还要对初始模板进行定量,实时荧光定量 PCR(real-time quantitative PCR,RQ-PCR)技术在 PCR 反应体系中加入特异性的荧光染料,荧光信号的变化真实地反映了体系中模板的增加,通过检测荧光信号,从而实时监测整个 PCR 反应过程,最后通过标准曲线对未知模板进行定量分析。

定量 PCR 仪的构成包括扩增系统和荧光检测系统两部分。扩增系统与普通 PCR 仪相似,荧光检测系统的主要部件包括激发光源和检测器。根据控温方式的不同,该类仪器也分为三类:①金属板式实时定量 PCR 仪:即传统的 96 孔板式定量 PCR 仪,由第三代的半导体 PCR 仪发展而来。可作为普通 PCR 仪使用,有的甚至带梯度功能,可容纳的样本量大,无须特殊耗材,但温度均一性欠佳,有边缘效应,标准曲线的反应条件难以做到与样品完全一致。②离心式实时定量 PCR 仪:这类仪器的样品槽被设计为离心转子的模样,借助空气加热,转子在腔内旋转。由于转子上每个孔均等位,因此每个样品孔之间的温度均一性较好;使用的是同一个激发光源和检测器,随时检测旋转到跟前的样品,有效减少系统误差;但这类仪器离心转子较小,可容纳样品量少,有的需用特殊毛细管作样品管,增加了使用成本,也不带梯度功能。③各孔独立控温的定量 PCR 仪:这类仪器每个温控模块控制一个样品槽,不同样品槽分别拥有独立的智能升降温模块,使得各孔独立控温,适合多指标快速检测;其软件系统允

笔记

许一台仪器同时操作六个样品模块,既满足高速批量要求,又能灵活运用,还可实现任意梯度反应;但是其加样不如传统方法方便,而且需要独特的扁平反应管,使用成本较高。

三、PCR 核酸扩增仪的性能指标

(一)温控指标

温度控制是 PCR 反应进行的关键,因此对于 PCR 基因扩增仪来说,温控性能的好坏就决定了其性能的好坏。温控指标的评价主要包括四个方面:

1. 温度的准确性 指样品孔温度与设定温度的一致性,是 PCR 仪最重要的评价因素,直接影响到实验的成败,通常要求设定温度和样品的实际温度相差不超过 0.1℃。

2. 温度的均一性 指样品孔间的温度差异,关系到不同样品孔之间反应结果的一致性,一般要求样品基座温度差小于 0.5℃。如果仪器的温度均一性不够好,那么尤其是最外周的样品孔,待扩增样品放置位置的"边缘效应"就会影响结果的可重复性。

3. 升降温的速度 升降温速度快,能缩短反应进行的时间,提高工作效率,也缩短了可能的非特异性结合反应的时间,提高 PCR 反应的特异性。目前,PCR 仪的控温方式已从以往的压缩机转变为升降温速度更快的半导体。

4. 不同模式下的相同温度特性 主要针对带梯度功能的 PCR 仪,不仅应做到梯度模式下不同梯度管各排间温度的均一性和准确性,还应考虑到仪器在梯度模式和标准模式下是否具有同样的温度特性。现有专利技术,已经能够以同样的温度变化速率到达所有设定的梯度温度。

5. 热盖温度 目前的 PCR 仪通常都配备热盖,可使样品管顶部温度达到 105℃ 左右(控制温度范围一般为 30~110℃),避免蒸发的反应液凝集于管盖而改变 PCR 的反应体积,也无须加入液状石蜡,减少了后续实验的麻烦。

(二)荧光检测系统

1. 激发光源 激发光源目前一般为卤钨灯光源或发光二极管(LED)冷光源。卤钨灯光源可配多色滤光镜,实现不同的激发波长;单色 LED 冷光源寿命长、能耗少、价格低,但需要不同的 LED 才能更好地实现不同的激发波长。

2. 检测器 检测器目前较为常用的是超低温 CCD 成像系统和光电倍增管(PMT)。超低温 CCD 成像系统具备同时多点多色检测的能力;光电倍增管灵敏度高,但一次只能扫描一个样品,需要通过逐个扫描实现多样品检测,当检测大量样品时耗时较长。

3. 仪器的检测通道数量 复合 PCR 检测已成为一种流行趋势,它能节省试剂和时间,因此要求仪器具备多通道检测能力。目前荧光检测系统以 4 通道检测的居多,部分具有 6 通道检测。

(三)其他指标

1. 软件功能 简便的人性化设计最能满足其需求。新型的 PCR 仪很注重程序编写的简易性,易学易用,还具有实时信息显示、记忆存储多个程序、自动倒计时、自动断电保护等功能,很多还可以免费升级。

2. 样品基座容量和样本数 常用 0.2ml×96 孔基座。但多数 PCR 仪均配备了可更换的多种样品基座,以匹配不同规格的样品管(0.2ml、0.5ml PCR 管;96 微孔板等)。

四、PCR 核酸扩增仪的使用、维护与常见故障

(一)仪器使用方法

普通 PCR 扩增仪的操作比较简便,接通电源,仪器自检,设置温度程序或调出储存的程序运行即可。定量 PCR 扩增仪的操作和普通 PCR 仪基本相同。其基本步骤如下:

1. 开机 打开电源开关,视窗上显示 SELF TEST(仪器自检),显示 10s 后,显示 RUN-ENTER 菜单(准备执行程序)。

2. 放入样本管,关紧盖子。

3. 如果要运行已经编好的程序,用箭头键选择已储存的程序,按 Proceed 键(执行),则开始执行程序。

4. 如果要输入新的程序,则在 RUN-ENTER 菜单上用箭头键选择 ENTER PROGRAM 选项(输入程序),按 Proceed 后进行所需程序的输入。

5. 输入完成的程序后,回到 RUN-ENTER 菜单,选择新程序,开始运行。

6. 在程序运行过程中,用 Pause 键可以暂停一个运行的程序,再按一次继续程序。用 Stop 键或 Cancel 键可停止运行的程序。

7. 在仪器使用完成后,我们通常先关闭软件,再关闭 PCR 仪,最后关闭电脑。

(二)仪器的维护保养与常见故障处理

PCR 基因扩增仪并不是一种计量仪器,但其主要作用原理与基本计量要素密切相关,要求较高,一旦失控,仪器将不能正常工作,所以 PCR 仪也需要定期检测和维护,这对于依赖自然风降温的 PCR 仪尤为重要。下面简单介绍一些常用的保养维护方法:

1. **样品池的清洗** 先打开盖子,然后用 95% 乙醇或 10% 清洗液浸泡样品池 5min,然后清洗被污染的孔;用微量移液器吸取液体,用棉签吸干剩余液体;打开 PCR 仪,设定保持温度为 50℃ 的 PCR 程序并使之运行,让残余液体挥发去除,一般 5~10min 即可。

2. **热盖的清洗** 对于实时荧光定量 PCR 仪较为重要,当有荧光污染出现,而且这一污染并非来自于样品池时,或当有污染或残留物影响到热盖的松紧时,需要用压缩空气或纯水清洗垫盖底面,确保样品池的孔干净,无污物阻挡光路。

3. **仪器外表面的清洗** 可以除去灰尘和油脂,但达不到消毒的效果,可选择没有腐蚀性的清洗剂对 PCR 仪的外表面进行定期清洗。

4. **更换保险丝** 需先将 PCR 仪关机,拔去插头,打开电源插口旁边的保险盒,换上备用的保险丝,观察是否恢复正常。

5. PCR 反应的要求温度与实际分布的反应温度是不一致的,当检测发现各孔平均温度差偏离设置温度大于 1~2℃ 时,可以运用温度修正法纠正 PCR 实际反应温度差。

6. PCR 反应过程的关键是升、降温过程的时间控制,要求越短越好,当 PCR 仪的降温过程超过 60s,就应该检查仪器的制冷系统,对风冷制冷的 PCR 仪要十分彻底地清理反应底座的灰尘;对其他制冷系统应检查相关的制冷部件。

7. 一般情况如能采用温度修正法纠正仪器的温度时,不要轻易打开或调整仪器的电子控制部件,必要时请专业人员修理或利用仪器电子线路详细图纸进行维修。

8. 对于仪器工作时出现噪声、荧光强度减弱或不稳定、不能正常采集荧光信号、个别孔扩增效率差异太大、温度传感器或热盖出现问题等,需专业工程师检修,建议不要自行处理。

五、PCR 核酸扩增仪的临床应用

PCR 技术以其快速、灵敏、特异、简便、重复性好、易自动化等优点,已广泛应用于医学相关领域。

1. **感染性疾病的分子诊断和研究** 应用 PCR 扩增仪,可以定性或定量检测致病微生物的核酸,动态、定量地检测病原体核酸能对疾病的疗效判断和预后提供客观的依据。PCR 技术尤其适用于检测一些培养周期长或缺乏稳定可靠检测手段的病原体。在血清学检测、病毒分离、PCR 技术三种检测病毒的方法中,PCR 技术的检出率最高。

2. **遗传性疾病的分子诊断和研究** PCR 技术诞生之初就应用于 β-珠蛋白基因突变和镰形红细胞贫血的产前诊断。目前临床用 PCR 诊断的遗传性疾病通常为单基因遗传病,如 β-地中海贫血、镰状细胞贫血、Huntington 舞蹈病、苯丙酮尿症、血友病等。

3. **恶性肿瘤的分子诊断和研究** 恶性肿瘤尤其是血液恶性肿瘤常伴有特异性基因的易位,这种易位往往可以作为监测临床治疗效果的一种肿瘤标志。因此易位基因的检测对于进一步调整治疗方案至关重要。实时荧光定量 PCR 扩增仪正成为检测手术后的微小残留、评价复发危险性的一种必备研究工具,通过对肿瘤融合基因的定量检测能指导临床对患者实行个体化治疗。PCR 用于癌基因和抑癌基因缺失与点突变的研究以及肿瘤相关病毒基因的研究,也十分方便。

4. **在移植配型中的应用** 经典的 HLA 分型是通过血清学或混合淋巴细胞培养方法进行分析。20 世纪 80 年代后期,分子生物学技术被引入 HLA 领域,人们在 PCR 基础上发展了各种 DNA 分型技术检测Ⅰ类和Ⅱ类抗原位点的等位基因,如对肾脏移植患者,应用 PCR-SSP 法对 HLA-Ⅰ类(A、B 位点)、Ⅱ类(DR、DQ 位点)基因进行基因分型。

5. 在法医学和卫生安全中的应用　在法医学上应用 PCR 扩增仪能以痕量标本如血迹、头发、精斑等扩增出特异的 DNA 片段,进行个体识别、亲子鉴定、亲权鉴定、性别鉴定等。在卫生安全方面,PCR 扩增仪可应用于食品微生物的检测,如肉毒梭菌的检测、乳酸菌等的检测、水中细菌指标测定;还可用于转基因食品的检测以及动、植物检疫等。

(李平法)

第三节　全自动 DNA 测序仪

测定 DNA 的核苷酸序列是分析基因结构和功能的前提,是实现人类基因组计划的核心内容,也是基因诊断的重要技术手段。1977 年,英国剑桥的 Sanger 和美国哈佛的 Maxam、Gilbert 领导的两个研究小组几乎同时发明了 DNA 序列测定方法,他们也因此获得了 1980 年的诺贝尔化学奖。20 世纪 80 年代以后,随着计算机技术、仪器制造技术和分子生物学研究的迅速发展,实现了 DNA 片段的分离和检测、数据的采集分析均由仪器自动完成,这种仪器就称为全自动 DNA 测序仪。由于其具有操作简单、安全、快速、准确等特点,因此迅速得到了广泛应用。

> **知识链接**
>
> **人类基因组计划**
>
> 人类基因组计划(human genome project,HGP)由美国科学家于 1985 年率先提出,并于 1990 年正式启动。其核心内容是构建 DNA 序列图,即分析人类基因组 DNA 分子的基本成分碱基的排列顺序,绘制成序列图,并且辨识其载有的基因及其序列,达到破译人类遗传信息的最终目的。美国、英国、法国、德国、日本和我国科学家共同参与了这一计划。基因组计划是人类为了探索自身的奥秘所迈出的重要一步。2001 年人类基因组工作草图发表,被认为是人类基因组计划成功的里程碑。

一、全自动 DNA 测序仪的工作原理

目前 DNA 测序仪的工作原理主要基于 Sanger 发明的双脱氧链末端终止法或 Maxam-Gilbert 发明的化学降解法。这两种方法在原理上虽然不同,但都是根据在某一固定的位点开始核苷酸链的延伸,随机在某一个特定的碱基处终止,产生以 A、T、C、G 为末端的四组不同长度的一系列核苷酸链,在变性聚丙烯酰胺凝胶上电泳进行片段的分离和检测,从而获得 DNA 序列。由于双脱氧链末端终止法更简便和更适合于光学自动探测,因此在单纯以测定 DNA 序列为目的的全自动 DNA 测序仪中应用广泛。而化学降解法在研究 DNA 的二级结构以及蛋白质-DNA 相互作用中,仍有重要的应用价值。这里主要介绍双脱氧链末端终止法的测序原理。

(一)双脱氧链末端终止法的测序原理

双脱氧链末端终止法的测序原理是利用 DNA 的体外合成过程—聚合酶链反应,即在 DNA 聚合酶的催化下,以目的 DNA 为模板,按照碱基互补配对原则,在引物的引导下单核苷酸可聚合形成新的 DNA 链。

在普通的体外合成 DNA 反应体系中,加入的核苷酸单体为 4 种 2′-脱氧核苷三磷酸(dNTP,N 代表 A、C、G、T 任意一种碱基,包括 dATP,dCTP,dGTP,dTTP),如果在此体系中加入 2′,3′-双脱氧核苷三磷酸(2′,3′-ddNTP,N 代表 A、C、G、T 任意一种碱基),DNA 的合成情况则有所不同。与 dNTP 相比,ddNTP 在脱氧核糖的 3′位置上缺少一个羟基,反应过程中虽然可以在 DNA 聚合酶作用下,通过其 5′磷酸基团与正在延伸的 DNA 链的末端脱氧核糖的 3′-OH 发生反应,形成磷酸二酯键而掺入到 DNA 链中,但它们本身没有 3′-OH,不能同后续的 dNTP 形成磷酸二酯键,从而使正在延伸的 DNA 链在此

终止。

据此原理分别设计四个反应体系,每一反应体系中存在相同的 DNA 模板、引物、4 种 dNTP 和 1 种 ddNTP(如 ddATP),新合成的 DNA 链在可能掺入正常 dNTP 的位置都有可能掺入 ddNTP 而导致新合成链在不同的位置终止。由于存在 ddNTP 与 dNTP 的竞争,生成的反应产物是一系列长度不同的多核苷酸片段。通过聚丙烯酰胺凝胶电泳(polyacrylamide gel electrophoresis,PAGE)对长度不等的新生链进行分离后,就可根据片段大小直接读出新生 DNA 链的序列。

双脱氧链末端终止法测序过程如下(图 7-8)。

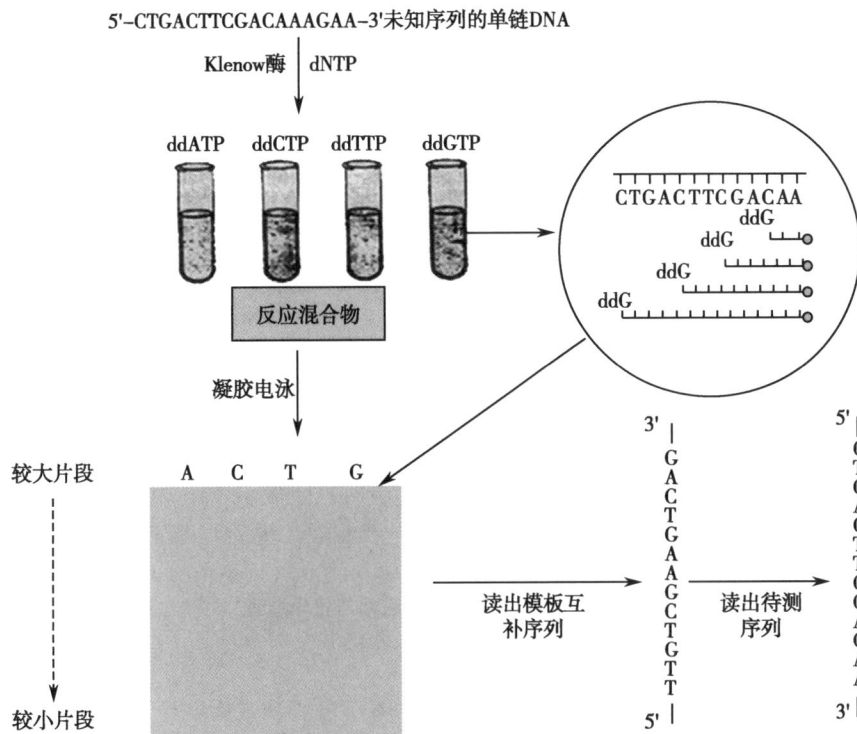

图 7-8 双脱氧链末端终止法测序过程

(二)新生链的荧光标记原理

电泳后对不同长度 DNA 新生链进行分析时,需要有可以检测的示踪信号。早期采用放射性核素法标记新生链,因其具有放射性危害、背景高等缺点而很快被荧光染料标记法所取代。荧光染料的荧光和散射背景较弱,提高了信噪比;它们的荧光激发光谱较接近而发射光谱均位于可见光范围,且不同染料的发射光谱相互分开,易于监测,故在 DNA 自动测序中得到广泛应用。荧光染料标记法又分为多色荧光标记法和单色荧光标记法。

1. **多色荧光标记法** 多色荧光标记法的荧光染料掺入方式有两种。第一种方式是将荧光染料预先标记在测序反应所用引物的 5′ 端,称为荧光标记引物法。当相同碱基排列的寡核苷酸链作为骨架分别被 4 种荧光染料标记后,便形成了一组(4 种)标记引物。这 4 种引物的序列相同,但 5′ 端标记的荧光染料颜色不同。在测序反应中,模板、底物、DNA 聚合酶及标记引物等按 A、T、C、G 编号被置于 4 支微量离心管中,A、T、C、G 四个测序反应分管进行,进样时合并在一个泳道内电泳。特定颜色荧光标记的引物则与特定的双脱氧核苷酸底物保持对应关系(图 7-9)。

第二种掺入方式是将荧光染料标记在作为终止底物的双脱氧单核苷酸上,称为荧光标记终止底物法。反应中将 4 种 ddNTP 分别用 4 种不同的荧光染料标记,带有荧光基团的 ddNTP 在掺入 DNA 片段导致链延伸终止的同时,也使该片段 3′ 端标上了一种特定的荧光染料。经电泳后将各个荧光谱带分开,根据荧光颜色的不同来判断所代表的不同碱基信息(图 7-10)。

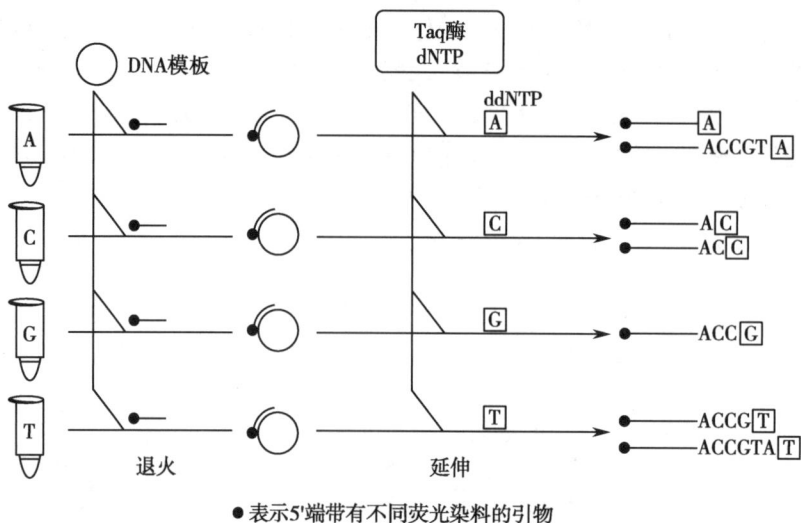

● 表示5'端带有不同荧光染料的引物

图 7-9 荧光标记引物法化学原理

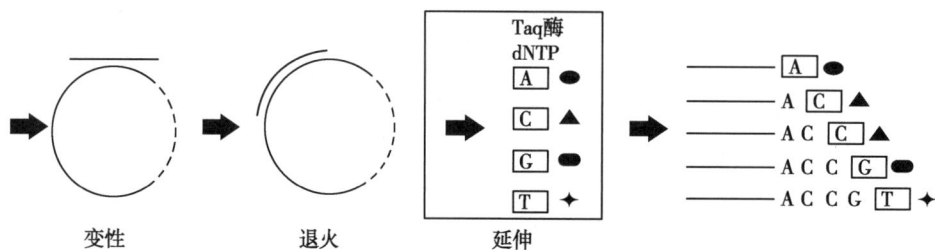

图 7-10 荧光标记终止底物法化学原理

●、▲、◼、✦分别表示不同颜色荧光染料的 ddNTP

以上两种掺入方式的区别在于,荧光标记引物法使荧光有色基团标记在长短不同的 DNA 片段的5′端,可以理解为荧光染料标记过程和延伸反应终止分别发生在同一 DNA 片段的两端,且标记发生在引物与模板的退火过程中,而终止是发生在片段延伸过程中,两者在时间上有一定间隔;荧光标记终止底物法使标记和终止过程合二为一,两者在同一时间完成;在具体操作中,前者要求 A、C、G、T 四个反应分别进行,而后者的四种反应可以在同一管中完成。

2. 单色荧光标记法 单色荧光标记法所用荧光染料仅一种,荧光染料的掺入方式也包括荧光标记引物法和荧光标记终止底物法两种。与多色荧光标记法不同的是单色荧光标记引物法和荧光标记终止底物法均需将 A、C、G、T 四个反应分别在不同扩增管中进行,电泳时各管产物也分别在不同泳道中电泳。

（三）荧光标记 DNA 的检测原理

测序反应一般以单引物进行 DNA 聚合酶延伸反应,这样绝大多数产物均为单链。反应结束后,样品经简单纯化处理就可以放置到自动测序仪中开始电泳(图 7-11)。

在采用多色荧光标记法的自动测序系统中,不同 ddNTP 终止的 DNA 片段由于标记了不同的荧光发色基团,故可以混合起来加在同一样品孔中,由计算机程序控制自动进样。两极间

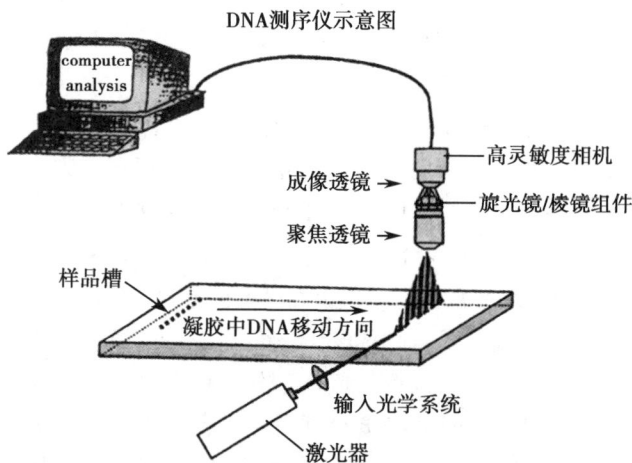

图 7-11 DNA 测序示意图

极高的电势差推动着各个荧光 DNA 片段在凝胶高分子聚合物中从负极向正极泳动并达到相互分离,且依次通过检测窗口。由激光器发出的极细光束,通过精密的光学系统被导向检测区,在这里激光束以与凝胶垂直的角度激发荧光 DNA 片段。DNA 片段上的荧光发色基团吸收了激光束提供的能量而发射出特征波长的荧光。这种代表不同碱基信息的不同颜色荧光经过光栅分光后再投射到 CCD 摄像机上同步成像。收集的荧光信号再传输给计算机加以处理。

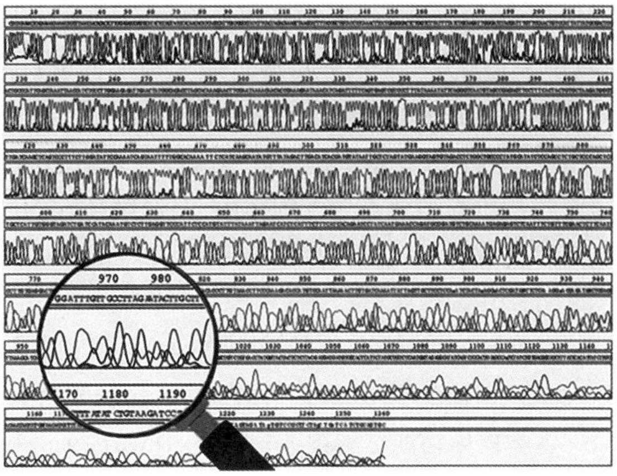

图 7-12　DNA 测序结果

　　整个电泳过程结束时在检测区某一点上采集的所有荧光信号就转化为一个以时间为横轴,荧光波长种类和强度为纵轴的信号数据的集合。经测序分析软件对这些原始数据进行分析,最后的测序结果以一种清晰直观的图形显示出来(图 7-12)。

二、全自动 DNA 测序仪的基本结构

　　目前使用的全自动 DNA 测序仪都是通过凝胶电泳技术进行 DNA 片段的分离,根据电泳方式的不同又分为平板型电泳和毛细管电泳两种类型。平板型电泳的凝胶灌制在两块玻璃板中间,聚合后厚度一般小于 0.4mm 或更薄,因此又称为超薄片层凝胶电泳。毛细管电泳技术将凝胶高分子聚合物灌制于毛细管中(内径 50~100μm),在高压及较低浓度胶的条件下实现 DNA 片段的快速分离。不同类型全自动 DNA 测序仪的外观有所差异,但基本结构相似。

　　以 2000 年之后使用的主流测序仪为例,介绍全自动测序仪的基本结构和性能指标。

　　全自动 DNA 测序仪主要由主机、微型计算机和各种应用软件等组成。

　　1. **主机**　主要包括电泳系统、激光器和荧光检测系统等。大致可分为以下几个结构功能区:①自动进样器区:装载有样品盘、电极(负极)、电极缓冲液瓶、洗涤液(蒸馏水)瓶和废液管;②凝胶块区:凝胶块区包括注射器驱动杆、样品盘按钮、注射器固定平台、电极(正极)、缓冲液阀、玻璃注射器、毛细管固定螺母和废液阀等部件;③检测区:检测区内有激光检测器窗口及窗盖、加热板、毛细管、热敏胶带。

　　2. **微型计算机**。

　　3. **各种应用软件**　包括数据收集软件、DNA 序列分析软件及 DNA 片段大小和定量分析软件。

三、全自动 DNA 测序仪各组成部分的功能

　　以 2000 年之后使用的主流测序仪为例,其各部分性能指标分别为:

　　1. **主机功能**　主机具有自动灌胶、进样、电泳、荧光检测等功能。

　　(1)自动进样器区功能:①自动进样器受程序控制进行三维移动,因负极电极和毛细管均固定不动,故许多操作如毛细管进入样品盘标本孔中进样、电极和毛细管在电极缓冲液瓶、洗涤液和废液管中移动等均依靠自动进样器的移动完成;②电极为电泳的负性电极,测序过程中,正、负极之间的电势差可达 15 000V,如此高的电势差可促进 DNA 分子在毛细管中很快泳动,达到快速分离不同长度 DNA 片段的目的;③样品盘有 48 孔和 96 孔两种,可一次性连续测试 48 或 96 个样本;④电极固定螺母起固定电极及毛细管的作用。

　　(2)凝胶块区功能:①注射器驱动杆,给注射器提供正压力,将注射器内的凝胶注入毛细管中,在分析每一个样品前,泵自动冲掉上一次分析用过的胶,灌入新胶;②样品盘按钮,控制自动进样器进出;③注射器固定平台,起固定注射器的作用;④电极,为电泳的正性电极,始终浸泡在正极缓冲液中;⑤正极缓冲液阀,当注射器驱动杆下移,将注射器内的凝胶压入毛细管时,缓冲液阀关闭,防止凝胶进入缓冲液;电泳时,此阀打开,提供电流通道;⑥玻璃注射器,储存凝胶高分子聚合物以及在填充毛细

管时提供必要的压力;⑦毛细管固定螺母,固定毛细管;⑧废液阀,在清洗泵块时控制废液流。

（3）检测区功能:①激光检测器窗口及窗盖:激光检测器窗口正对毛细管检测窗口,从仪器内部的氩离子激光器发出的激光可通过激光检测器窗口照到毛细管检测窗口上。电泳过程中,当荧光标记DNA链上的荧光基团通过毛细管窗口时,受到激光的激发而产生特征性的荧光光谱,荧光经分光光栅分光后投射到CCD摄像机上同步成像。窗盖起固定毛细管的作用,同时可防止激光外泄。②加热板:电泳过程中起加热毛细管的作用,一般维持在50℃。③毛细管:为填充有凝胶高分子聚合物的玻璃管,直径为50μm,电泳时样品在毛细管内从负极向正极泳动。④热敏胶带:将毛细管固定在加热板上。

2. 微型计算机功能 控制主机的运行,并对来自主机的数据进行收集和分析。设置测序条件(样品的进样量、电泳的温度、时间、电压等),同步监测电泳情况并进行数据分析。

3. 各类软件功能 承担数据收集、DNA序列分析及DNA片段大小和定量分析等功能。其结果可由彩色打印机输出。

四、全自动DNA测序仪的维护与常见故障处理

（一）毛细管电泳型DNA测序仪的维护与常见故障处理

1. 电泳时仪器显示无电流 最常见的原因是由于电泳缓冲液蒸发使液面降低,而未能接触到毛细管的两端(或一端)。其他可能原因包括电极弯曲而无法浸入缓冲液中、毛细管未浸入缓冲液中、毛细管内有气泡等。因此,遇到此类问题时,应首先检查电极缓冲液,然后再检查电极和毛细管。

2. 电极弯曲 主要原因是安装、调整或清洗电极后未进行电极定标操作就直接执行电泳命令,电极不能准确插入各管中而被样品盘打弯。其他情况比如运行前未将样品盘归位、或虽然执行了归位操作,但X/Y轴归位尚未结束就运行Z轴归位等情况,也容易将电极打弯。

3. 电泳时产生电弧 主要原因是电极、加热板或自动进样器上有灰尘沉积,此时应立即停机,并清洗电极、加热板或自动进样器。

4. 其他 测序结束后应将毛细管负极端浸在蒸馏水中,避免凝胶干燥而阻塞毛细管。定期清洗泵块,定期更换电极缓冲液、洗涤液和废液管。

（二）平板电泳型DNA测序仪的维护与常见故障处理

1. 电泳时仪器显示无电流 可能原因包括:①电泳缓冲液配制不正确;②电极导线未接好或损坏;③正极或负极铂金丝断裂;④正极或负极的胶面未浸入缓冲液中。

2. 传热板黏住胶板 主要原因为上方的缓冲液室漏液。此时应将上方的缓冲液倒掉,并卸下缓冲液室,松开胶板固定夹,将传热板顺着胶板向上滑动,直至与胶板分开。清洗传热板,同时检查缓冲液室漏液的原因,并采取相应措施,防止漏液。

3. 其他 ①倒胶前应按照操作要求认真清洗玻璃板,用未清洗干净的胶板倒胶时易产生气泡、或者产生较高的荧光背景;②配制凝胶时应注意胶的浓度、TEMED含量、尿素浓度等,并注意防止其他物质(尤其是荧光物质)的污染;③倒胶时需注意不能有气泡,用固定夹固定胶板时,四周的力度应均匀一致;④将待测样品加入各孔前,应使用缓冲液冲洗各孔,把尿素冲去,以免影响电泳效果。

五、全自动DNA测序仪的应用

全自动DNA测序仪主要应用在人类基因组测序;人类遗传病、传染病和癌症的基因诊断;法医的亲子鉴定和个体识别;生物工程药物的筛选;动植物杂交育种等方面。随着新一代的测序技术逐渐进入市场,DNA测序技术呈现出加速发展的趋势,其不断融合现代光学、纳米技术、计算机学科等多学科的方法,达到利用显微技术、纳米孔或石墨烯来直接读取DNA序列,从而让全自动DNA测序仪的测序应用范围更广,测序缺口更小,测序速度更快,测序精度更高,并且测序的成本将降低至被大多数人所接受,从而推动生命科学进入一个空前繁荣的新时代。

第四节　蛋白质自动测序仪

蛋白质一级结构(primary structure)是由各种氨基酸按一定顺序以肽键相连而形成的肽链结构。肽链结构从左至右通常表示为氨基酸氨基端(N 末端)到羧基端(C 末端)。几乎所有的蛋白质合成都起始于 N 末端,对蛋白质 N 末端序列进行有效分析,有助于分析蛋白质的高级结构,揭示蛋白质的生物学功能。C 末端序列是蛋白质和多肽的重要结构与功能部位,其决定了蛋白质的生物学功能。因此,研究蛋白质的一级结构有助于揭示生物现象的本质,了解蛋白质高级结构与生物学功能之间的关系,探索生物分子进化与遗传变异等。目前蛋白质测序技术主要从 N 末端开始测序和从 C 末端开始测序两个方向突破:N 端测序一般采用 Edman 降解法和质谱法,C 末端测序有羧肽酶法、化学法及串联质谱法。蛋白质测序技术的发展归功于自动化测序仪的研制成功。蛋白质测序仪是检测蛋白质一级结构的自动化仪器,是获得蛋白质一级结构物信息的重要手段,在蛋白质的分子结构与功能研究中占有非常重要的地位。随着科学技术的不断发展,蛋白质测定周期不断缩短,样品用量不断减少,蛋白质测序仪不断推陈出新。

蛋白质自动
测序仪(组图)

一、蛋白质自动测序仪的工作原理

蛋白质测序仪主要检测的是蛋白质一级结构(氨基酸序列),其基本原理沿 Edman 化学降解法,这也是经典的蛋白质测序方法。利用 Edman 化学降解法测定蛋白质或多肽 N-末端序列,在测定过程中,氨基酸残基依次与异硫氰酸苯酯(PITC)作用,从蛋白质 N-末端依次切割下来,形成稳定的 PTH 氨基酸后进行分析和鉴定。Edman 降解进行蛋白质与多肽序列分析是一个循环式的化学反应过程,包括偶联、环化裂解、转化三个主要步骤(图 7-13)。

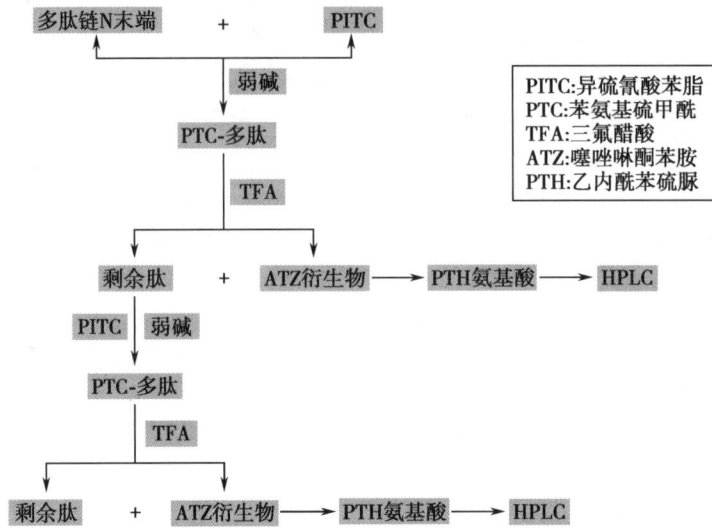

图 7-13 Edman 化学降解法原理

1. **偶联** 在弱碱条件下,蛋白质或多肽链 N 末端残基与 PITC 偶联反应生成 PTC-多肽。这一反应在 45~48℃进行约 15min,并用过量的试剂使有机反应完全。

2. **环化裂解** 在无水三氟醋酸(TFA)的作用下,可使靠近 PTC 基的氨基酸环化,肽链断裂形成噻唑啉酮苯胺(ATZ)衍生物和一个失去末端氨基酸的剩余多肽。剩余多肽链可以进行下一次及后续的降解循环。

3. **转化** ATZ 衍生物经 25% TFA 处理转化为稳定的乙内酰苯硫脲氨基酸(PTH-氨基酸)。

每个循环反应从蛋白质或多肽裂解一个氨基酸残基,同时暴露出新的游离的氨基酸开始进行下一个 Edman 化学降解反应,最后通过转移的 PTH-氨基酸鉴定实现蛋白质序列的测定。

上述降解循环反应在蛋白质测序仪的不同部位进行。偶联和环化裂解过程发生在测序仪的反应器中,转化过程则在转化器中进行。转化后的 PTH 氨基酸经自动进样器注入高效液相色谱进行在线检测,根据 PTH 氨基酸的洗涤滞留时间确定每一种氨基酸类型。值得一提的是环化和转化过程虽然均有 TFA 参与,但是这两步反应必须分开进行,因为环化反应是在无水 TFA 条件下进行,而转化反应是在 25% TFA 条件下进行。

Edman 化学降解法无法处理 N 末端被封闭的蛋白或多肽(甲基化、乙酰化等),因此这类蛋白质或多肽无法正常测序。

除了经典的 Edman 化学降解法测定蛋白质的 N 末端之外,还有 C 末端测序法。C 末端序列是蛋白质和多肽的重要结构与功能部位,对蛋白质的生物功能甚至起决定性作用。随着蛋白质组学研究的不断深入,蛋白质 C 末端测序对其功能研究发挥越来越重要的作用。蛋白质 C 末端测序有 3 种方法:羧肽酶法、化学法及串联质谱法。目前比较盛行的 C 末端测序法是串联质谱法:用胰酶等将蛋白质酶切后,直接用串联质谱法测定酶切后肽段的混合物,然后通过一级质谱选择 C 末端肽段离子进行二级质谱碎裂,得到 C 末端序列。串联质谱法测定蛋白质 C 末端序列的关键是对 C 端肽段的判断。

二、蛋白质自动测序仪的基本结构

近些年发展起来的飞行时间质谱技术如基质辅助激光解吸附电离串联飞行时间质谱、纳升液相电喷雾四级杆飞行时间质谱等在蛋白质测序技术中已成为核心组成部分,可对微量蛋白质样本进行更快速的分析,实现了高通量、自动化与精确性,已成为日益重要的蛋白质测序工具。但是一些微小的异源化物质会干扰质谱分析,而不会干扰 Edman 化学降解法分析。蛋白质自动测序仪自诞生以来,虽然其技术改进不多,分析时间过长、测序长度过短(典型的范围为 20~50 个氨基酸序列),但它的优势已被验证,其精确性高、系统初始投资较小,是唯一可以辅助证实蛋白质结构的方法,是难度比较高的蛋白质测序的重要补充,所以仍是蛋白质序列测定的金标准。

蛋白质自动测序仪结构非常复杂,基本组成构件包括反应器、转换器、进样器、氨基酸分析系统和信息软件处理系统:

1. 反应器　反应器中进行 Edman 化学降解反应中偶联反应和环化裂解反应。在偶联反应之前有一个样品固定过程,即将蛋白质样品固定在纤维板上或将转印有蛋白质斑点的聚偏二氟乙烯(PVDF)膜放置在反应器中。反应条件要求一定的温度、时间、液体流量等,由计算机系统自动调节控制这些因素。在反应器中蛋白质或多肽经过偶联和环化裂解反应形成 ATZ 衍生物。

2. 转换器　ATZ 衍生物在转换器中经有机溶剂(如氯丁烷)抽提出来,再经 25% TFA 溶液作用转换成稳定的 PTH 氨基酸。

3. 进样器　PTH 氨基酸由有机溶剂(如乙腈)溶解后经进样器注入 HPLC。

4. 氨基酸分析系统　通常由高效液相色谱毛细管色谱柱组成,色谱柱分离是整个测序过程中最为关键的一步。影响色谱柱分离结果的因素有液体分配速度、温度、电压、电流等。因此,仪器配有稳压、稳流、自动分配流速装置。各种氨基酸通过这一系统会产生自己的特征吸收峰。

5. 信息软件处理系统　由计算机主机完成:记录和显示数据,根据氨基酸的层析峰来判断为何种氨基酸。它提供测序需要运行的参数:时间、温度、电压及其他循环状况,并可实现跳跃和暂停步骤。

以上为蛋白质自动测序仪的主要部件,在此之外还有蛋白质或多肽的纯化处理配件及整个测序过程必备的试剂和溶液。

三、蛋白质自动测序仪的性能指标

1. 灵敏度　背景噪音低,反应时间短,流量控制精确度高,再现性好,可达 10^{-12} 摩尔的分析灵敏度。

2. 稳定性　等强度洗脱模式下,通过 PTH-氨基酸分析的稳定基线,微量样品分析时,可极易识别序列。

3. 恒溶剂组成　通过恒溶剂成分洗脱方式进行 PTH-氨基酸分析和鉴定,保留时间更稳定,便于控制,流动相可重复使用,减少废液。装置维护简便易行、可进行多样品连续分析,从而降低运行成本和分析时间。

4. 操作环境　Windows 操作环境,操作简单、方便、灵活,可任意修改反应循环中的反应温度等参数,数据易于处理。

四、蛋白质自动测序仪的使用、维护与常见故障处理

(一)蛋白质自动测序仪的使用

蛋白质自动测序仪因不同生产厂家而出现仪器设计各不相同,操作模式也不同。因此在使用前必须认真阅读仪器的操作手册、维护说明等。但是不同类型不同系列的仪器仍有些共性的操作,具体操作时可以相互借鉴,触类旁通。蛋白质自动测序仪的常规操作流程(图 7-14)。

(二)蛋白质自动测序仪的维护

1. 流动相的选择　采用与检测器相匹配且黏度小的"HPLC"级溶剂,经过蒸馏和 0.45μm 的过滤去除纤维毛和未溶解的机械颗粒等,经过 0.2μm 的过滤可除去有紫外吸收的杂质,对试样有适宜的溶解度,避免使用会引起柱效损失或保留特性变化的溶剂。

2. 水的等级　需用纯化水,因为不纯物的存在会增加去离子的吸光率,而纯化水中却去除了无机及有机污染物。装水的溶剂瓶要经常更换,连续几天不使用仪器时,要将管路用甲醇清洗。

3. 脱气　除去流动相中溶解或因混合而产生的气泡称为脱气。因为气泡会对测定结果产生一定的影响:泵中气泡使液流波动,改变保留时间和峰面积;柱中气泡使流动相绕流而使峰变形;检测器中出现气泡则使基线产生波动。因此,脱气可防止由气泡产生而引起的故障;可防止由溶解气体量的变动引起的检测不稳定度。

开机	打开气阀,开泵,打开检测器和测序仪主机开关,等待检测器自检完毕后开启计算机
测序前准备	打开计算机操作软件,点击主菜单控制界面,按照操作指南准备测序前工作
固定样品	将蛋白质样品固定在玻璃纤维板上或将转印有蛋白质斑点的PVDF膜放置在反应器中
编程	样品名称、循环方法、循环数目、标准氨基酸、样品进样量等
测序并分析	调整HPLC系统到最佳状态,预做系列标准氨基酸循环,检查所有的PTH-氨基酸是否得到基线分离,再启动测序程序开始序列分析
关机	退出电脑的运行程序,关闭电脑,然后依次关闭测序仪主机电源,检测器和泵开关,最后关闭高纯氩气总阀
打印	分析数据,打印测序图谱

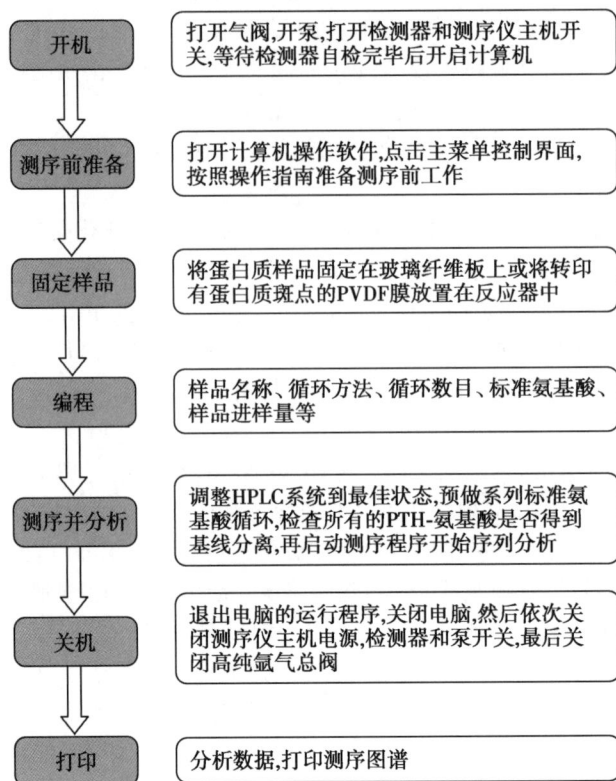

图 7-14　蛋白质自动测序仪工作流程图

4. **分析柱**　在使用新柱或长时间未用的分析柱之前,最好用强溶剂在低流量下(0.2~0.3ml/min)冲洗 30min;定期使用强溶剂冲洗柱子;使用缓冲盐后,先用水冲洗 4h 左右,再换有机溶剂(如甲醇)冲洗色谱柱和管路;净化样品;分离条件合适;不使用时盖上盖子,避免固定相干枯;使用预柱;避免流动相组成及极性的剧烈变化;避免压力脉冲的剧烈变化。

5. **灯管**　氙灯不能够频繁开启,否则容易损坏。

（三）蛋白质自动测序仪的常见故障处理

蛋白质自动测序仪的常见故障及其处理办法见表 7-2。

表 7-2　蛋白质自动测序仪的常见故障及其处理办法

故障现象	故障原因	处理办法
管路中不断有气泡生成	吸滤头堵塞	用5%~20%的稀硝酸超声波清洗,再用蒸馏水清洗
泵无法洗液或排液,流路不通	宝石球黏附于垫片	①用针筒抽出口单向阀以产生负压,使宝石球与垫片分开②拆下单向阀,放入异丙醇或水中,用超声波清洗
系统压力波动大	宝石球或塑料片受污导致密封不好	拆下单向阀,放入异丙醇或水中,用超声波清洗
系统压力波动大或漏液	密封圈磨损而导致密封不良	更换密封圈
系统压力波动大或压力偏高	线路过滤器堵塞	5%稀硝酸超声波清洗
漏液	手动进样阀转子密封损坏	更换转子密封
载样困难	定量环堵塞或进样器污染	清洗或更换定量环、进样器

续表

故障现象	故障原因	处理办法
系统高压、峰型变差、保留时间变化	液相柱污染	正相柱用正庚烷、氯仿、乙酸乙酯、丙酮、乙醇清洗;反相柱用甲醇、乙腈、氯仿、异丙醇、0.05M 稀硫酸清洗
样品池和参比池能量相差较大	检测器样品池污染	用针筒注入异丙醇清洗样品池,如污染严重,拆开样品池,将透镜等放入异丙醇中超声波清洗

五、蛋白质自动测序仪的主要应用

蛋白质测序仪获得的蛋白质序列信息主要应用在以下三个方面。

1. **分子克隆探针的设计** 分子克隆探针设计是蛋白质序列信息的基本用途之一。用蛋白质序列信息设计 PCR 的引物和寡核苷酸探针,还可以利用这些探针进行 cDNA 文库或者基因组文库的筛选。

2. **蛋白质的鉴定** 在凝胶电泳中出现的未知条带可以利用蛋白质测序仪来测定其序列,为探索蛋白质的功能提供线索,因为一些表面上不相关的蛋白质在特定区域有时具有明显的同源性。

3. **抗原的人工多肽合成** 在当前的细胞生物学、遗传学、分子生物学、免疫学及其他生命科学的研究过程中,合成多肽已经成为一个必不可少的工具。由合成多肽来免疫产生的抗体常常用来证实和纯化新发现的蛋白质。此外,合成的多肽类似物能够揭示蛋白质重要结构特征和提示蛋白质的功能特性。

(陈跃龙)

第五节 生 物 芯 片

生物芯片技术是 20 世纪 90 年代初期随着人类基因组研究的深入应运而生的一种分子生物学技术,是 DNA 杂交探针技术与半导体工业技术相结合的产物,因具有与芯片相似的微型化和大规模分析、高通量处理生物信息的特点而具有广泛的应用前景。生物芯片主要是指通过微加工技术和微电子技术在固体基片表面构建微型生物化学分析系统,芯片上集成的成千上万的密集排列的分子微阵列,能够在短时间内分析大量的生物分子,使人们快速准确地获取样品中的生物信息,效率是传统检测手段的成百上千倍。生物芯片技术发展至今,其在核酸测序、基因诊断等方面得到广泛应用。

一、生物芯片的工作原理及分类

生物芯片(biochip)技术是根据生物分子间特异性相互作用(DNA-DNA、DNA-RNA、抗原-抗体、受体-配体)的原理,将生化分析过程集成于芯片表面,设计其中一方为探针,并固定于微小的载体表面,通过分子间的特异性反应,从而实现对 DNA、RNA、多肽、蛋白质以及其他生物成分进行高通量快速检测的一种分子生物学技术。

"生物芯片"最早于 20 世纪 80 年代初提出,而生物芯片技术的发展最初得益于埃德温·迈勒·萨瑟恩(Edwin Mellor Southern)提出的核酸杂交理论,即标记的核酸分子能够与被固化的与之互补配对的核酸分子杂交。因此,Southern 杂交可以被看做是生物芯片的雏形。20 世纪 90 年代,人类基因组计划和分子生物学相关学科的发展为基因芯片技术的出现和发展提供了有利条件。1992 年,世界上第一张基因芯片被研制成功。

根据不同的分类标准,生物芯片可以被分为不同的类型。根据基片上交联固定的识别分子种类不同,可将生物芯片分为基因芯片、蛋白质芯片、肽芯片、细胞芯片、组织芯片及寡核苷酸芯片等;根据其表面化学修饰物的不同,可将生物芯片分为多聚赖氨酸修饰芯片、氨基修饰芯片、醛基修饰芯片;根据其固相支持物的不同,可将生物芯片分为无机芯片和有机芯片;根据其生物化学反应过程不同,可将生物芯片分为样品制备芯片、生化反应芯片和检测芯片;根据其结构特征分析过程不同,可将生物芯片分为微阵列芯片和微流控芯片;根据其功能不同,可将生物芯片分为测序芯片、基因作图芯片、基因表达谱芯片、突变检测芯片、多态性分析芯片等;根据其用途不同,可将生物芯片分为分析芯片、检测芯片和诊断芯片。

而目前常见的生物芯片分为基因芯片、蛋白芯片和芯片实验室三大类。

基因芯片在生物芯片技术领域中发展最为成熟、先进及商品化。基因芯片基于核酸互补杂交原理,通过将基因探针固定在固相基质上并与待分析的核酸样品进行互补杂交,从而确定样品中的核酸序列及性质,分析基因表达的量及其特性。

蛋白质芯片是一种高通量的蛋白功能分析技术,其原理与基因芯片相似,不同之处在于蛋白质芯片上固定的分子是蛋白质(抗原、抗体),利用的不是碱基配对原则而是抗原与抗体结合的特异性及免疫反应来检测。

芯片实验室是生物芯片技术发展的终极目标,它将样品制备、生化反应、功能检测到结果分析的整个过程集约化形成便携式微型分析系统。现在已有由加热器、微泵、微阀、微流量控制器、微电极、电子化学、电子发光探测器等组成的芯片实验室问世。

二、生物芯片的基本组成

生物芯片实质上是一种微型化的生化分析仪器,从操作流程来看生物芯片分析系统主要包括芯片制备、样品制备、芯片点样、杂交反应、信号检测、数据分析等系统。

(一)芯片制备系统

芯片技术中主要存在的问题是内在的系统差异,包括芯片化学处理的特性、靶基因标记、探针点印和扫描设备的性能稳定性。所以芯片制备系统在生物芯片分析系统中起着决定的作用。目前制备芯片采用表面化学方法或组合化学的方法来处理固相基质(玻璃片或硅片),然后使用 DNA 片段或蛋白质分子按特定顺序排列在芯片片基上。以 DNA 芯片制作方法为例,目前主要有原位合成法(即在支持物表面原位合成寡核苷酸探针)和离片合成法(合成点样法)两大类,前者又包括光引导原位合成法、压电打印原位合成法以及分子印章法,适用于寡核苷酸;后者又包括点接触法和喷墨法,适用于大片段 DNA、mRNA、寡核苷酸。

(二)样品制备系统

生物样品的制备和处理是基因芯片技术的第二个重要环节。样品的纯度、杂交特异性直接决定芯片的质量和可信度。而生物样品往往是各种生物分子的混合体,成分非常复杂。因此,将样品进行特定的生物处理,获取其中的蛋白质或 DNA、RNA 等信息分子并加以标记(为了获得杂交信号),以提高检测的灵敏度。标记的方法有荧光标记法、生物素标记法、放射性核素标记法等,目前采用的主要是荧光标记法。荧光标记法分为使用荧光标记的引物和使用荧光标记的三磷酸脱氧核糖核苷酸两种。常使用的荧光物质有:荧光素、罗丹明等。

(三)芯片点样系统

点样法是将预先通过液相化学大量合成好的探针,或 PCR 技术扩增的 cDNA 或基因组 DNA 经纯化、定量分析后,通过由阵列复制器或阵列点样机及电脑控制的机器人,准确、快速地将不同探针样品定量点样于带正电荷的尼龙膜或硅片等相应位置上(支持物应事先进行特定处理,例如包被以带正电荷的多聚赖氨酸或氨基硅烷),再由紫外线交联固定后即得到 DNA 微阵列或芯片。

芯片点样系统可以依据实际情况进行自制或购买商品化产品。自制芯片点样仪可以根据各种不同的预算进行,其设备是标准组件,但是最大的问题在于机械手的设置。芯片点样仪工作时环境必须保持洁净,以此保证样品在点样的时候尽可能干净,避免点样时受到尘土等污染。另外,湿度也非常重要,许多芯片点样仪内部置入一个嵌入式的湿度控制器维持相对湿度在45%~55%,从而维持点样的最佳状态。点样仪的主要性能指标是点样速度、一次运行能够点样的点样数、环境控制能力和样点质量检测。为了保证样得到有效的质量检测,一般在点样仪内置样点质量控制装置,可以定量地测定每个样点的大小和体积,从根本上减少漏点现象,并且可以重新补充漏掉的样品点。

(四)杂交反应系统

芯片上的生物分子之间进行杂交反应是芯片检测的关键。杂交反应要根据探针的类型、长度以及研究目的来选择优化杂交条件,减少生物分子之间的错配比率,从而获得最能反映生物本质的信号。杂交反应是一个复杂的过程,受很多因素的影响,如探针密度和浓度、探针与芯片之间连接臂的长度及种类、杂交序列长度、GC 含量、核酸二级结构等。

（五）信号检测系统

芯片信号检测系统必须具有高度敏感性,并能有效分辨噪声信号。芯片信号检测的方法取决于信号扫描的方式,一般均限于光信号扫描和电信号扫描两种模式。目前最常用的芯片信号检测方法是将芯片置入芯片扫描仪中,通过采集各种反应点的荧光强度和荧光位置,经相关软件分析图像,即可获得有关生物信息。芯片扫描仪是芯片信号检测的扫读装置,是对生物芯片进行信号收集的关键。扫描仪的基本功能有激发光源、采集释放光、空间定位、分辨激发光和释放光、检测荧光扫描仪的探测器、载样、信号转换及采样等。

经典的基因芯片扫描仪采用的是荧光检测原理,荧光检测主要有激光共聚焦荧光显微扫描和CCD 荧光显微照相检测两种。前者检测灵敏度、分辨率均较高,但扫描时间较长;后者扫描时间短,但灵敏度和分辨率不如前者。虽然荧光检测在芯片技术中得到了广泛的应用,但是荧光标记的靶 DNA只要结合到芯片上就会产生荧光信号,而目前的检测系统还不能区分来自某一位点的荧光信号是由正常配对产生的,还是单个或 2 个碱基的错配产生的,或者兼而有之,甚或是由非特异性吸附产生的,因而目前的荧光检测系统还有待于进一步完善与发展。比较成熟的是采用激光系统扫描仪进行的荧光检测,噪声水平、信噪比、分辨率是衡量扫描仪工作质量的几个重要指标。由于荧光标记法的灵敏度相对较低,因此质谱法、化学发光和光导纤维、二极管方阵检测、乳胶凝集反应、直接电荷变化检测等正作为新的芯片标记和检测方法处于研究和试验阶段,其中最有前途的当推质谱法。

（六）数据分析系统

生物芯片数据分析包括芯片图像识别、数据提取、数据入库、标准化处理及生物学分析等环节。一个完整的生物芯片配套软件应包括生物芯片扫描仪的硬件控制软件、生物芯片的图像处理软件、数据提取或统计分析软件等。对所读取的数据的处理方面,目前已经有许多数学统计的方法用于芯片数据处理与信息提取,应用最广泛的是聚类分析,此外,还有主成分分析、时间序列分析等,但是还没有一种"标准"的统计方法。

三、生物芯片的使用与维护

（一）生物芯片的使用

生物芯片的生产厂家有很多,各系统的规格型号各不相同。现以市场上常用的生物芯片分析系统介绍其工作流程(图 7-15)。

（二）生物芯片的维护

生物芯片各个分析系统必须要加强日常维护才能使仪器长久保持良好的工作状态,检测结果才能准确可靠。①正确操作:操作人员应熟悉各系统的性能特点,严格按照操作规程正确操作,应避免仪器在正常工作时出现断气、断电、断水等情况,确保系统的正常运行。②工作环境:清洁卫生,防尘、防晒、防潮湿。温度一般为 5~35℃,温度控制精度为±0.1℃,相对湿度应低于80%,海拔高度应低于 2000m。③工作电压:波动范围一般不得超过±10%。④运输过程中:避免剧烈震动,环境条件不可有剧烈变化。⑤不可将生物芯片滞留于检测器上过长时间。⑥定期检查和维护各个系统并认真做好仪器的工作

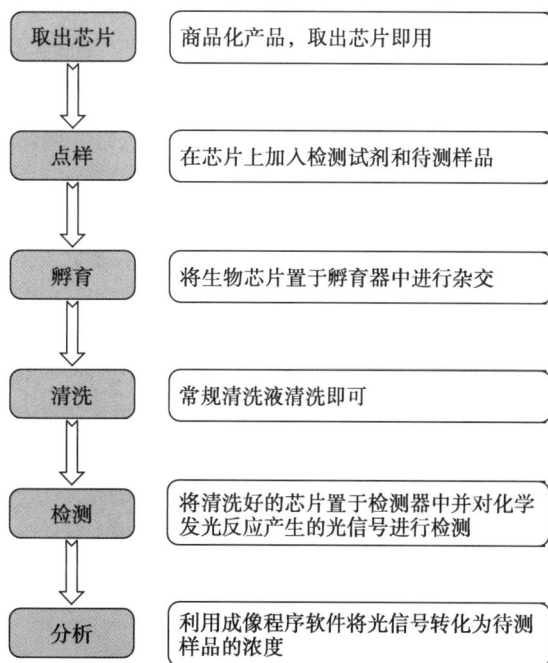

图 7-15　生物芯片分析系统的工作流程

记录。

四、生物芯片的临床应用

生物芯片可实现对细胞、蛋白质、DNA，以及其他生物组分的准确、快速、大信息量的检测。由于生物芯片具有高通量、集成化、并行化和微型化的特征，其在核酸测序、基因诊断、基因表达差异分析、基因突变检测、基因多态性分析、外源微生物感染鉴定、临床药物筛选以及个体化医疗等方面得到广泛应用。

（王大山）

本章小结

流式细胞仪是在单细胞分析和分选基础上发展起来的一种新的细胞参数计量仪器，目前已经广泛应用于临床医疗实践和科学研究中。其结构可分为流动室及液流驱动系统，激光光源及光束成形系统，光学系统，信号检测与存储、显示、分析系统，细胞分选系统等五个部分。其主要性能指标包括：荧光测量灵敏度、仪器的分辨率、前向角散射光检测灵敏度、分析速度和分选指标。

PCR 扩增仪是分子生物学实验室常用的基因扩增、检测和分析仪器，可以分成普通 PCR 扩增仪和实时荧光定量 PCR 扩增仪。PCR 核酸扩增仪工作关键是温度控制，包括温度的准确性、均一性以及升降温速度。

DNA 测序仪基于 Sanger 双脱氧链末端终止法或 Maxam-Gilbert 化学降解法，其主机包括电泳系统、激光器和荧光检测系统，可以用于人类基因组测序、遗传病、传染病和癌症的基因诊断等方面。

蛋白质 N 端测序一般采用 Edman 降解法和质谱法，C 末端测序有羧肽酶法、化学法及串联质谱法。测序获得的信息主要应用于分子克隆探针的设计、蛋白质的鉴定和抗原的人工多肽合成。

生物芯片技术主要特点是高通量、微型化和自动化，其分析系统包括芯片制备、样品制备、芯片点样、杂交反应、信号检测、数据分析等。

（李平法）

扫一扫，测一测

思考题

1. 流式细胞仪和血细胞分析仪以及荧光显微镜在应用方面有何异同？
2. 如何提高流式细胞仪检测信号的准确性和特异性？
3. 荧光定量 PCR 仪与普通 PCR 仪相比有哪些优势？
4. 荧光标记引物法和荧光标记终止底物法有哪些不同之处？
5. 蛋白质自动测序仪的工作原理是什么？
6. 生物芯片的应用领域有哪些？

笔记

第八章 临床即时检验仪器

学习目标

1. 掌握:即时检验的概念、特点及其主要技术的基本原理和应用。
2. 熟悉:即时检验仪器的分类、临床常用即时检验仪器使用及维护。
3. 了解:即时检验存在的问题及对策与发展前景。
4. 能够指认快速检测血糖仪、快速血气分析仪的基本结构。
5. 能学会快速检测血糖仪、快速血气分析仪的使用流程及保养维护。

即时检验(point-of-care testing,POCT)也称床边检验,是检验医学发展的新领域,它顺应了目前高效、快节奏的工作方式,可使患者尽早得到诊断和治疗,在临床应用中得到了迅速的发展,同时也促使检验医学仪器的发展,出现了大型自动化和小型 POCT 两极发展的趋势。

第一节　即时检验的概念与特点

即时检验(POCT)是指在患者身边,由非检验专业人员(临床人员或患者)在临床实验室外采用便携式、可移动的小型检测仪器和试剂,快速分析患者标本并及时报告检测结果,并能对检测结果及时反馈和干预的体外诊断检测系统。POCT 主要强调的是快、旁、便、易四大特点,受到了医院和家庭用户青睐。POCT 一般不需要临床实验室的仪器设备,它包括一些可以快捷移动,操作简便,结果准确、可靠、易读的技术与设备,它的出现使部分传统上需由专门检验人员完成的工作交给了非检验人员来完成。POCT 不需要专用的空间,不需要麻烦的标本采集与处理,不需要大型仪器设备,也不需要过高技术素质的人才,大大节约了卫生资源。可以迅速地获得可靠的检验结果,从而提高患者的临床医疗效果。简单地说,就是临床实验仪器小型化,操作方法简单化,结果报告即时化。其 POCT 与传统临床实验室检测的主要区别见表 8-1。

表 8-1　传统临床实验室检测与 POCT 的主要区别

比较项目	POCT	传统临床实验室检测
周转时间	快	慢
标本鉴定	简单	复杂
标本处理	不需要	通常需要
血标本	多为全血	血清、血浆

续表

比较项目	POCT	传统临床实验室检测
操作步骤	简单	繁杂
校正	不频繁	频繁
试剂	随时可用	需要配制
检测仪	简单	复杂
对操作者的要求	普通人亦可以	专业人员
单个试验花费	高	低
试验结果质量	一般	高

POCT 仪器有着小巧、易携带、检测方便的优势,但是在灵敏度和可靠性上还存在不足,各个试纸条的质量和标准不能统一,所以在质量上难以得到有效控制。往往出现实验结果质量不稳定的现象,造成 POCT 结果可靠性受到影响。

第二节　即时检验技术的基本原理

POCT 发展很快,主要得益于一些新技术的应用。目前,POCT 检测系统已经变得非常多样化,其涉及的技术原理也很多。这里选取当前临床上使用较多、发展较快、应用较广的部分技术作介绍。根据方法学原理,目前临床上常用的 POCT 检测项目的技术原理大致可分为以下几类:

(一)干化学检测技术

1. **简单显色技术**　是运用干化学测定的方法,将多种反应试剂干燥并固定在纸片上,以被测样品中的液体作为反应介质,被测成分直接与固化于载体上的干试剂进行反应。加入待测标本后产生颜色反应,可以直接用肉眼观察(定性)或仪器检测(半定量)。如尿液蛋白质、葡萄糖、比密、维生素 C、pH 等项目以及血中前降钙素(PCT)的半定量检测多采用干化学技术。

2. **多层涂膜技术**　是从感光胶片制作技术引申而来的,也属于干化学测定,将多种反应试剂依次涂布在片基上并制成干片。这种干片比运用简单显色技术的干化学纸片均匀平整,用仪器检测,可以准确定量。按照干片制作原理的不同,可分为采用化学涂层技术的多层膜法和采用离子选择性电极原理的差示电位多层膜法。

图 8-1　化学涂层技术的多层膜法结构示意图

（1）化学涂层技术的多层膜法：该类仪器是在干式试带的正面加上样品，样品中的水将干片上的试剂溶解，使之与待测成分在干片的背面产生颜色反应，并用反射光度计检测，进行定量。干片中的涂层按其功能分 4 层，分别是分布层（有时又分成扩散层和遮蔽层）、试剂层、指示剂层和支持层。此类方法的使用已经比较多见，最具代表性的仪器为干式全自动生化分析仪，可用于测定血糖、尿素氮、蛋白质、胆固醇、酶活性、胆红素等 30 多个生化项目。其结构见图 8-1。

（2）差示电位多层膜法：该类仪器使用的膜片包括两个完全相同的"离子选择性电极"，均由离子选择敏感膜、参比层、氯化银层和银层组成，并以一纸盐桥相连。测定时取血清和参比液分别加入并列而又独立的两个电极构成的加样槽内，即可测定两者的差示电位。若样品液与参比液中的待测无机离子浓度相同，则差示电位为零，若两者浓度不同，则可以由差示电位的相应值计算出该离子的浓度。该多层膜的使用是一次性的，不存在电极老化和蛋白沉积的缺点，且标本用量少，在临床上广泛应用，如钠、钾、氯测定。其结构见图 8-2。

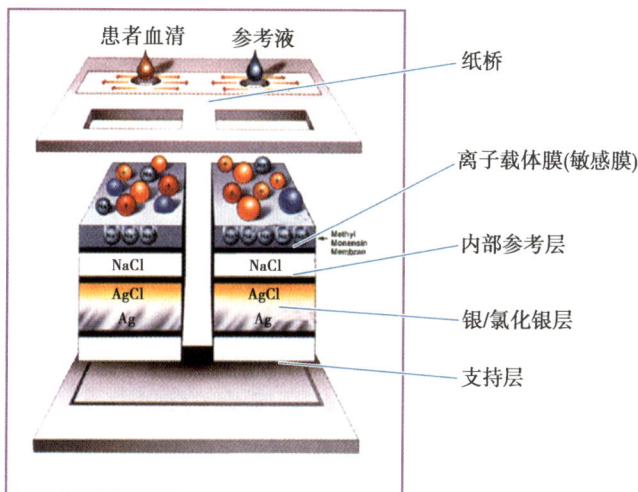

图 8-2 差示电位多层膜法结构示意图

（二）免疫学检测技术

1. 免疫胶体金技术 胶体金、银、硒及色素（包括荧光色素和非荧光色素）可以牢固吸附在抗体的表面而不影响抗体的活性，当标记抗体与抗原反应聚集到一定浓度时，可以直接呈现颜色。目前，金、银、硒及色素标记免疫反应的方法主要有斑点渗滤法和免疫层析法，用于快速检测蛋白质类和多肽类抗原，如 cTnT、血清白蛋白、hs-CRP 及一些病毒如 HBV、HCV、HIV 等的抗原和抗体定性。配合小型检测仪，可做半定量和定量。

（1）斑点免疫渗滤法：免疫渗滤技术是以硝酸纤维素膜为载体，利用微孔滤膜的可过滤性，使抗原抗体反应和洗涤在一特殊的渗滤装置上以液体滤过膜的方式迅速完成。在免疫渗滤技术相关POCT 中，斑点金免疫渗滤试验（dot immunogold filtration assay，DIGFA）广泛应用于临床各种定性指标的测定，如检测血清抗精子抗体、抗结核杆菌抗体、抗核抗体等。此类方法所测项目大多为定性或半定量的结果，不需要特殊的仪器。免疫渗滤及操作见图 8-3。

（2）免疫层析法：免疫层析技术按照检测原理和运用方式的不同，可分成两个系统：①免疫层析法，以酶反应显色为基础，主要用于小分子药物的定量检测（图 8-4）；②复合型免疫层析法，以有色粒子作标记物，层析条为多种材料复合而成，多用于定性的检测，也有定量分析系统。目前，大多采用复合型免疫层析技术，如斑点免疫层析试验（dot immunochromatographic filtration assay，DICA），其分析原理与 DIGFA 基本相同，只是反应液体是层析作用的横向流动。此类技术操作简便、快速（只用一种试剂，只需一步操作），可肉眼观察结果，也可用金标定量检测仪器检测出定量结果，如一些性激素、病原微生物、肿瘤标志物、毒品及大便潜血检测等。

2. 免疫荧光技术 是以荧光物质标记抗体而进行抗原定位或定性与定量检测的技术，又称为荧光抗体技术（fluorescent antibody technique），其技术原理如图 8-5。由于荧光素所发出的荧光可以在荧光显微镜下检出，从而可对抗原进行细胞定位。也可定量检测板条上单个或多个标志物。

A. 操作示意图   B. 装置分解图

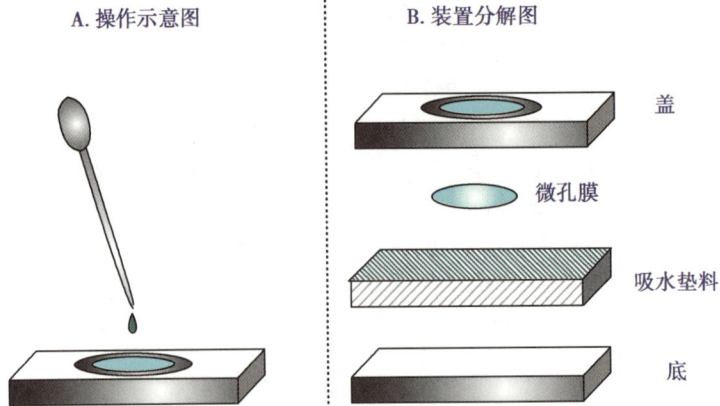

图 8-3 免疫渗滤及操作示意图

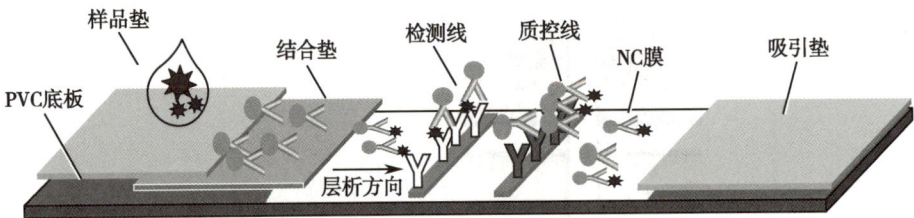

图 8-4 免疫层析法原理示意图

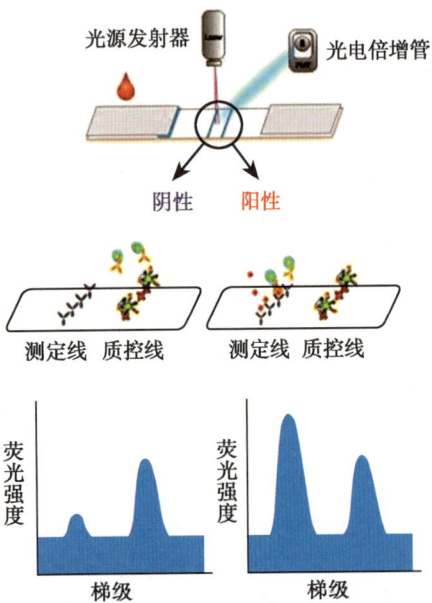

图 8-5 免疫荧光技术原理示意图

与荧光抗体技术相关的 POCT 仪器是目前使用较多的 POCT 系统,自动化程度及检测灵敏度较高,具备内置质控,整体检测系统的变异系数小,一台仪器上可以检测多个项目。检测系统通常由荧光读数仪和检测板组成。检测板多采用层析法,分析物在移动的过程中形成免疫复合物,根据检测区域、质控区域荧光信号强弱的变化与分析物浓度呈一定的比例关系,获得定标曲线,可用于检测未知样品中分析物的浓度。

近年来,出现了一种新型检测技术——时间分辨荧光免疫测定(time resolved fluorescence immunoassay,TR-FIA),该技术是以长荧光寿命镧系元素铕(Eu)螯合物作荧光标记物,延长荧光测量时间,待短寿命的自然本底荧光完全衰退后再进行测定,从而有效地消除了非特异性本底荧光的干扰。可用于检测心肌损伤标志物(肌红蛋白 Mb、肌钙蛋白 I、肌酸激酶同工酶 CK-MB)、生殖和感染标志物等项目的定量测定。

(三)红外分光光度技术

红外分光光度技术是利用物质对红外光的选择吸收特性来进行结构分析、性质鉴定和定量测定的一种仪器分析方法。常用于制作经皮检测仪器,可用于检测血液血红蛋白、胆红素、葡萄糖等多种成分。这类检测仪器轻便、廉价,可连续监测患者血液中的目的成分,无须抽血,这可以避免抽血可能引起的交叉感染和血液标本的污染,降低每次检验的成本和缩短报告时间。但是,这类经皮检测结果的准确性有待提高。

(四)生物传感器技术

生物传感器技术是利用离子选择电极,底物特异性电极,电导传感器等特定的生物检测器进行分析检测。该类技术是酶化学、免疫化学、电化学与计算机技术结合的产物,利用它可以对生物体液中的分析物进行分析。

1. 葡萄糖酶电极传感器 目前,生物传感器技术已经广泛应用于手掌型血糖分析仪及相关的胰岛素泵领域。电化学酶传感器法微量血快速血糖测试仪,采用生物传感器原理将生物敏感元件酶同物理或化学换能器相结合,对所测定对象作出精确的定量反应,并借助现代电子技术将所测得信号以直观数字形式输出的一类新型分析装置。采用酶法葡萄糖分析技术,并结合丝网印刷和微电子技术制作的电极,以及智能化仪器的读出装置,组合成微型化的血糖分析仪。根据所用酶电极的不同可以分为两类,一类采用葡萄糖脱氢酶电极,另一类采用葡萄糖氧化酶电极。

2. 荧光传感器 血气分析仪是荧光传感器相关的POCT仪器最具代表性的一种。其使用光学传感器检测技术,利用干化学的原理全自动测量血液pH、PCO_2、PO_2、K^+、Na^+、Cl^-、iCa^{2+}、Glu、BUN、tHb、SO_2等(图8-6)。以PO_2的检测过程为例,血样被仪器吸入到测试片中,并覆盖光电极传感器。血样平衡后荧光发射。检测期间,灯泡发射的光通过光栅只让特定的光照到传感器上,产生荧光反应。荧光的强度取决于与传感器直接接触的血液中的PO_2,荧光传感器发射的光透过透镜和光滤过器等被光探头检测,探头输出的信号通过微处理器转换成一个常规测量单位的数字读数,并显示出来。

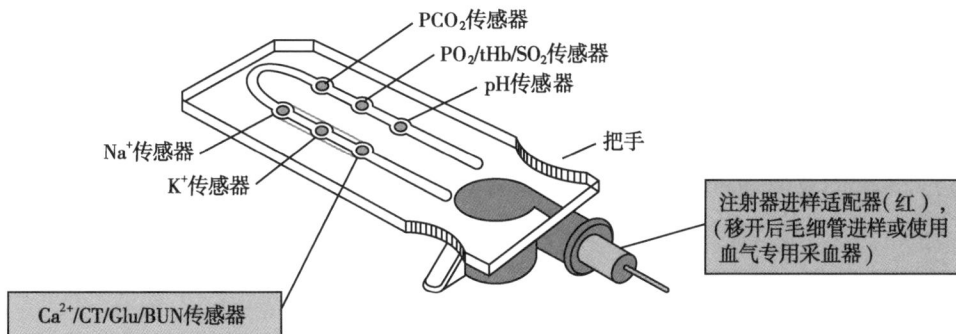

图8-6 荧光传感器测试卡示意图

(五)微流控芯片技术

微流控芯片技术是把生物、化学、医学分析过程的样品制备、反应、分离、检测等操作单元集成到一块微米尺寸的芯片,自动完成分析全过程。微流控芯片是微流控技术实现的主要平台,是当前POCT发展的热点领域,它的最终目标是把整个临床实验室的功能,包括采样、稀释、加试剂、反应、分离、检测等集成在微芯片上,实现微型全分析系统的芯片实验室。

(六)其他POCT技术

其他POCT技术还包括快速酶标法或酶标联合其他技术检测病原微生物;电阻抗法检测血小板聚集性;免疫比浊法测定C反应蛋白、D-二聚体;电磁法检测止、凝血指标等;反向离子分析方法检测皮下组织液葡萄糖浓度等。

第三节 即时检测仪器的分类

目前POCT仪器的分类尚无统一的标准,但大致有以下三种分类方法。

按照用途分类:即时血糖检测仪、即时电解质分析仪、即时血气分析仪、即时凝血分析仪、即时心肌损伤标志物检测仪、即时药物监测仪、即时甲状腺激素检测仪等。

根据仪器大小和外观分类:便携型、桌面型、手提式、手提一次使用型等。

根据所用装置特点分类:卡片式、单一或多垫试剂条式、生物传感条式、微电极式和其他多孔材料等。

其外还可根据定性或定量,家用或临床用进行分类区别。

第四节 临床常用即时检验仪器及其应用

一、临床常用即时检验仪器

（一）快速检测血糖仪

快速检测血糖仪主要分为反射光度技术测试（光电型）和电化学法测试（电极型）两大类，前者主要由葡萄糖氧化酶光化学测定法，后者主要由葡萄糖氧化酶电化学测定法和葡萄糖脱氢酶电化学测定法。目前多采用葡萄糖脱氢酶电化学测定法。

1. 检测原理 采用生物电子感应技术，根据酶电极的响应电流与待测样品中的葡萄糖浓度呈线性关系来计算葡萄糖浓度值，在电极两端施加一定的恒定电压，当待测血样滴加在电极测试区后，电极上固定的葡萄糖脱氢酶与血中的葡萄糖发生酶反应，血糖仪即显示葡萄糖浓度值。

2. 基本结构 快速血糖仪结构比较简单，主要包括设置键、显示屏、试纸插口、试纸插槽、密码牌、样本测量室、电池等。试纸条结构包括聚酯膜（顶膜和底膜）、加样区、试剂区、钯电极等（图8-7）。通过试纸条表面设置的密码牌能自动校正血糖仪和试纸。

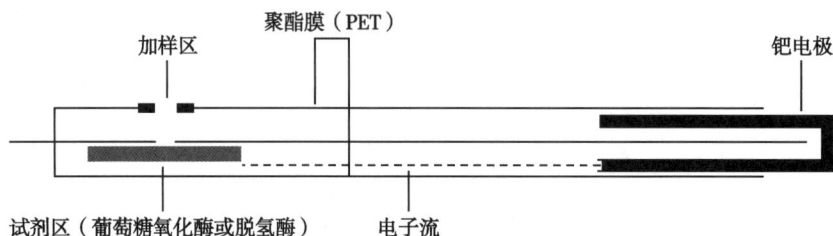

图 8-7 电化学血糖检测仪试纸条示意图

3. 使用与维护 快速血糖仪虽然体积小，操作很简单，几秒钟内可出结果，但需要进行很好的维护，才能保证其测量的准确度和精密度。

（1）血糖仪的清洁：当血糖仪有尘垢、血渍时，用软布蘸清水清洁，不要用清洁剂清洗或将水渗入血糖仪内，更不要将血糖仪浸入水中或用水冲洗，以免损坏。

（2）血糖仪的校准：利用购买时随仪器配送的模拟血糖液检查血糖仪和试纸条相互运作是否正常。模拟血糖液含有已知浓度的葡萄糖，可与试纸条发生反应。当出现以下几种情况之一时需要对血糖仪进行校准：①第一次使用新购的血糖仪；②使用新的一盒试纸条时；③怀疑血糖仪和试纸条出现问题时；④测试结果未能反映出患者感觉的身体状况时；⑤血糖仪不小心摔落后。

4. 常见故障及处理 快速检测血糖仪常见故障及排除见表8-2。

表 8-2 快速检测血糖仪常见故障及故障排除

常见故障	故障排除方法
插入错误的密码牌或不能识别密码牌	取出密码牌，重新插入与试纸配套的密码牌
检测光路出现错误或测量光路污染	清洁光路，检查试纸在插槽内是否平整和垂直。若显示该信息联系客户服务中心
试纸插入有误	将检测垫面朝上，沿箭头方向插入试纸，直至其嵌入插槽
血糖仪暴露于强电磁场	移至别处测定，不要靠近移动电话

（二）快速血气分析仪

快速血气分析仪可分为基于电化学传感器电极的快速血气分析仪和基于荧光传感器的快速血气

分析仪。下面以 IRMA 快速血气分析仪为例,介绍其检测原理、基本结构、使用和维护、常见的故障和处理等。

1. 检测原理　IRMA 血气分析仪由 7.5V 电池供电。血样通过微型电极传感器,由传感器通过电化学的原理将各种电信号转化为参数(ADC),最后由微处理机对这些数据处理后将结果存储和显示,定期检测温度质控和电子质控,确保结果稳定可靠。

2. 基本结构　IRMA 血气分析仪主要由 IRMA 分析仪、电池充电器、电源供给、充电电池、温度卡及热敏打印机组成。

3. 使用与维护　IRMA 血气分析仪的日常维护主要包括电池的维护,打印机的清洁,气压表的校准以及一般清洁。为了获得最佳的电池性能,使用电池接近"空"时要及时充电,充完电的电池不要继续留在充电器中,否则会降低电池性能。打印机要经常清洁,气压表要每年校准一次,确保分析仪的准确度。常需清洁的系统部件如下:

(1) 清洁触摸屏、充电器、电源供给器及分析仪表面。

(2) 定期清洁电池接触点、电池充电器的接触点。

(3) 清洁红外探头:每天检查红外探头的表面,仔细观察有无灰尘或污染,清洁后探头的方玻璃表面应当是光亮的,反射性能好,测试前探头一定要干透。

(4) 清洁边缘连接器:当边缘连接器意外受血液或其他污染物沾污,或是进行室间质量控制(EQC)、全面质量控制(TQC)均测试失败,传感器出现错误码指示边缘连接器可能受到污染时必须清洁。仅外部清洁不起作用时,首先切断电源,仪器顶部朝上,拆除左右两个血盒导条,拧掉分析仪下方两个螺钉,将边缘连接器组件提起来,确认连接器插座是否干燥没有污染,如果有污染,清洁干燥后安装,在安装时不要触摸边缘连接器组件的引线,引线受污染会导致 EQC 失败,或传感器出错,安装完毕后用新血盒插入边缘连接器进行一次 EQC 测试来验证分析仪的功能。

4. 常见故障和处理　IRMA 血气分析仪的常见故障及排除办法见表 8-3。

表 8-3　IRMA 血气分析仪的常见故障及排除办法

常见故障	排除方法
TQC 测试失败	①清洁红外探头 ②清洁温控卡的接口 ③验证是否使用了正确的温控卡的校准码 ④验证分析仪与温控卡均已达到室温
EQC 测试失败 传感器出错	重复 EQC 测试 ①验证血盒已正确平衡 ②用新血盒重新按程序进行测试 ③如果出错率一直很高,清洁红外探头与边缘连接器后再运行 EQC 测试仍然不通过,这时就要按照清洁边缘连接器顺序更换电子接口
温度出错	①血盒温度超过工作温度范围(15~30℃/59~86℉),换一新血盒在工作范围内进行测试 ②分析仪温度超过工作温度范围(12~30℃/54~86℉),按退出键,断开分析仪电源,让分析仪平衡到工作温度范围内至 30min 再测试

二、即时检验仪器的临床应用

POCT 以其快速、简洁、经济、可靠等特点,已经成为医学检验的一个发展方向,在疾病的预防和治疗中得到广泛的应用。

(一) 在糖尿病诊治方面的应用

便携式血糖仪是最具代表性的 POCT 仪器,是临床、患者家庭最常用的检测仪器。糖尿病监测常用的有快速血糖、糖化血红蛋白与尿微量白蛋白等指标。糖化血红蛋白反映 1~2 个月血中葡萄糖的平均水平,是诊断和治疗糖尿病过程中疗效监测的重要指标。便携式血糖仪具有体积小,便于携带,操作简单快速等特点,可用全血标本进行即时测定,标本无须抗凝、用血量少、无标本制备过程、检测周期大大缩短。

（二）在心血管疾病方面的应用

急性心肌梗死（AMI）发病急，严重影响到患者的生命安全。对于心血管疾病或疑似心血管疾病的患者，可用 CRP 即时检测仪器对待检者进行常规或超敏 CRP 检测，利用金标定量检测仪检测 cTnI、Mb，用干化学分析仪检测 CK-MB（单项或三项联合检测），用荧光传感器对脑钠肽（BNP）进行检测。通过即时检验仪器检测这些项目对于心血管疾病的防治有重要作用。

（三）在感染性疾病中的应用

POCT 可让不具备微生物培养和鉴定条件的基层医疗机构进行微生物的快速检测。采用生物芯片和免疫金标记技术相关的 POCT 仪器对细菌性阴道炎、衣原体感染、性病等检测较培养法更为快速灵敏。POCT 仪器也可用于术前感染性指标（HBsAg、HCV、HIV、TP）的快速检测，孕前 TORCH-IgM 五项指标的快速检测，结核病耐药基因的筛查等。

（四）在发热性疾病方面的应用

CRP 即时检测仪器对 CRP 的检测，与血常规联合应用，对鉴别发热患者感染病原体的性质（细菌或病毒）比单一检测更具特异性，为临床提供更充足的实验指标和诊断依据，可减少抗生素使用的盲目性，该检测组合已得到临床医师的普遍认可和支持。

（五）在 ICU 病房内的应用

POCT 检测仪器最能满足重症加强护理病房（ICU）患者的危急、重症的病情需求。目前临床上已使用的 POCT 检测仪器有：用于体外系统的电化学感应器，可周期性地控制患者的血气、电解质、血细胞比容和血糖等；用于体内系统的，将生物传感器安装在探针或导管壁上，置于动脉或静脉管腔内，由监视器定期获取待测物的数据（由于体内监测仪系统耗费巨大，目前尚未被广泛应用）。

（六）在儿科诊疗中的应用

对儿童疾病的诊断检测要求轻便、易用、无创伤或创伤性小、样品需求量小、无须预处理、快速得出结果等，以缩短就诊周期，还需要关注父母的满意度。POCT 能较好地达到上述要求，而且在诊断病情时父母可一直陪伴在孩子身边，更好地与医护人员交流。

（七）在医院外的应用

由于 POCT 检测设备体积小、便于携带，操作简便等，因此广泛应用于家庭自我保健、社区医疗、体检中心、救护车上、事故现场、出入境检疫、禁毒、戒毒中心、公安部门等医院外场所。

（八）在循证医学中的应用

循证医学是遵循现代最佳医学研究的证据，并将证据应用于临床对患者进行科学诊治决策的一门学科。POCT 弥补了传统临床实验室流程烦琐的不足，操作人员可以在实验室外的任何场所进行，快速、方便地获取患者某些与疾病有关的数据，便于达到循证医学有据可循的目的。

第五节　即时检验存在的问题与发展前景

一、POCT 发展中存在的问题及对策

（一）POCT 发展中存在的问题

1. **质量保证问题**　质量保证问题是影响 POCT 发展的最大因素。导致 POCT 产生质量不稳定的主要原因有：各种 POCT 分析仪的准确度和精密度各不相同，而且缺乏质控措施，没有统一的室内和室间质量控制；POCT 每块试剂板（条）自成体系，受保管条件等多种因素影响，每块试剂板间可能也存在误差；POCT 主要由非检验人员（如医师和护士等工作人员）进行检测，他们没有经过适当的培训，不熟悉设备的性能和局限性，缺乏临床检验操作经验，不了解如何进行质量控制和质量保证等。这些都将严重影响 POCT 的开展和应用。

2. **循证医学评估问题**　从疾病的诊断和治疗来说，POCT 缩短了检验周期，对中心实验室有很好的补充，但对 POCT 仪器及检验结果本身来说，尚缺乏循证医学的评估。

3. **费用问题**　在目前条件下，POCT 单个项目的检测费用，高于常规性检验或传统实验室检验。

4. **报告书写不规范问题**　如使用热敏打印纸直接发报告，报告单上患者资料填写不完整，报告内

容不规范(包括检测项目或英文缩写、检测结果、计量单位等)和检测报告者签名不规范等。

5. 思想认识上的误区　人们对 POCT 没有全面正确的认识,总认为 POCT 是定性的床边检验,结果的可靠性差,但实际上许多 POCT 检测项目已获得很大的改进。

(二)克服发展中不足的相应对策

1. 尽快健全 POCT 分析仪严格的质量保证体系和管理规范　目前,我国已经出台了《关于 POCT 的管理办法(试行草案)》,该办法对 POCT 的组织管理、人员的培训、专用仪器的认可、质量保证计划、操作规范、人员安全性及废物处理、即时检验的操作程序、结果的报告以及费用等问题都做了详细的规定与说明。类似的管理规范文件将有效提高 POCT 的质量保证。

2. 严格对医、护等非检验人员操作 POCT 仪器的使用培训　培训合格、上岗证确认后方可上岗操作。

3. 降低单个 POCT 检测项目的高检验费用　运用现代高科技技术,研制出价廉、简便而且性能好的 POCT 仪器和低成本试剂是最有效的措施。

4. 加强检测结果的管理　建立有效的质控措施,参与室内和室间质控。定期将 POCT 检测与常规实验室检测进行比对,保证 POCT 设备与常规实验室设备检验结果的一致性。建立 POCT 与医院信息系统的联通,保证检测结果传输的正确性。

5. 加强组织管理及多部门协调的管理　省、市临检中心对 POCT 仪器使用应做好组织管理,与各部门协调开展 POCT 仪器质控、校正、使用的管理。

二、POCT 的发展前景

由于 POCT 技术具有快速、方便、准确等优点,已经成为当前检验医学发展的潮流和热点。为了适应实际需要,理想的 POCT 仪器应该具备以下特点:①仪器小型化、便于携带;②操作简单化,不需要额外人工处理标本、不需要非常精确的加样,结果准确并能自动保存所有记录;③报告即时化,缩短检验周期;④能获得权威机构的质量认证;⑤仪器和配套试剂中应配有质控品,可监控仪器和试剂的工作状态;⑥仪器检验项目具备临床价值和社会学意义;⑦仪器的检测费用合理;⑧仪器试剂的应用不应对患者和工作人员的健康或对环境造成不利影响等。

一些现代高新技术的不断应用将会给 POCT 发展带来新的突破。微型芯片技术的应用将使相关的 POCT 仪器更加小型化、人性化,操作更加方便,结果更加准确快捷,并能同时检测多个项目,是 POCT 发展的一个重要趋势。此外,应用无创性/少创性技术的 POCT 仪器将是 POCT 的另一个发展方向,未来几年非创伤性 POCT 检测系统有望从临床研究全面走向市场。

本章小结

即时检验(POCT)是指在接近患者治疗处,由非临床检验人员(医护人员或者患者)利用测试板条或便携式仪器快速分析患者样本并准确获取结果的检测分析技术。即时检验可节省分析前样本处理步骤,缩短样本检测周期,快速准确地报告检验结果,使患者能得到及时诊治,缩短就诊或住院时间。即时检验仪器具有小型化、便于携带、无须配套设备和操作方便等优点,是常规医疗检验模式的有效补充。

即时检验的常用技术有干化学技术(如简单显色和多层涂膜技术)、免疫学技术(包括免疫金标记技术和免疫荧光技术;前者又有斑点免疫渗滤技术和免疫层析技术)、电化学技术、生物传感器技术和微流控芯片技术等。目前即时检验仪器已广泛应用于临床,如心血管疾病、血液相关疾病、感染性疾病、糖尿病等疾病的诊疗,以及环境与食品安全、进出口检验检疫等各领域。

虽然 POCT 的应用已经越来越广泛,但是还存在一些问题。如 POCT 的检测结果与大型自动分析仪器存在差异,检测结果的精密度和准确度有待进一步提高,单个检测费用高,使用和管理等方面还需要规范等。这需要研发和生产厂家、使用者和管理者的共同努力,使 POCT 在新型医疗模式中发挥更大的作用。

(张会生)

扫一扫,测一测

思考题

1. 什么是 POCT? 其主要特点有哪些?
2. POCT 应用的主要技术有哪些?
3. POCT 与传统实验室检验的主要区别在哪里?
4. 快速血糖仪检测原理是什么?
5. POCT 今后的发展方向与应用前景如何?

笔记

近几十年,检验医学得以快速发展,一方面是现代检验医学的各学科之间的相互交叉、渗透、融合;另一方面是检验医学自动化的迅速发展,将传统的手工操作检测提高至自动化检测水平,基本实现了精确、快速、微量和标准化。同时,与检验医学自动化有关的新理论、新技术、新方法和新仪器日新月异,特别是随着计算机网络技术和检验技术的迅猛发展,临床实验室的设备向着自动化、智能化、网络化、一体化的趋势发展,实验室自动化系统开始出现并逐步得到普及。

第一节　临床实验室自动化系统的基本概念与分类

一、实验室自动化系统的基本概念

实验室自动化系统的发展始于20世纪80年代的日本,1996年国际临床化学和实验室医学联盟(IFCC)大会上提出了全实验室自动化的概念。实验室自动化系统(laboratory automation system,LAS)是将多个检测系统与分析前、分析后处理系统进行系统化的整合,通过检测系统和信息网络连接来完成检验及信息自动化处理过程的系统组合。系统中的样本通过自动化运送轨道在不同的子系统中流转,形成覆盖整个检验过程的流水作业,达到全检验过程自动化的目的,有时也称为检验流水线。

二、实验室自动化系统的分类

实验室自动化是一个循序渐进的过程,根据自动化程度,LAS主要分为分析仪器自动化、模块自动化、全实验室自动化三个发展阶段。

1. **分析仪器自动化**　即分析仪器本身的自动化,如全自动生化分析仪、全自动血细胞分析仪等。主要应用了条形码技术,达到自动识别样本、试剂的功能。这是LAS的初始阶段,未涉及标本前、后处理等过程的自动化。

2. **模块自动化**　在分析系统自动化的基础上增加相同或类似的分析单元或标本处理单元,并由一个控制中心统一协调控制,合理分配,效率和功能得到进一步的提升。这些分析、处理单元也称为模块,可选择性地对模块进行增减、组合。比如:增加分析模块可提升分析速度或能力;增加前处理模块可完成自动离心、开盖、分杯等功能。模块由同一厂商提供,不同的模块组合后称为工作站,如血清工作站可进行生化和(或)免疫项目。

3. 全实验室自动化 各种类型的仪器或模块分析系统(如生化、血细胞、血凝、尿液、免疫分析仪等)通过轨道连接起来,进一步整合而构成流水线,充分发挥各检测子系统的最大功能,可进行线上任一项目的检测,便构成全实验室自动化(total laboratory automation,TLA)。因加入了分析前和分析后处理系统,可实现标本前处理、传送、分析、存储的全自动化过程,使实验室的检测速度和质量都得到极大的提升,是未来临床实验室发展的方向。

和 TLA 相比,模块自动化的集成度和自动化程度较低,只能满足部分专用需求,但其选择灵活,建设成本低于 TLA,适合多数中小实验室,在国内有较广阔的市场。

第二节 临床实验室自动化系统的基本组成及功能

LAS 包括硬件和软件两部分。硬件完成标本的传送、处理和检测功能,主要由标本传送系统、样本前处理系统、分析检测系统和分析后输出系统构成。软件完成对硬件的协调控制和信息的传递,主要由内部的分析测试过程控制系统以及外部的实验室信息系统(laboratory information system,LIS)和医院信息系统(hospital information system,HIS)构成。

(一)标本传送系统

标本传送系统在不同模块间传送样品使其流动起来,以完成各种处理和分析工作。依样品传送方式的不同,可分为传输带装置和机械手装置。

1. 传输带装置 由智能化传输带和机械轨道组成。样本沿着轨道确定的路线行进,实现全实验室自动化各部分的连接,具有速度快、成熟稳定、价格低的特点,在大多数自动化系统中得到广泛应用。传输带装置的不足:安装时对场地要求较高,样品容器规格须在允许范围内,超出范围则需转换容器。

2. 机械手装置 机械手具有高灵敏性和高精密性,对不同形状、规格的标本容器很容易适应,并轻松抓取转移,可弥补传送带装置的不足。机械手根据底座是否固定,分为固定机械手和移动机械手。前者活动范围相对较小,后者因底座可以移动,活动范围较大,灵活性更强。通过编程控制其移动范围,机械手较容易适应系统布局的变更。机械手装置见图9-1。

3. 样品传送模式 分为单管传送和整架传送两种模式。单管传送模式(图9-2)的样品相互独立,可同时送至相应的模块进行检测,灵活性强,速度相对较慢。整架传送将一组样品置于一个样品架上进行整体传送,速度较快,但其灵活性稍差,不同检测模块的样品置于同一样品架后,整体检测速度反而会下降。减少样本对轨道的占用时间可提升 LAS 的整体速度,有的 LAS 采用一次性吸够样本并尽快释放样本来减少轨道占用,有的 LAS 采用双轨道运载样本,一轨检修另一轨正常工作,而不影响检测。

(二)标本前处理系统

可自动化完成样本识别、分类、离心、去盖、分装及标记等工作,为样品送至分析检测模块做好准备。由样品投入单元、离心单元、去盖单元、在线分杯单元组成。

1. 样品投入单元 是样品进入系统的入口,有常规入口、急诊入口、复测样品入口三种形式,优先

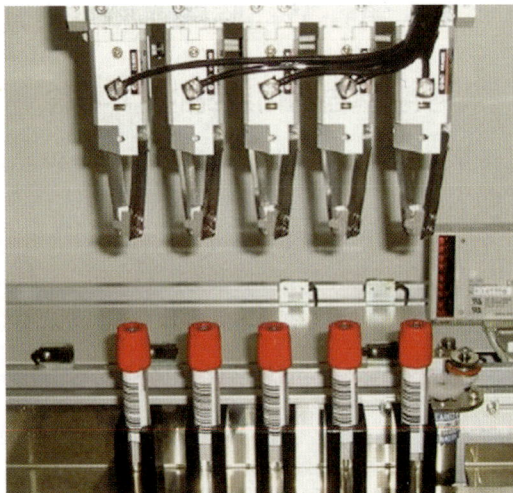

图9-1 机械手装置

级别:急诊入口>复测入口>常规入口。投入单元的缓冲区,可保证样品能连续进入系统。进入系统的样品将首先被系统识别,常用的识别方式是条形码,随后通过 LIS 从 HIS 获取样本相关检测信息,并进行分类,不能检测的样品(非在线项目的样本、条码无法识别的样本、无法获取检验信息的样本等)送至特定位置,能够检测的样品将进行后续处理。

2. 样本离心单元 完成样本的自动离心工作,具有自动配平功能,离心时间、转速和温度均可自行设定。样品由机械臂放入和取出离心机,样本处理速度 200~400 个/h,一般配备 1~2 台,高峰时容易成为限制整体速度的瓶颈,可采用线下离心的方式进行补充。已经线下离心的样品,在主控端设定该样品已离心,即可忽略对该样品的自动离心操作。当系统停止运行时,离心单元也能单独使用。

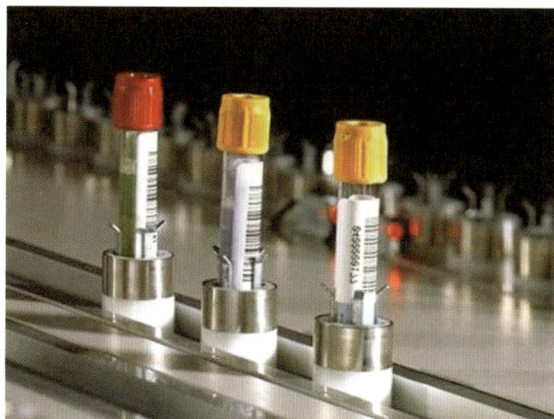

图 9-2 单管传送模式

3. 样本去盖单元 完成试管盖的自动去除功能,减少工作人员接触样品所带来的生物安全隐患。可识别已开盖的样品,避免重复操作,开盖失败后会自动报警。已手工开盖的样品,在主控端设定该样品已开盖,即可忽略对该样品的自动开盖操作。

4. 在线分杯单元 样本加样有两种方式:①原始样品直接加样;②利用分杯后的子样品进行加样。当项目分布在不同的检测模块时,第一种方式需要顺次进入相应检测系统,工作效率下降,且原始样品有被交叉污染的可能。第二种方式由分杯单元将原始样本分成若干个子样本,系统生成次级条形码并粘贴到子样品上,使其能被识别。由于采用一次性吸头,分杯可避免原始样品的污染,子样品可同时进行检测,提高了整体检测速度。

在线分杯单元具有对血清样品的质和量进行自动分析功能。自动检测血清容量是否足够,再进行智能分杯。通过对样品管进行拍照,进行血清指数检测,质量有问题的样本(溶血、黄疸、脂血)进行标记。检测到的不合格标本会被传送到出口模块设定的特定区域。

(三)分析检测系统

分析检测系统包括连接轨道和各种分析设备,连接轨道将传送过来的样品送入分析设备来完成检测工作。可以根据自己的需求接入不同类型的仪器,如生化分析仪、免疫分析仪、血细胞分析仪、凝血分析仪等。在线的设备既可在线运行,也可单独离线运行,这样可避免传送系统出现问题而影响工作。

(四)分析后输出系统

分析后输出系统完成样品输出或储存缓冲的功能,包括出口模块、标本储存缓冲区、样本加盖模块。出口模块主要用来存放即将离开流水线的样品,包括开盖或分杯错误的样本、需人工复检的标本、非在线项目的标本、复位后推出的样品等。这些样本被送入出口模块的特定区域等待人工处理。标本储存缓冲区用来管理和储存标本,需要自动在线复检或人工复检时,利用索引管理可快速查找特定的标本,并被自动送入复检回路而完成复检。标本储存缓冲区可具备冷藏功能,存储前样本会被加盖模块自动密封,避免标本浓缩和被污染。

(五)分析测试过程控制系统

分析测试过程控制系统是整条流水线的指挥中心。它通过 LIS 实时完成与 HIS 紧密的信息交流,及时获得病人信息及样本检验信息,协调控制样本在各模块间正确合理的流转、分配;通过 LIS 与检验设备的双向通讯,及时指令分析仪器完成相应的检测,监控标本的实时状态,获得结果信息;依据设定的审核规则进行自动化结果审核、复检、报告打印等。它是 LAS 得以自动化运行的强有力的保证。

全实验室自动化系统的组成见图 9-3。

笔记

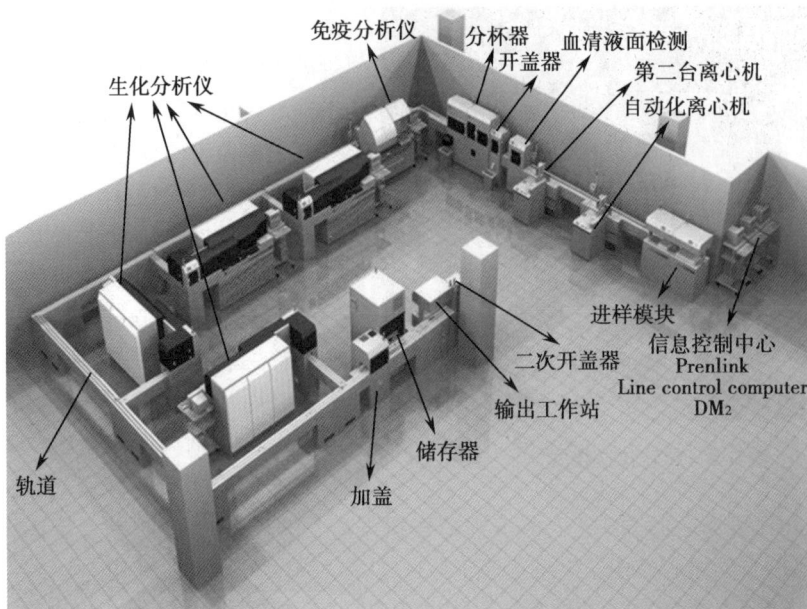

图 9-3 全实验室自动化系统的组成

第三节 实验室全自动化系统的工作原理

LAS 通过将分析前和分析后处理系统和多个检测系统进行系统化的整合,使自动化检验仪器和信息网络连接完成检验过程及信息自动化处理。由于样本流、信息流数量庞大,计算机软件在保证 LAS 和外部网络的信息交流畅通无阻,样本处理系统、传送系统和分析检测系统之间的自动协调运作过程中发挥了重要的作用。实验室自动化系统中的软件包括 LAS、实验室信息系统(LIS)、医院信息系统(HIS),有的还有位于 LIS 和 LAS 之间的中间软件,这些软件系统的无缝对接是确保 LAS 顺利运行的前提(图 9-4)。条形码作为信息的载体在实验室自动化过程中发挥了重要的媒介作用,通过对它的识别 LAS、LIS、HIS 之间的信息流得以交换。

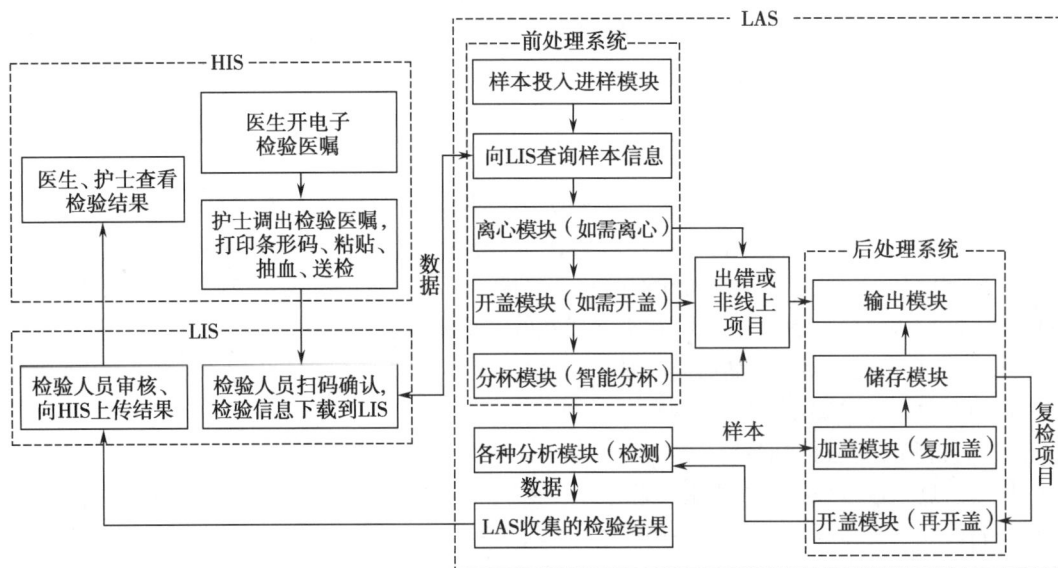

图 9-4 实验室自动化系统工作原理

一、实验室信息系统在实验室自动化系统中的作用

LIS 是 HIS 的一个重要组成部分,主要为实验室的业务工作提供信息支撑和服务,用来接收、处理和存储检验流程中生成的各种信息的软件系统。LIS 在 LAS 中发挥着极其重要的桥梁作用,HIS 中患者的各种检验信息只有通过 LIS 接收、分析处理后,再反馈给自动化系统,由后者内置的操作系统根据接收的 LIS 信息,协调控制整个自动化系统的正常运行。而 LAS 运行过程中产生的大量的结果、样本流转节点、质量控制、分析仪状态等信息,同样需经 LIS 接收、分析处理后反馈给 HIS,供临床医生、护理查阅。

二、条形码在实验室自动化系统中的作用

条形码本身不是一个系统,而是一个高效的识别工具。它通过数据库建立条形码与标本信息的对应关系。条形码具有双向通讯功能,LIS 按照自动化分析仪的通讯协议上传相应标本的患者资料、检验项目、标本类型;下载自动化分析仪的状态、标本分析状况、检测结果、通讯情况等。利用条形码对样品、耗材等进行标记,再通过 LAS 的识别设备对其进行快速、准确的识别,并协调相关控制设备的运行而实现自动化处理。条形码的应用改变了传统手工检测工作模式,原有的手工模式下的标本编号、项目录入、标本的按序摆位等工作都可省略,因为 LIS、LAS 根据条形码自动识别标本并完成信息的上传、下载,准确率和效率都非常高,减轻了工作人员的劳动强度,也避免了人为差错。

条形码使用的具体流程:①条形码生成:医生在工作站中录入电子医嘱,护士确认医嘱,系统自动生成唯一的数字条形码并自动打印,条码上有人工可视的患者资料和检验信息(患者基本资料、送检科室、接收科室、检验项目、标本采集量和容器、打印时间等),条形码粘贴相应的标本容器后进行样本采集;②条形码的使用:LAS 识别到条形码后,通过 LIS 和 HIS 配合,利用条形码与检验信息的对应关系,在数据库查找提取相应的检验信息并下载,从而实现自动化分析和管理。LAS 也可将相应条形码的样品信息上传至 LIS,进而实现样本流信息、结果数据的正确显示。

知识链接

神奇的条形码

条形码是由一组以一定规则排列的条、空组成的符号,条和空对光线的反射能力存在差异,反射光被特定的设备读取,便识别出其中所蕴含的信息。条形码技术是目前最经济、实用的一种计算机自动识别技术,具有输入速度快、准确度高、可靠性强、成本低、蕴含信息量大的特点。受条形码面积和信息密度的限制,其包含信息量有限,往往用它来对物品进行标记,大量的物品信息仍需在数据库中下载。条形码产生主要有两种方式:预制条形码和现场打印条形码。前者是标本容器的生产商预先把条形码印制在容器表面。后者是在工作现场打印出条形码再粘贴在标本容器上。现场打印条码标签内容可自行定义,可包含患者信息、检验目的等人工可视的信息,在识别设备故障时可进行人工处理。目前,大部分医院应用的是现场打印条码模式。

三、软件对 LAS 自动监控审核

LAS 可对系统状态进行自动化的监控和处理。LAS 的工作效率非常高,样品量、数据量庞大,仅依靠人工进行数据的监控和处理显然不现实。LAS 内部数据管理软件、中间软件及 LIS 有对 LAS 的数据进行自动监控和审核功能。实验室也可依据自己的需求,个性化地设定各种监控审核条件,大部分数据可由系统自动审核,少量的异常数据交由人工处理,从而减轻工作量,同时保证审核的速度和质量。

1. 室内质控结果的监控 可对线上各种分析仪器进行质控频率和失控规则进行设定,室内质控数据须在控才能对检测结果进行审核签发,从而保证结果准确可靠。

2. 血清质量监控 仪器自动采集的血清质量信息(溶血、脂血、黄疸)会对结果自动、人工审核提供相应的提示支持。

3. 对结果的逻辑性进行监控　可设定的不同项目间的逻辑关系和某项目的测量极值的范围,当触发这一设定条件时,系统会自动提示并拒绝自动审核。

4. 对患者历史结果对比的监控　可对同一患者一段时间内的历史结果进行对比,如果超出设定的许可偏离程度,系统会自动提示并拒绝自动审核。

5. 对检验结果回报时间(turn around time,TAT)的监控　通过 LAS 和 LIS 紧密的数据交流,可对样本处理节点进行实时监控,包括条形码生成、样本采集、运送签收、核对验收、上机检测、审核上传、标本废弃等各节点信息,很容易做到 TAT 时间的监控。对于各种原因导致的 TAT 超时都会给予警告,甚至直接指明原因,比如线上分析设备异常,项目为非线上项目而未及时处理等。

第四节　实验室自动化系统的使用与维护

一、实验室自动化系统的使用

LAS 是整合了各个分析检测系统的组合,各检测系统的操作详见相关章节。为检测系统提供样本前、后处理的流水线系统的操作,随品牌的不同而略有差别,一般有以下几个关键的步骤:

1. 开机　依次打开稳压电源、各分析仪器电源、流水线电源,仪器自检通过后进入待机状态,可以进行后续工作。

2. 测试前准备

(1) 分析仪器的准备:按各分析仪器的要求进行相应的保养维护、废弃物的丢弃、试剂及耗材的更换、标准曲线的校准、质控的操作等工作,使其处于良好状态,为检测工作做好准备。

(2) 流水线的准备:确认样本投入区、样本输出区放有样本架(盘);从样本输出区移去所有的样本管;检查各模块轨道有无异物防止造成阻塞,检查并丢弃废弃物存储区的废物;检查机械手的状态;检查清洁条码打印机;检查添加条码纸,检查添加分杯管、TIP 头等耗品。

(3) 检查确认各分析仪器是否在线,LAS 和 LIS 连接是否正常。有问题的模块标记为离线状态,以免影响整个 LAS 的运行。

3. 测试　将已核收确认的样本置于投入口模块的进样缓冲区,按"开始"键进行进样。系统会自动进样、识别、分类、离心、开盖、分杯、检测、复测、存储。线下项目的标本、无法识别的标本、出错的标本、存储到期的样本会自动送至输出模块的指定位置,转由人工或线下设备处理。

4. 结果输出　系统会自动收集、显示各检测系统的数据,可按照设定的审核规则进行自动审核,无法通过自动审核的结果转由人工进行处理审核。

5. 样本的存储和复检　样本会自动存储于在线冰箱中,选中要复检的标本及复检项目后,系统会自动进行复检,到期的样本可送至输出模块。

6. 关机　关机分为系统关闭和日常关闭,一般情况下只需执行日常关闭即可。关机前各检测系统和流水线做相关的关机前保养,再执行相应的关机程序。

二、实验室自动化系统的维护

相对于常规操作来说,流水线的维护保养更显得重要。各厂家的实验室自动化系统都有各自的维护保养要求,必须严格按照要求完成所有维护保养工作。一般流水线的保养包括日维护、周维护、月维护、季度维护和年维护。所有的维护保养程序必须在系统所有模块均处于停止模式下才能进行。季度维护和年维护主要由厂家工程师完成。

1. 每日维护　①清理样本处理器,保持清洁。②检查并确认所有模块轨道上没有异物,保持轨道通畅。③检查离心机样品管固定器,确定其能自由旋转,清理离心机样品仓,确保没有异物。④检查自动脱盖装置,清理脱帽垃圾桶。⑤执行日常关机程序。⑥查看并记录样品贮存器的温度。

2. 每周维护　①检查并清洗轨道上所有夹子,必要时更换夹子。②检查并清洗所有机械传送臂。③检查并清洗离心机样品管固定器、转子和滚筒。④使用实验室透镜清洁剂,清洗每个条形码读取器和光学传感器。

3. 每月维护　①检查所有空气软管的钮结或活动接线,更换某些已损坏的管材。②检查并清洁每个单元后面板上的冷却风扇,确保功能正常。③检查离心机中的橙色垫圈,确保垫圈没有损坏或磨损。④检查传送带,以查看其是否破裂或摩擦轨道的侧面,使用真空吸尘器打扫轨道,如果皮带磨损或没有对齐,更换皮带或手动使皮带处于正确位置。

三、全实验室自动化需注意的问题

1. 引进自动化系统必须根据实际情况合理配置,必须考虑医院和实验室规模及经济承受能力、实验室空间结构、项目开展情况、LAS 的品牌及扩展能力等因素,为避免过度超前浪费,可采取分步实施的方式。

2. 高速的自动化系统也有产生瓶颈的可能,比如高峰期样本离心问题。建议流水线上配置 1~2 台离心机,高峰时期采用线下离心的方式加以补充。

3. 标本的质量对 LAS 的应用效果影响较大,尤其是标本的量、条形码的打印和粘贴质量表现更为明显。应对护士等标本采集人员进行专门的采集知识培训。

4. 各种复检规则、自动审核规则应合理制定,确保需人工审核的异常结果控制在合理的范围内,以保证检验质量。

第五节　实验室自动化系统实例

以某知名公司的实验室自动化系统为例,来介绍实验室自动化系统的基本组成及其功能。

1. 进样单元　可同时容纳 400 管样本,处理能力为 1200 管/h;待测样品管会被机械臂(每次一行 5 管)抓起并插入不同的(放在流水线导轨上的)样品管座。不同上样架颜色可以实现急诊、常规、预离心和归档样本分类操作。

2. 错误样本出样区　可将无须离心的样本及条码有问题的标本提前分离至此出口。

3. 自动离心单元　条码确认后样本自动离心,离心机自动平衡。可按样本需要单独增加离心机,单台离心机处理能力:300 管/h。当流水线关闭时自动离心机也能手工操作。

4. 去盖单元　通过机械臂以旋转方式自动去除管盖,可去除多类型试管盖,双去盖位互为备份,去盖速度 1200 管/h。

5. 出样单元　出样单元根据 LIS 中的测试请求及用户编程,将需要另外手工处理或线下测试以及异常样本分选出来。

6. 分杯单元(包含血清水平检测、子杯条码打印、分杯)

(1)血清水平监测器:检测样本的血清水平并将检测结果储存于数据库,提供每个样本可以用于分杯血清量及凝块检测。

(2)标签器:标签机根据 LIS 发出的命令打印粘贴子杯。

(3)分杯系统:分杯的数量、体积及先后顺序由 LIS 传输至控制电脑,执行分杯器一次吸取所有子杯需要的血清量,多余的血清留于原始管。如果样本血清量不够所有分杯需要,将不执行分杯或者将现有血清尽量分杯后,原始管和血量不足的子杯被送至分杯错误架处理。双分杯位置互为备份。分杯速度 600 个原始管/h。

7. 生化分析仪接口　用于连接生化分析仪和轨道,机械手自动抓取样品管并送入分析仪。

8. 免疫分析仪接口　用于连接免疫分析仪和轨道,仪器在线吸样,样品管无须进入分析仪。

9. 血液分析流水线接口　用于连接血液分析仪器和轨道,机械手自动抓取样品管并送入分析仪。

10. 血凝分析仪接口　用于连接血凝分析仪和轨道,机械手自动抓取样品管并送入分析仪。

11. 加盖单元　将正常处理完的原始样品管或者分杯管重新加上密封盖,防止样品的蒸发与污染。双加盖位置互为备份,速度 1200 管/h。

12. 二次去盖单元　需要重做或者添加测试的样品管从存储单元取出后需要进行再次去盖方可返回轨道再次进入分析仪器。

13. 标本冷藏存储系统　可同时存储 3060/5440 管样本,存储温度为 2~8℃,亦可按照需要,系统自动从此存储器中将所需样本传出进行项目的复检。

14. 连接用智能轨道系统 双向四根轨道运输,可设置急诊样本轨道,可主轨道双侧排布仪器。

15. 信息控制系统及中间软件。

第六节 实现临床实验室自动化的意义

临床实验室全自动化系统实现了临床实验室现代化的新飞跃,是临床实验室诊断技术自动化、智能化、信息网络化标志,也是今后临床检验实验室发展的趋势和方向。实验室自动化具有诸多优点。

1. **提升快速回报结果的能力,提高工作效率** LAS实现样品的采集、处理、分析、报告等所有环节的协调一致,保证了最终为临床提供最为及时和可靠报告。

2. **将检验报告的误差降到最少** 质量是临床检验工作的根本,在要求临床检验工作量和质量同时提高的情况下,对误差的来源必须给予重视和加以分析。样本的自动前处理系统以及条形码的应用,有效降低了检验报告的误差,尤其是人为误差,提高了质量。

3. **全面提升临床检验的管理质量** LAS是将现代化管理与计算机技术紧密结合的产物,用自动化的科学管理模式代替手工式的管理模式,将极大地提升检验设备的应用价值和效益。

4. **提高实验室的生物安全性** 标本从送样、离心、分杯、检测、复查及保存等均在流水线上通过自动化完成,有效地避免了标本对环境和操作者的污染。

5. **工作流程的再造与管理** LAS改变了检验工作的管理模式,实现工作流程标准化、精细化,便于自动化流水线的日常操作、检验、仪器维护与检验结果的质量管理,全面提升实验室管理水平和服务水平。

6. **优化人力资源和卫生资源的配置** LAS系统的应用可有效实现临床实验室资源重组和利用,在某种程度上减少检验仪器的重复购置,减低运行成本。

现代TLA在原有的高效、快速、全系统自动化的基础上,更加贴近临床和检验应用的实际,对临床检验、临床医疗和医院管理等方面都将产生极大的推进作用。检验科逐步实现各部门一体化、工作人员技术多面化;所需人力资源成本减少,效率提高;所用的标本量减少,有利于患者;自动化程度高,操作误差小;更快地处理标本,回报结果的能力增强;促进实验室操作的规范化;安全性和整个过程的控制更好;可全面提升临床检验的管理。

本章小结

实验室自动化系统通过将多个检测系统与分析前和分析后处理系统进行系统化的整合,可完成全自动化的流水式操作,几乎覆盖整个检验过程,提高了工作效率、减少了误差和生物安全隐患,显著提升了检验质量和管理水平,是今后临床检验设备发展的趋势和方向。软件是LAS的灵魂,强大的HIS和LIS的支持和以样本流为核心的流程再造是用好自动化系统的前提。计算机软件间的无缝整合在保证自动化系统和外部网络的信息交流畅通无阻及内部协调运作过程中发挥了重要的作用。条形码作为信息的载体在实验室自动化过程中发挥着媒介作用,通过对它的识别,LAS、LIS、HIS之间的信息流得以交换。

(杨惠聪)

扫一扫,测一测

思考题

1. 简述实验室自动化系统的基本组成及功能。
2. 条形码技术的使用有哪些优点?
3. LIS 在实验室自动化系统中有哪些作用?
4. 简述实现全实验室自动化的意义。

笔记

中英文名词对照索引

参 考 文 献

1. 曾照芳,贺志安.临床检验仪器学.2版.北京:人民卫生出版社,2012.
2. 樊绮诗,钱士匀.临床检验仪器与技术.北京:人民卫生出版社,2015.
3. 邹雄,李莉.临床检验仪器.2版.北京:中国医药科技出版社,2018.
4. 蒋长顺.医学检验仪器应用与维护.北京:人民卫生出版社,2018.
5. 须建,彭裕红.临床检验仪器.2版.北京:人民卫生出版社,2015.
6. 贺志安.检验仪器分析.北京:人民卫生出版社,2013.
7. 张玉海.新型医用检验仪器原理与维修.北京:电子工业出版社,2005.
8. 贺志安.检验仪器分析.北京:人民卫生出版社,2010.
9. 漆小平,邱广斌,崔景.医学检验仪器.北京:科学出版社,2018.
10. 张玉海.新型医用检验仪器原理与维修.北京:人民卫生出版社,2005.
11. 曾照芳,洪秀华.临床检验仪器.北京:人民卫生出版社,2007.
12. 全国临床检验操作规程.4版.北京:人民卫生出版社,2015.
13. 丛玉隆.临床实验室仪器管理.北京:人民卫生出版社,2012.
14. 须建,张柏梁.医学检验仪器与应用.武汉:华中科技大学出版社,2012.
15. 曾照芳.临床检验仪器学.北京:人民卫生出版社,2005.
16. 陶义训,吴文俊.现代医学检验仪器导论.上海:上海科学技术出版社,2002.
17. 张维铭.现代分子生物学实验手册.北京:科学出版社,2003.
18. 蒋长顺.临床检验仪器学.合肥:安徽科学技术出版社,2009.
19. 曾照芳,余蓉.医学检验仪器学.武汉:华中科技大学出版社,2013.
20. 雷东锋.现代生物化学与分子生物学仪器与设备.北京:科学出版社,2006.
21. 谢庆娟,杨其绛.分析化学.北京:人民卫生出版社,2012.